高等院校嵌入式人才培养规划教材

ARM处理器开发详解

基于ARM Cortex-A9处理器的开发设计

华清远见嵌入式学院

秦山虎 刘洪涛 编著

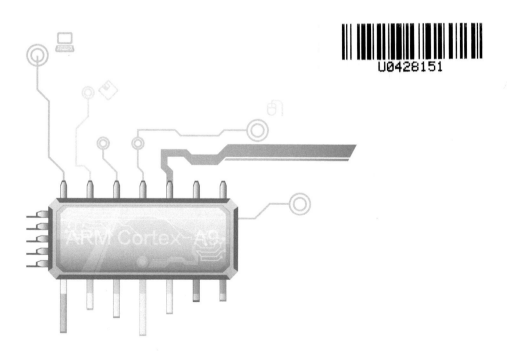

电子工业出版社
Publishing House of Electronics Industry
北京·BEIJING

内 容 简 介

作为一种 32 位高性能、低成本的嵌入式 RISC 微处理器，ARM 已经成为应用广泛的嵌入式处理器。目前 Cortex-A 系列处理器已经占据了大部分中高端产品市场。

《ARM 处理器开发详解：基于 ARM Cortex-A9 处理器的开发设计》在全面介绍 Cortex-A9 处理器的体系结构、编程模型、指令系统及开发环境搭建的同时，以基于 Cortex-A9 的应用处理器——Exynos 4412 处理器为核心，详细介绍了系统的设计及相关接口技术。接口技术涵盖了 GPIO、GIC、UART、PWM、RTC、WDT、AD、IIC、SPI 等，并提供了大量的实验例程。

通过阅读本书希望读者掌握 ARM 体系结构和基于 Cortex-A9 核心的 Exynos 4412 处理器常见硬件接口的开发方法。

未经许可，不得以任何方式复制或抄袭本书之部分或全部内容。
版权所有，侵权必究。

图书在版编目（CIP）数据

ARM 处理器开发详解：基于 ARM Cortex-A9 处理器的开发设计 / 华清远见嵌入式学院，秦山虎，刘洪涛编著. —北京：电子工业出版社，2016.7
高等院校嵌入式人才培养规划教材
ISBN 978-7-121-29044-2

Ⅰ. ①A… Ⅱ. ①华… ②秦… ③刘… Ⅲ. ①微处理器－系统设计－高等学校－教材 Ⅳ. ①TP332

中国版本图书馆 CIP 数据核字(2016)第 131862 号

策划编辑：孙学瑛
责任编辑：徐津平
印　　刷：北京虎彩文化传播有限公司
装　　订：北京虎彩文化传播有限公司
出版发行：电子工业出版社
　　　　　北京市海淀区万寿路 173 信箱　　邮编：100036
开　　本：787×1092　1/16　　印张：17.5　　字数：418.5 千字
版　　次：2016 年 7 月第 1 版
印　　次：2024 年 2 月第 16 次印刷
定　　价：59.00 元

凡所购买电子工业出版社图书有缺损问题，请向购买书店调换。若书店售缺，请与本社发行部联系，联系及邮购电话：(010) 88254888，88258888。
质量投诉请发邮件至 zlts@phei.com.cn，盗版侵权举报请发邮件至 dbqq@phei.com.cn。
本书咨询联系方式：010-51260888-819，faq@phei.com.cn。

前 言

随着消费群体对产品要求的日益提高，嵌入式技术在机械器具制造业、电子产品制造业、信息通信业、信息服务业等领域得到了大显身手的机会，并被越来越广泛地应用。ARM 作为一种高性能、低成本的嵌入式 RISC 微处理器，已得到最广泛的应用。目前，Cortex-A 系列处理器已经占据了嵌入式处理器大部分的中高端产品市场，尤其是在移动设备市场上，几乎占据了绝对垄断的地位。

伴随着基于 Android、IOS 系统的智能硬件应用发展，ARM 也越来越被大家所了解和接受，企业对 ARM 技术人才的需求也越来越大。各高校也已经认识到了这一点，并设置了相关课程。但建立一套完整的嵌入式教学课程，是一项非常复杂的工作，尤其是如何和企业需求相结合，更是高校所面临的重大问题。目前市场上的嵌入式开发相关书籍大多是针对研发人员编写的，并不太适合高校教学使用。北京华清远见科技信息有限公司长期以来致力于嵌入式培训，为市场输送了大量的嵌入式人才。为了普及嵌入式技术，公司计划着手针对高职院校的特点编写一套嵌入式教材。教材的内容涵盖 ARM 体系结构、接口技术、Linux 操作系统、Linux C 语言及 Linux 应用开发实训。本书重点讲解 ARM 体系结构及接口技术部分。

在学习本书之前，读者需要掌握数字电路、C 语言等基础知识。通过本书的学习，读者可以掌握 ARM 体系结构和基于 Cortex-A9 核心的 Exynos4412 处理器常见硬件接口的开发方法。

本书以 Exynos4412 处理器为平台，介绍了嵌入式系统开发的各个主要环节。本书侧重实践，辅以代码讲解，从分析的角度来学习嵌入式开发的各种技术。本书使用的工具是 FS-JTAG 仿真器。FS-JTAG 是华清远见研发中心为了推进 Cortex-A9 ARM 处理器的教学，提高合作企业及合作院校广大技术爱好者和培训学员的学习效率，研发出的低价的可以支持 Cortex-A9 的 ARM 仿真器。

本书将嵌入式软/硬件理论讲解和嵌入式实验实践融合在一起，全书共 15 章。其中，第 1 章为嵌入式系统基础知识，介绍了嵌入式系统的组成及嵌入式开发概述。第 2 章为 ARM 技术概述，讲解了 ARM 体系结构、应用选型及编程模型等。第 3 章为 ARM 微处理器的指令系统，重点介绍了 ARM 指令集。第 4 章为 ARM 汇编语言程序设计，主要介绍了 GUN ARM 汇编伪操作、GNU ARM 汇编支持的伪指令、汇编语言与 C 语言的混合编程。第 5 章为 ARM 开发环境搭建，包括 Eclipse 环境介绍、FS-JTAG 仿真器使用等。第 6 章为 GPIO 编程，介绍了 GPIO 的概念及 Exynos 4412 的 GPIO 操作方法。第 7 章为 ARM 异常及中断处理，介绍了 ARM 处理器的异常处理的先关概念和异常处理流程。第 8 章为 FIQ 和 IRQ 中断，着重讲解了编程中最常用的 FIQ 和 IRQ 中断，以及 Exynos4412

的中断控制器工作原理和编程方法。第 9 章为串行通信接口，介绍了串行通信的概念及 Exynos4412 串口的操作方法。第 10 章为 PWM 定时器，介绍了定时器的工作原理和 PWM 定时器的操作方法。第 11 章为看门狗定时器，介绍了看门狗定时器接口的操作方法。第 12 章为 RTC 定时器，介绍了 RTC 定时器接口的操作方法。第 13 章为 A/D 转换器，介绍了 A/D 转换器的工作原理及 Exynos4412-A/D 控制器的操作方法。第 14 章为 I2C 接口，结合 MPU6050 姿态传感器，讲解了 I2C 协议和 Exynos44p12 的 I2C 控制器开发方法。第 15 章为 SPI 接口，结合 CAN 控制器芯片 MCP2515，介绍了 SPI 总线协议和 Exynos4412-SPI 控制器开发方法。

　　本书的出版要感谢华清远见嵌入式培训中心的无私帮助。本书的前期组织和后期审校工作都凝聚了培训中心贾燕枫、杨曼、关晓强、谭翠军、李媛媛、张丹、蔡蒙、张志华、曹忠明、苗德行、冯利美、卢闯进、刘锋的心血，他们认真阅读了书稿，提出了大量中肯的建议，并帮助纠正了书稿中的很多错误。

　　全书由秦山虎、刘洪涛承担了书稿的编写及全书的统稿工作，参与本书编写的人员有贾燕枫、杨曼、关晓强、谭翠君、李媛媛、张丹、蔡蒙、张志华、曹忠明、苗德行、冯利美、卢闯进、刘锋。

　　由于作者水平所限，书中不妥之处在所难免，恳请读者批评指正。对于本书的批评和建议，可以发表到 www.farsight.com.cn 技术论坛。

编　者
2016 年 5 月

目 录

第 1 章 嵌入式系统基础知识 ··· 1
1.1 嵌入式系统概述 ·· 2
1.1.1 嵌入统简介 ·· 2
1.1.2 嵌入式系统的特点 ······································ 3
1.1.3 嵌入式系统的发展 ······································ 4
1.2 嵌入式系统的组成 ·· 6
1.2.1 嵌入式系统硬件组成 ···································· 6
1.2.2 嵌入式系统软件组成 ···································· 7
1.3 嵌入式操作系统举例 ·· 7
1.3.1 商业版嵌入式操作系统 ·································· 8
1.3.2 开源版嵌入式操作系统 ·································· 8
1.4 嵌入式系统开发概述 ·· 9
1.5 学好微处理器在嵌入式学习中的重要性 ··························· 15
1.6 本章小结 ··· 17
1.7 练习题 ··· 17

第 2 章 嵌入式 ARM 技术概论 ··· 18
2.1 ARM 体系结构的技术特征及发展 ································ 19
2.1.1 ARM 公司简介 ··· 19
2.1.2 ARM 技术特征 ··· 19
2.1.3 ARM 体系架构的发展 ··································· 20
2.2 ARM 微处理器简介 ·· 22
2.2.1 ARM9 处理器系列 ······································ 23
2.2.2 ARM9E 处理器系列 ····································· 23
2.2.3 ARM11 处理器系列 ····································· 24
2.2.4 SecurCore 处理器系列 ································· 24
2.2.5 StrongARM 和 Xscale 处理器系列 ························ 24

ARM 处理器开发详解：基于 ARM Cortex-A9 处理器的开发设计

  2.2.6 MPCore 处理器系列 25
  2.2.7 Cortex 处理器系列 25
  2.2.8 最新 ARM 应用处理器发展现状 28
 2.3 ARM 微处理器结构 29
  2.3.1 ARM 微处理器的应用选型 29
  2.3.2 选择 ARM 芯片的一般原则 29
  2.3.3 选择一款适合 ARM 教学的 CPU 30
 2.4 Cortex-A9 内部功能及特点 33
 2.5 数据类型 34
  2.5.1 ARM 的基本数据类型 34
  2.5.2 浮点数据类型 35
  2.5.3 存储器大/小端 35
 2.6 Cortex-A9 内核工作模式 36
 2.7 Cortex-A9 存储系统 37
  2.7.1 协处理器（CP15） 38
  2.7.2 存储管理单元（MMU） 39
  2.7.3 高速缓冲存储器（Cache） 39
 2.8 流水线 40
  2.8.1 流水线的概念与原理 40
  2.8.2 流水线的分类 41
  2.8.3 影响流水线性能的因素 42
 2.9 寄存器组织 43
 2.10 程序状态寄存器 45
 2.11 三星 Exynos4412 处理器介绍 48
 2.12 FS4412 开发平台介绍 50
 2.13 本章小结 56
 2.14 练习题 56

第 3 章 ARM 微处理器的指令系统 57
 3.1 ARM 处理器的寻址方式 58
  3.1.1 数据处理指令寻址方式 58
  3.1.2 内存访问指令寻址方式 59
 3.2 ARM 处理器的指令集 62

3.2.1　数据操作指令 62
　　　3.2.2　乘法指令 70
　　　3.2.3　Load/Store 指令 72
　　　3.2.4　跳转指令 78
　　　3.2.5　状态操作指令 82
　　　3.2.6　协处理器指令 84
　　　3.2.7　异常产生指令 88
　　　3.2.8　其他指令介绍 88
　3.3　本章小结 91
　3.4　练习题 91

第4章　ARM 汇编语言程序设计 92

　4.1　GNU ARM 汇编器支持的伪操作 93
　　　4.1.1　伪操作概述 93
　　　4.1.2　数据定义（Data Definition）伪操作 93
　　　4.1.3　汇编控制伪操作 94
　　　4.1.4　杂项伪操作 97
　4.2　ARM 汇编器支持的伪指令 97
　　　4.2.1　ADR 伪指令 97
　　　4.2.2　ADRL 伪指令 98
　　　4.2.3　LDR 伪指令 99
　4.3　GNU ARM 汇编语言的语句格式 100
　4.4　ARM 汇编语言的程序结构 102
　　　4.4.1　汇编语言的程序格式 102
　　　4.4.2　汇编语言子程序调用 103
　　　4.4.3　过程调用标准 AAPCS 104
　　　4.4.4　汇编语言程序设计举例 105
　4.5　汇编语言与 C 语言的混合编程 106
　　　4.5.1　GNU ARM 内联汇编 107
　　　4.5.2　混合编程调用举例 109
　4.6　本章小结 111
　4.7　练习题 111

第 5 章　ARM 开发及环境搭建 ……………………………………………………… 112

5.1　仿真器简介 …………………………………………………………………… 113
- 5.1.1　FS-JTAG 仿真器介绍 ……………………………………………………… 113
- 5.1.2　ULINK 介绍 ……………………………………………………………… 114

5.2　开发环境搭建 ………………………………………………………………… 115
- 5.2.1　XP 环境安装 FS-JTAG 工具 ……………………………………………… 115
- 5.2.2　开发板硬件连接 …………………………………………………………… 118
- 5.2.3　USB 转串口驱动安装 …………………………………………………… 118
- 5.2.4　Putty 串口终端配置 ……………………………………………………… 119

5.3　Eclipse for ARM 使用 ……………………………………………………… 121

5.4　在开发环境中添加 FS4412 工程 …………………………………………… 122

5.5　编译工程 ……………………………………………………………………… 125

5.6　调试工程 ……………………………………………………………………… 126
- 5.6.1　配置 FS-JTAG 调试工具 ………………………………………………… 126
- 5.6.2　配置调试工具 …………………………………………………………… 126

5.7　本章小结 ……………………………………………………………………… 131

5.8　练习题 ………………………………………………………………………… 131

第 6 章　GPIO ………………………………………………………………………… 132

6.1　GPIO 功能介绍 ……………………………………………………………… 133

6.2　Exynos4412-GPIO 控制器详解 ……………………………………………… 133
- 6.2.1　GPIO 功能描述 …………………………………………………………… 133
- 6.2.2　GPIO 特性 ………………………………………………………………… 134
- 6.2.3　GPIO 分组 ………………………………………………………………… 134
- 6.2.4　GPIO 常用寄存器分类 …………………………………………………… 135
- 6.2.5　GPIO 寄存器详解 ………………………………………………………… 136
- 6.2.6　GPIO 寄存器封装 ………………………………………………………… 137

6.3　GPIO 的应用实例 …………………………………………………………… 140
- 6.3.1　GPIO 实例内容和原理 …………………………………………………… 140
- 6.3.2　GPIO 实例硬件连接 ……………………………………………………… 140
- 6.3.3　GPIO 实例软件设计 ……………………………………………………… 141
- 6.3.4　GPIO 实例代码 …………………………………………………………… 141
- 6.3.5　GPIO 实例现象 …………………………………………………………… 141

6.4	本章小结	142
6.5	练习题	142

第7章 ARM 异常及中断处理 143

7.1	ARM 异常中断处理概述	144
7.2	ARM 体系异常种类	145
7.3	ARM 异常的优先级	149
7.4	ARM 处理器模式和异常	150
7.5	ARM 异常响应和处理程序返回	151
	7.5.1 中断响应的概念	151
	7.5.2 ARM 异常响应流程	151
	7.5.3 从异常处理程序中返回	152
7.6	ARM 的 SWI 异常中断处理程序设计	154
7.7	本章小结	156
7.8	练习题	156

第8章 FIQ 和 IRQ 中断 157

8.1	ARM 中断控制器简介	158
	8.1.1 中断软件分支处理（NVIC 和 GIC）	158
	8.1.2 硬件支持的分支处理（VIC）	159
8.2	通用中断控制器（GIC）	161
	8.2.1 GIC 功能模块	162
	8.2.2 GIC 中断控制器中断类型	163
	8.2.3 GIC 中断控制器中断状态	164
	8.2.4 GIC 中断处理流程	164
8.3	Exynos4412 中断源	165
8.4	Exynos4412-GIC 寄存器详解	166
8.5	GIC 中断应用实例	171
	8.5.1 GIC 中断实例内容和原理	171
	8.5.2 GIC 中断实例硬件连接	171
	8.5.3 GIC 中断实例软件设计	171
	8.5.4 GIC 中断实例代码	173
	8.5.5 GIC 中断实例现象	175

ARM 处理器开发详解：基于 ARM Cortex-A9 处理器的开发设计

  8.6 本章小结 ······ 175
  8.7 练习题 ······ 175
第 9 章 通用异步收发（UART）接口 ······ 176
  9.1 通用异步收发（UART）接口简介 ······ 177
    9.1.1 串行通信与并行通信概念 ······ 177
    9.1.2 异步串行方式的特点 ······ 177
    9.1.3 异步串行方式的数据格式 ······ 177
    9.1.4 同步串行方式的特点 ······ 178
    9.1.5 同步串行方式的数据格式 ······ 178
    9.1.6 波特率、波特率因子与位周期 ······ 178
    9.1.7 RS-232C 串口规范 ······ 179
    9.1.8 RS-232C 接线方式 ······ 181
  9.2 Exynos4412-UART 控制器详解 ······ 181
    9.2.1 UART 控制器概述 ······ 181
    9.2.2 UART 控制器框架图 ······ 182
    9.2.3 UART 寄存器详解 ······ 183
  9.3 UART 接口应用实例 ······ 188
    9.3.1 UART 接口实例内容和原理 ······ 188
    9.3.2 UART 实例硬件连接 ······ 188
    9.3.3 UATR 实例软件编写 ······ 188
    9.3.4 UART 实例调试和运行现象 ······ 190
  9.4 本章小结 ······ 191
  9.5 练习题 ······ 191
第 10 章 PWM 定时器 ······ 192
  10.1 定时器和 PWM 简介 ······ 193
    10.1.1 定时器概述 ······ 193
    10.1.2 脉冲宽度调制（PWM）概述 ······ 193
  10.2 Exynos4412-PWM 定时器详解 ······ 194
    10.2.1 PWM 定时器概述 ······ 194
    10.2.2 PWM 定时器寄存器详解 ······ 195
    10.2.3 PWM 定时器双缓冲功能 ······ 198

10.2.4　PWM 信号输出 199
　10.3　PWM 定时器应用实例一：定时触发 201
　　　10.3.1　定时触发实例内容和原理 201
　　　10.3.2　定时触发实例硬件连接 201
　　　10.3.3　定时触发软件设计和代码 201
　　　10.3.4　定时触发实例现象 203
　10.4　PWM 定时器应用实例二：PWM 输出 203
　　　10.4.1　PWM 输出实例内容和原理 203
　　　10.4.2　PWM 输出实例硬件连接 203
　　　10.4.3　PWM 输出软件设计 204
　　　10.4.4　PWM 输出实例现象 205
　10.5　本章小结 205
　10.6　练习题 205

第 11 章　看门狗定时器 206

　11.1　看门狗简介 207
　11.2　Exynos4412 看门狗定时器详解 207
　　　11.2.1　看门狗定时器概述 207
　　　11.2.2　看门狗定时器寄存器详解 208
　11.3　看门狗定时器实例 210
　　　11.3.1　看门狗定时器实例内容和原理 210
　　　11.3.2　看门狗定时器实例软件设计 210
　　　11.3.3　看门狗定时器实例代码 210
　　　11.3.4　看门狗定时器实例现象 211
　11.4　本章小结 211
　11.5　练习题 211

第 12 章　RTC 定时器 212

　12.1　RTC 定时器简介 213
　12.2　Exynos4412-RTC 定时器详解 213
　　　12.2.1　RTC 定时器概述 213
　　　12.2.2　RTC 定时器寄存器详解 214
　　　12.2.3　BCD 码 215

12.3 RTC 定时器实例 216
　12.3.1 RTC 定时器实例内容和原理 216
　12.3.2 RTC 定时器实例软件设计 216
　12.3.3 RTC 定时器实例代码 216
　12.3.4 RTC 定时器实例现象 217
12.4 本章小结 218
12.5 练习题 218

第 13 章 A/D 转换器 219

13.1 A/D 转换器原理 220
　13.1.1 A/D 转换基础 220
　13.1.2 A/D 转换的技术指标 220
　13.1.3 A/D 转换器类型 221
　13.1.4 A/D 转换的一般步骤 226
13.2 Exynos4412- A/D 转换器概述 226
　13.2.1 A/D 转换器概述 226
　13.2.2 A/D 转换器特点 227
　13.2.3 A/D 转换器寄存器解析 227
13.3 A/D 转换器应用实例 228
　13.3.1 A/D 转换器实例内容和原理 228
　13.3.2 A/D 转换器实例硬件连接 229
　13.3.3 A/D 转换器实例软件设计 229
　13.3.4 A/D 转换器实例代码 230
　13.3.5 A/D 转换器实例现象 231
13.4 本章小结 232
13.5 练习题 232

第 14 章 I2C 总线 233

14.1 I2C 总线协议 234
　14.1.1 I2C 总线协议简介 234
　14.1.2 I2C 总线协议内容 234
14.2 Exynos4412-I2C 控制器详解 238
　14.2.1 I2C 控制器概述 238

　　　　14.2.2　I2C 控制器框架图 238
　　　　14.2.3　I2C 控制器寄存器详解 239
　　　　14.2.4　I2C 控制器操作流程 241
　　14.3　I2C 接口应用实例 243
　　　　14.3.1　I2C 实例内容和原理 243
　　　　14.3.2　I2C 实例硬件连接 243
　　　　14.3.3　I2C 实例软件设计 243
　　　　14.3.4　I2C 实例代码 244
　　　　14.3.5　I2C 实例现象 247
　　14.4　本章小结 248
　　14.5　练习题 248

第 15 章　SPI 接口 249

　　15.1　SPI 总线协议 250
　　　　15.1.1　SPI 总线协议简介 250
　　　　15.1.2　SPI 总线协议内容 250
　　15.2　Exynos4412-SPI 控制器详解 253
　　　　15.2.1　SPI 控制器概述 253
　　　　15.2.2　SPI 控制器时钟源控制 254
　　　　15.2.3　SPI 控制器寄存器详解 257
　　15.3　SPI 接口应用实例 260
　　　　15.3.1　SPI 实例内容和原理 260
　　　　15.3.2　SPI 实例硬件连接 261
　　　　15.3.3　SPI 实例软件设计 261
　　　　15.3.4　SPI 实例代码 262
　　　　15.3.5　SPI 实例现象 265
　　15.4　本章小结 266
　　15.5　练习题 266

第1章 嵌入式系统基础知识

嵌入式系统已成为当前最为热门的领域之一，它无处不在，受到了社会各界的广泛关注，更有越来越多的人开始学习嵌入式系统开发。本章将向读者介绍嵌入式系统的基本知识，主要内容如下：
- 嵌入式系统概述。
- 嵌入式系统组成。
- 嵌入式系统开发举例。
- 嵌入式系统开发概述。

1.1 嵌入式系统概述

1.1.1 嵌入统简介

嵌入式系统已经广泛地渗透到人们的学习、工作、生活中，我们可以看到，嵌入式系统已经应用在科学研究、工程设计、军事技术、商业文化艺术、娱乐业及人们的日常生活等方方面面。表1-1列举了嵌入式系统应用的部分领域。

表1-1 嵌入式系统应用领域举例

领 域	应 用
消费电子	信息家电、智能玩具、通信设备、移动存储、视频监控
工业控制	工控设备、智能仪表、汽车电子、电子农业
网络	网络设备、电子商务、无线传感器
医务医疗	医疗电子
军事国防	军事电子
航空航天	各类飞行设备、卫星
物联网	追溯系统、仓库存储

随着数字信息技术和网络技术的飞速发展，计算机、通信、消费电子的一体化趋势日益明显，这必将培育出一个庞大的嵌入式应用市场。嵌入式系统技术也成了当前关注、学习研究的热点。大家可能会问究竟什么是嵌入式系统呢？嵌入式系统本身是一个相对模糊的定义，不同的组织对其定义也略有不同，但大意是相同的，我们来看一下嵌入式系统的相关定义。

按照电器工程协会（IEEE）的定义，嵌入式系统是用来控制、监控，或者辅助操作机器、装置、工厂等大规模系统的设备。这个定义主要是从嵌入式系统的用途方面来进行定义的。

更具一般性，且在多数书籍资料中被广泛使用的关于嵌入式系统的定义，如下：嵌入式系统是指以应用为中心，以计算机技术为基础，软件硬件可剪裁，适应应用系统对功能、可靠性、成本、体积、功耗严格要求的专用计算机系统。

根据以上对嵌入式系统的定义，我们可以看出，嵌入式系统是由硬件和软件相结合组成的具有特定功能、用于特定场合的独立系统。其硬件主要由嵌入式微处理器、外围硬件设备组成；其软件主要包括底层系统软件和用户应用软件。

1.1.2 嵌入式系统的特点

1．专用、软/硬件可剪裁可配置

从嵌入式系统的定义可以看出，嵌入式系统是面向应用的，和通用系统最大的区别在于嵌入式系统功能专一。根据这个特性，嵌入式系统的软、硬件可以根据需要进行精心设计、量体裁衣、去除冗余，以实现低成本、高性能。也正因如此，嵌入式系统采用的微处理器和外围设备种类繁多，系统不具备通用性。

2．低功耗、高可靠性、高稳定性

嵌入式系统大多用在特定场合，要么是环境条件恶劣，要么是要求其长时间连续运转，因此嵌入式系统应该具有高可靠性、高稳定性、低功耗等特点。

3．软件代码短小精悍

由于成本和应用场合的特殊性，通常嵌入式系统的硬件资源（如内存等）都比较少，因此对嵌入式系统设计也提出了较高的要求。嵌入式系统的软件设计尤其要求高质量，要在有限的资源上实现高可靠性、高性能的系统。虽然随着硬件技术的发展和成本的降低，在高端嵌入式产品上也开始采用嵌入式操作系统，但其和 PC 资源比起来还是少得可怜，所以嵌入式系统的软件代码依然要在保证性能的情况下，占用尽量少的资源，保证产品的高性价比，使其具有更强的竞争力。

4．代码可固化

为了提高执行速度和系统可靠性，嵌入式系统中的软件一般都固化在存储器芯片或单片机本身中，而不是存储于磁盘中。

5．实时性

很多采用嵌入式系统的应用具有实时性要求，所以大多数嵌入式系统采用实时性系统。但需要注意的是嵌入式系统不等于实时系统。

6．弱交互性

嵌入式系统不仅功能强大，而且使用起来灵活方便，一般不需要键盘、鼠标等。人机交互以简单方便为主。

7．嵌入式系统软件开发通常需要专门的开发工具和开发环境

在开发一个嵌入式系统时，需要事先搭建开发环境及开发系统，如进行 ARM 编程时，需要安装特定的 IDE，如 MDK、IAR 等，如果需要交叉编译时，除了特定的宿主系统外，还要有目标交叉工具链，之所以这样是因为嵌入式系统不具有通用系统那样的单一性，嵌入式系统具有多样性，因此，不同的目标就要为其准备不同的开发环境。

8．要求开发、设计人员有较高的技能

嵌入式系统是将先进的计算机技术、半导体技术和电子技术与各个行业的具体应用相结合后的产物。这一点就决定了它必然是一个技术密集、资金密集、高度分散、不断创新的知识集成系统，从事嵌入式系统开发的人才也必须是复合型人才。

1.1.3 嵌入式系统的发展

1. 嵌入式系统主要经历的4个阶段

第1阶段是以单芯片为核心的可编程控制器形式的系统。这类系统大部分应用于一些专业性强的工业控制系统中，一般没有操作系统的支持，软件通过汇编语言编写。这一阶段系统的主要特点是：系统结构和功能相对单一，处理效率较低，存储容量较小，几乎没有用户接口。由于这种嵌入式系统操作简单、价格低，当时在国内工业领域应用较为普遍，但是现在已经远不能适应高效的、需要大容量存储的现代工业控制和新兴信息家电等领域的需求。

第2阶段是以嵌入式CPU为基础、以简单操作系统为核心的嵌入式系统。其主要特点是：CPU种类繁多，通用性比较弱；系统开销小，效率高；操作系统达到一定的兼容性和扩展性；应用软件较专业化，用户界面不够友好。

第3阶段是以嵌入式操作系统为标志的嵌入式系统。其主要特点是：嵌入式操作系统能运行于各种不同类型的微处理器上，兼容性好；操作系统内核小、效率高，并且具有高度的模块化和扩展性；具备文件和目录管理，支持多任务，支持网络应用，具备图形窗口和用户界面；具有大量的应用程序接口（API），开发应用程序较简单；嵌入式应用软件丰富。

第4阶段是以物联网为标志的嵌入式系统。这是一个正在迅速发展的技术。物联网拥有业界最完整的专业物联产品系列，覆盖从传感器、控制器到云计算的各种应用。物联网一方面可以提高经济效益，大大节约成本；另一方面可以为全球经济的复苏提供技术动力。目前，美国、欧盟等都在投入巨资深入研究探索物联网。我国也正在高度关注、重视物联网的研究，工业和信息化部会同有关部门，在新一代信息技术方面正在开展研究，以形成支持新一代信息技术发展的政策措施。

2. 未来嵌入式系统的发展趋势

1）小型化、智能化、网络化、可视化

随着技术水平的提高和人们生活的需要，嵌入式设备正朝着小型化、便携式和智能化的方向发展。如果携带笔记本电脑外出办事，你肯定希望它轻薄小巧，甚至可能希望有一种更便携的设备来替代它，目前的平板电脑、智能手机、便携投影仪等都是因类似的需求而出现的。对于嵌入式而言，嵌入式设备可以说是已经进入了嵌入式互联网时代（有线网、无线网、广域网、局域网的组合），嵌入式设备和互联网的紧密结合，更为我们的日常生活带来了极大的便利和无限的想象空间。除此之外，人工智能、模式识别技术也将在嵌入式系统中得到应用，使得嵌入式系统更具人性化、智能化。

嵌入式系统基础知识

2）多核技术的应用

人们需要处理的信息越来越多，这就要求嵌入式设备运算能力更强，因此需要设计出更强大的嵌入式处理器，而多核技术处理器在嵌入式中的应用也将更为普遍。

3）低功耗（节能）、绿色环保

嵌入式系统的硬件和软件设计都在追求更低的功耗，以求嵌入式系统能获得更长的可靠工作时间。例如：手机的通话和待机时间，MP3听音乐的时间等。同时，绿色环保型嵌入式产品将更受人们的青睐，在嵌入式系统设计中也会更多地考虑辐射、静电等问题。

4）云计算、可重构、虚拟化等技术被进一步应用到嵌入式系统中

简单地讲，云计算是将计算分布在大量的分布式计算机上，这样我们只需要一个终端，就可以通过网络服务来实现我们需要的计算任务，甚至是超级计算任务。云计算（Cloud Computing）是分布式处理（Distributed Computing）、并行处理（Parallel Computing）和网格计算（Grid Computing）的发展，或者说是这些计算机科学概念的商业实现。在未来几年里，云计算将得到进一步的发展与应用。

可重构性是指在一个系统中，其硬件模块或（和）软件模块均能根据变化的数据流或控制流对系统结构和算法进行重新配置（或重新设置）。可重构系统最突出的优点就是能够根据不同的应用需求，改变自身的体系结构，以便与具体的应用需求相匹配。

虚拟化是指计算机软件在一个虚拟的平台上而不是真实的硬件上运行。虚拟化技术可以简化软件的重新配置过程，易于实现软件的标准化。其中CPU的虚拟化可以单CPU模拟多CPU并行运行，允许一个平台同时运行多个操作系统，并且可以在相互独立的空间内运行而互不影响，从而提高工作效率和安全性，虚拟化技术是降低多内核处理器系统开发成本的关键。虚拟化技术是未来几年最值得期待和关注的关键技术之一。

随着各种技术的成熟与其在嵌入式系统中的应用，将不断为嵌入式系统增添新的魅力和发展空间。

5）嵌入式软件开发平台化、标准化、系统可升级，代码可复用将更受重视

嵌入式操作系统将进一步走向开放、开源、标准化、组件化。嵌入式软件开发平台化也将是今后的一个趋势，越来越多的嵌入式软/硬件行业标准将出现，最终的目标是使嵌入式软件开发简单化，这也将是一个必然的规律。同时随着系统复杂度的提高，系统可升级和代码复用技术在嵌入式系统中将得到更多的应用。

6）嵌入式系统软件将逐渐PC化

需求和网络技术的发展是嵌入式系统发展的一个源动力，随着移动互联网的发展，将进一步促进嵌入式系统软件PC化。如前所述，结合跨平台开发语言的广泛应用，未来嵌入式软件开发的概念将被逐渐淡化，也就是说嵌入式软件开发和非嵌入式软件开发的区别将逐渐减小。

7）融合趋势

嵌入式系统软/硬件融合、产品功能融合、嵌入式设备和互联网的融合趋势加剧。嵌入式系统设计中软/硬件结合将更加紧密，软件将是其核心。消费类产品将在运算能力和便携方面进一步融合。传感器网络将迅速发展，其将极大地促进嵌入式技术和互联网技

术的融合。

8）安全性

随着嵌入式技术和互联网技术的结合发展，嵌入式系统的信息安全问题日益凸显，保证信息安全也成了嵌入式系统开发的重点和难点。

1.2 嵌入式系统的组成

从前面的介绍我们可以知道，嵌入式系统总体上是由硬件和软件组成的，硬件是其基础，软件是其核心与灵魂。它们之间的关系如图 1-1 所示。

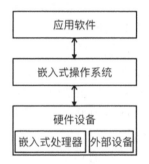

图 1-1 嵌入式系统结构简图

1.2.1 嵌入式系统硬件组成

嵌入式系统硬件设备包括嵌入式处理器和外围设备。其中的嵌入式处理器（CPU）是嵌入式系统的核心部分，它与通用处理器最大的区别在于，嵌入式处理器大多工作在为特定用户群所专门设计的系统中，它将通用处理器中许多由板卡完成的任务集成到芯片内部，从而有利于嵌入式系统在设计时趋于小型化，同时还具有很高的效率和可靠性。如今，全世界嵌入式处理器已经超过 1000 多种，流行的体系结构有 30 多个系列，其中 ARM、PowerPC、MC 68000、MIPS 等使用得最为广泛。

外围设备是嵌入式系统中用于完成存储、通信、调试、显示等辅助功能的其他部件。目前常用的嵌入式外围设备按功能可以分为存储设备（如 RAM、SRAM、Flash 等）、通信设备（如 RS-232 接口、SPI 接口、以太网接口等）和显示设备（如显示屏等）。

常见存储器概念包括：RAM、ROM、SRAM、DRAM、SDRAM、EPROM、EEPROM 和 Flash。

存储器可以分为很多种类，其中根据掉电后数据是否丢失可以分为 RAM（随机存取存储器）和 ROM（只读存储器），其中 RAM 的访问速度比较快，但掉电后数据会丢失，而 ROM 掉电后数据不会丢失。人们通常所说的内存即指系统中的 RAM。

RAM 又可分为 SRAM（静态存储器）和 DRAM（动态存储器）。SRAM 是利用双稳态触发器来保存信息的，只要不掉电，信息是不会丢失的。DRAM 是利用 MOS（金属氧化物半导体）电容存储电荷来存储信息的，因此必须通过不停地给电容充电来维持信息，所以 DRAM 的成本、集成度、功耗等明显优于 SRAM。

而通常人们所说的 SDRAM 是 DRAM 的一种，它是同步动态存储器，利用一个单一的系统时钟同步所有的地址数据和控制信号。使用 SDRAM 不但能提高系统表现，还能简化设计、提供高速的数据传输。SDRAM 在嵌入式系统中经常被使用。

EPROM、EEPROM 都是 ROM 的一种，分别为可擦除可编程 ROM 和电可擦除可编程 ROM，但使用不是很方便。

Flash 也是一种非易失性存储器（掉电后数据不会丢失），它擦写方便、访问速度快，已在很大程度上取代了传统的 EPROM 的地位。由于它具有和 ROM 一样掉电后数据不会丢失的特性，因此很多人称其为 Flash ROM。

1.2.2 嵌入式系统软件组成

图 1-2 嵌入式系统软件组成图

在嵌入式系统不同的应用领域和不同的发展阶段，嵌入式系统软件组成也不完全相同，其大致组成图，如图 1-2 所示。

图 1-2 左侧显示，在某些特殊领域中，嵌入式系统软件没有使用嵌入式操作系统。嵌入式操作系统从嵌入式发展的第 3 阶段起开始引入，如图 1-2 右侧显示为有操作系统的嵌入式系统软件组件组成。嵌入式操作系统不仅具有通用操作系统的一般功能，如向上提供对用户的接口（如图形界面、库函数等）、向下提供与硬件设备交互的接口（如硬件驱动程序等）、管理复杂的系统资源，同时，它还在系统实时性、硬件依赖性、软件固化性及应用专用性等方面，具有更加鲜明的特点。

应用软件是针对特定应用领域，基于某一固定的硬件平台，用来达到用户预期目标的计算机软件。由于嵌入式系统自身的特点，决定了嵌入式应用软件不仅要求做到准确性、安全性和稳定性等方面的需要，而且要求尽可能地进行代码优化，以减少对系统资源的消耗，降低硬件成本。

1.3 嵌入式操作系统举例

嵌入式操作系统主要有商业版和开源版两大阵营，从长远看：嵌入式系统开源、开放将是其发展趋势。

1.3.1 商业版嵌入式操作系统

VxWorks作为商业版嵌入式操作系统的典型代表,这里有必要简要介绍一下。

VxWorks操作系统是美国WindRiver公司于1983年设计开发的一种嵌入式实时操作系统(RTOS),它是在当前市场占有率最高的嵌入式实时操作系统。VxWorks的实时性做得非常好,其系统本身的开销很小,进程调度、进程间通信、中断处理等系统公用程序精练而有效,使得它们造成的延迟很短。另外VxWorks提供的多任务机制,对任务的控制采用了优先级抢占(Linux 2.6内核也采用了优先级抢占的机制)和轮转调度机制,这充分保证了可靠的实时性,并使同样的硬件配置能满足更强的实时性要求。另外VxWorks具有高度的可靠性,从而保证了用户工作环境的稳定。同时,VxWorks还具有完备强大的集成开发环境,这也大大方便了用户的使用。

但是,由于VxWorks的开发和使用都需要交高额的专利费,因此大大增加了用户的开发成本。同时,由于VxWorks的源代码不公开,造成它部分功能的更新(如网络功能模块)滞后。

1.3.2 开源版嵌入式操作系统

嵌入式Linux(Embedded Linux)作为开源版嵌入式操作系统的典型代表,在此笔者简单介绍一下它的特性。

嵌入式Linux是指对标准Linux经过小型化裁剪处理之后,能够固化在容量只有几KB或者几MB的存储器芯片或者单片机中,是适合于特定嵌入式应用场合的专用Linux操作系统。在目前已经开发成功的嵌入式系统中,大约有一半使用的是Linux。这与它自身的优良特性是分不开的。

嵌入式Linux同Linux一样,具有低成本、多种硬件平台支持、优异的性能和良好的网络支持等优点。另外,为了更好地适应嵌入式领域的开发,嵌入式Linux还在Linux基础上做了部分改进。

1. 改善内核结构

Linux内核采用的是整体式结构,整个内核是一个单独的、非常大的程序,这样虽然能够使系统的各个部分直接沟通,提高系统响应速度,但与嵌入式系统存储容量小、资源有限的特点不相符。因此,在嵌入式系统中经常采用的是另一种称为微内核(Microkernel)的体系结构,即内核本身只提供一些最基本的操作系统功能,如任务调度、内存管理、中断处理等,而类似于文件系统和网络协议等附加功能则运行在用户空间中,并且可以根据实际需要进行取舍。这样就大大减小了内核的体积,便于维护和移植。

2. 提高系统实时性

由于现有的 Linux 是一个通用的操作系统，虽然它也采用了许多技术来加快系统的运行和响应速度，但从本质上来说并不是一个嵌入式实时操作系统。因此，人们利用 Linux 作为底层操作系统，在其上进行实时化改造，从而构建出一个具有实时处理能力的嵌入式系统，如 RT-Linux 已经成功地应用于航天飞机的空间数据采集、科学仪器测控和电影特技图像处理等各个领域。

1.4 嵌入式系统开发概述

受嵌入式系统本身的特性所影响，嵌入式系统开发与通用系统的开发有很大的区别。嵌入式系统的开发主要分为系统总体开发、嵌入式硬件开发和嵌入式软件开发 3 大部分，其总体流程图如图 1-3 所示。

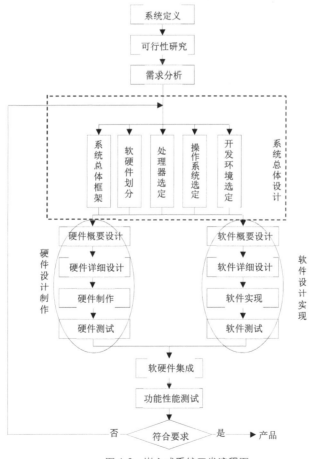

图 1-3 嵌入式系统开发流程图

ARM 处理器开发详解：基于 ARM Cortex-A9 处理器的开发设计

在系统总体开发中，由于嵌入式系统与硬件依赖程序非常紧密，某些需求只能通过特定的硬件才能实现，因此需要进行处理器选型，以便更好地满足产品的需求。另外，对于有些硬件和软件都可以实现的功能，就需要在成本和性能上做出选择。通过硬件实现往往会增加产品的成本，但能大大提高产品的性能和可靠性。

再次，开发环境的选择对于嵌入式系统的开发也有很大的影响。这里的开发环境包括嵌入式操作系统的选择及开发工具的选择等。本书在 1.3 节对各种不同的嵌入式操作系统进行了比较，读者可以以此为依据进行相关的选择。比如，对开发成本和进度限制较大的产品可以选择嵌入式 Linux，对实时性要求非常高的产品可以选择 VxWorks 等。

嵌入式软件开发总体流程为图 1-3 中"软件设计实现"部分所示，它同通用计算机软件开发一样，分为需求分析、软件概要设计、软件详细设计、软件实现和软件测试。其中嵌入式软件需求分析与硬件的需求分析合二为一，故没有分开画出。

由于嵌入式软件开发的工具非常多，为了更好地帮助读者选择开发工具，下面首先对嵌入式软件开发过程中所使用的工具进行简单归纳。

嵌入式软件的开发工具根据不同的开发过程而划分，比如在需求分析阶段，可以选择 IBM 的 Rational Rose 等软件，而在程序开发阶段可以采用 CodeWarrior 等，在调试阶段可以采用 Multi-ICE 等。同时，不同的嵌入式操作系统往往会有配套的开发环境，比如 VxWorks 有集成开发环境 Tornado，WinCE 的集成开发环境是 WinCE Platform 等。此外，不同的处理器可能还有针对的开发工具，比如 ARM 的常用集成开发工具 ADS 等。在这里，大多数软件都有比较高的使用费用，但也可以大大加快产品的开发进度，用户可以根据需求自行选择。

嵌入式系统的软件开发与通常软件开发的区别主要在于软件实现部分，其中又可以分为交叉编译和交叉调试两部分，下面分别对这两部分进行讲解。

1. 交叉编译

嵌入式软件开发所采用的编译为交叉编译。所谓交叉编译就是在一个平台上生成而可以在另一个平台上执行的代码。因此，不同的 CPU 需要有相应的编译器，而交叉编译就如同翻译一样，把相同的程序代码翻译成不同的 CPU 对应语言。要注意的是，编译器本身也是程序，也要在与之对应的某一个 CPU 平台上运行。

这里一般把进行交叉编译的主机称为宿主机，也就是普通的通用计算机，而把程序实际的运行环境称为目标机，也就是嵌入式系统环境。由于一般通用计算机拥有非常丰富的系统资源、使用方便的集成开发环境和调试工具等，而嵌入式系统的系统资源非常紧缺，没有相关的编译工具，因此，嵌入式系统的开发需要借助宿主机来编译出目标机的可执行代码。

由于编译的过程包括编译、链接等几个阶段，因此，嵌入式的交叉编译也包括交叉编译、交叉链接等过程，通常 ARM 的交叉编译器为 arm-elf-gcc，交叉链接器为 arm-elf-ld，交叉编译过程如图 1-4 所示。

嵌入式系统基础知识

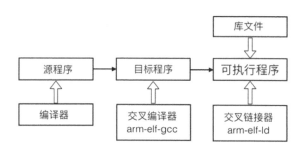

图 1-4 嵌入式交叉编译过程

2. 交叉调试

嵌入式软件经过编译和链接后即进入调试阶段，调试是软件开发过程中必不可少的一个环节。嵌入式软件开发过程中的交叉调试与通用软件开发过程中的调试方式有很大的差别。在常见软件开发中，调试器与被调试的程序往往运行在同一台计算机上，调试器是一个单独运行的进程，它通过操作系统提供的调试接口来控制被调试的进程。而在嵌入式软件开发中，调试时采用的是在宿主机和目标机之间进行的交叉调试，调试器仍然运行在宿主机的通用操作系统之上，但被调试的进程却是运行在基于特定硬件平台的嵌入式操作系统中，调试器和被调试进程通过串口或者网络进行通信，调试器可以控制、访问被调试进程，读取被调试进程的当前状态，并能够改变被调试进程的运行状态。

嵌入式系统的交叉调试有多种方式，主要可分为软件方式和硬件方式两种。它们一般都具有如下一些典型特点。

- 调试器和被调试进程运行在不同的机器上，调试器运行在 PC 或者工作站上（宿主机），而被调试的进程则运行在各种专业调试板上（目标机）。
- 调试器通过某种通信方式（串口、并口、网络、JTAG 等）控制被调试进程。
- 在目标机上一般会具备某种形式的调试代理，它负责与调试器共同配合完成对目标机上运行的进程进行调试。这种调试代理可能是某些支持调试功能的硬件设备，也可能是某些专门的调试软件（如 GdbServer）。
- 目标机可能是某种形式的系统仿真器，通过在宿主机上运行目标机的仿真软件，整个调试过程可以在一台计算机上运行。此时物理上虽然只有一台计算机，但逻辑上仍然存在着宿主机和目标机的区别。

下面分别就软件调试和硬件调试两种方式进行详细介绍。

1）软件调试

软件调试主要是通过插入调试桩的方式来进行的。用调试桩的方式进行调试是通过目标操作系统和调试器内分别加入某些功能模块，二者互通信息来进行调试。该方式的典型调试器有 Gdb 调试器。

Gdb 的交叉调试器分为 GdbServer 和 GdbClient，其中 GdbServer 作为调试桩安装在目标板上，GdbClient 是驻于本地的 Gdb 调试器。它们的调试原理如图 1-5 所示。

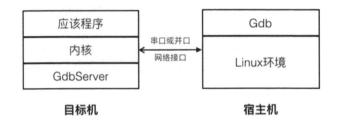

图 1-5 Gdb 远程调试原理图

Gdb 调试桩的工作流程如下。

（1）建立调试器（本地 Gdb）与目标操作系统的通信连接，可通过串口、网卡、并口等多种方式。

（2）在目标机上开启 GdbServer 进程，并监听对应端口。

（3）在宿主机上运行调试器 Gdb，这时，Gdb 就会自动寻找远端的通信进程，也就是 GdbServer 的所在进程。

（4）在宿主机上的 Gdb 通过 GdbServer 请求对目标机上的程序发出控制命令。这时，GdbServer 将请求转化为程序的地址空间或目标平台的某些寄存器的访问，这对于没有虚拟存储器的简单的嵌入式操作系统而言，是十分容易的。

（5）GdbServer 把目标操作系统的所有异常处理转向通信模块，并告知宿主机上的 Gdb 当前异常。

（6）宿主机上的 Gdb 向用户显示被调试程序产生了哪一类异常。

这样就完成了调试的整个过程。这个方案的实质是用软件接管目标机的全部异常处理及部分中断处理，并在其中插入调试端口通信模块，与主机的调试器进行交互。但是它只能在目标机系统初始化完毕、调试通信端口初始化完成后才能起作用，因此，一般只能用于调试运行于目标操作系统之上的应用程序，而不宜用来调试目标操作系统的内核代码及启动代码。而且，它必须改变目标操作系统，因此，也就多了一个不用于正式发布的调试版。

2）硬件调试

相对于软件调试而言，使用硬件调试器可以获得更强大的调试功能和更优秀的调试性能。硬件调试器的基本原理是通过仿真硬件的执行过程，让开发者在调试时可以随时了解到系统的当前执行情况。目前嵌入式系统开发中最常用到的硬件调试器是 ROM Monitor、ROM Emulator、In-Circuit Emulator 和 In-Circuit Debugger。

（1）采用 ROMMonitor 方式进行交叉调试需要在宿主机上运行调试器，在目标机上运行 ROM 监视器（ROM Monitor）和被调试程序，宿主机通过调试器与目标机上的 ROM 监视器遵循远程调试协议建立通信连接。ROM 监视器可以是一段运行在目标机 ROM 上的可执行程序，也可以是一个专门的硬件调试设备，它负责监控目标机上被调试程序的运行情况，能够与宿主机端的调试器一同完成对应用程序的调试。

嵌入式系统基础知识

在使用这种调试方式时，被调试程序首先通过 ROM 监视器下载到目标机，然后在 ROM 监视器的监控下完成调试。

优点：ROM 监视器功能强大，能够完成设置断点、单步执行、查看寄存器、修改内存空间等各项调试功能。

缺点：同软件调试一样，使用 ROM 监视器目标机和宿主机必须建立通信连接。

其原理图如图 1-6 所示。

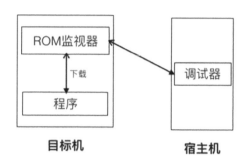

图 1-6　ROM Monitor 调试方式

（2）采用 ROM Emulator 方式进行交叉调试时需要使用 ROM 仿真器，并且它通常被插入到目标机上的 ROM 插槽中，专门用于仿真目标机上的 ROM 芯片。

在使用这种调试方式时，被调试程序首先下载到 ROM 仿真器中，等效于下载到目标机的 ROM 芯片上，然后在 ROM 仿真器中完成对目标程序的调试。

优点：避免了每次修改程序后都必须重新烧写到目标机的 ROM 中。

缺点：ROM 仿真器本身比较昂贵，功能相对来讲又比较单一，只适应于某些特定的场合。

其原理图如图 1-7 所示。

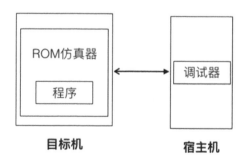

图 1-7　ROM Emulator 调试方式

（3）采用 In-Circuit Emulator（ICE）方式进行交叉调试时需要使用在线仿真器，它是目前最为有效的嵌入式系统的调试手段。它是仿照目标机上的 CPU 而专门设计的硬件，可以完全仿真处理器芯片的行为。仿真器与目标板可以通过仿真头连接，与宿主机可以通过串口、并口、网线或 USB 口等方式连接。由于仿真器自成体系，所以调试时既可以连接目标板，也可以不连接目标板。在线仿真器提供了非常丰富的调试功能。在使用在线仿真器进行调试的过程中，可以按顺序单步执行，也可以倒退执行，还可以实时查看所有需要的数据，从而给调试过程带来很多的便利。嵌入式系统应用的一个显著特点是与现实世界中的硬件直接相关，并存在各种异变和事先未知的变化，从而给微处理器的指令执行带来各种不确定性，这种不确定性在目前情况下只有通过在线仿真器才有可能发现。

优点：功能强大，软/硬件都可做到完全实时在线调试。

缺点：价格昂贵。

其原理图如图 1-8 所示。

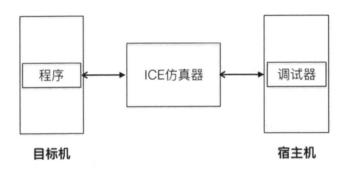

图 1-8 ICE 调试方式

（4）采用 In-Circuit Debugger（ICD）方式进行交叉调试时需要使用在线调试器。由于 ICE 的价格非常昂贵，并且每种 CPU 都需要一种与之对应的 ICE，使得开发成本非常高。一个比较好的解决办法是让 CPU 直接在其内部实现调试功能，并通过在开发板上引出的调试端口发送调试命令和接收调试信息，完成调试过程。应用非常广泛的 ARM 处理器的 JTAG 端口技术就是由此而诞生的。

JTAG 是 1985 年指定的检测 PCB 和 IC 芯片的一个标准。1990 年被修改成为 IEEE 的一个标准，即 IEEE1149.1。JTAG 标准所采用的主要技术为边界扫描技术，它的基本思想就是在靠近芯片的输入/输出引脚上增加一个移位寄存器单元。因为这些移位寄存器单元都分布在芯片的边界上（周围），所以被称为边界扫描寄存器（Boundary-Scan Register Cell）。

当芯片处于调试状态的时候，这些边界扫描寄存器可以将芯片和外围的输入/输出隔离开来。通过这些边界扫描寄存器单元，可以实现对芯片输入/输出信号的观察和控制。对于芯片的输入引脚，可通过与之相连的边界扫描寄存器单元把信号（数据）加载到该引脚中去；对于芯片的输出引脚，可以通过与之相连的边界扫描寄存器单元"捕获"（Capture）该引脚的输出信号。这样，边界扫描寄存器提供了一个便捷的方式用于观测和控制所需要调试的芯片。

嵌入式系统基础知识

现在较为高档的微处理器都带有 JTAG 接口，包括 ARM 经典系列、Cortex 系列、DSP 系列等，通过 JTAG 接口可以方便地对目标系统进行测试，同时，还可以实现 Flash 的编程，是非常受欢迎的。

优点：连接简单，成本低。

缺点：特性受制于芯片厂商。

其原理图如图 1-9 所示。

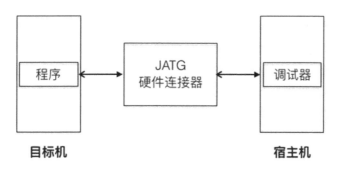

图 1-9 JTAG 调试方式

1.5 学好微处理器在嵌入式学习中的重要性

微处理器在嵌入式开发中非常重要，如图 1-10 所示。

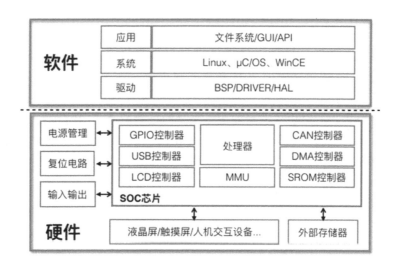

图 1-10 微处理器在嵌入式开发中的重要性

ARM 处理器开发详解：基于 ARM Cortex-A9 处理器的开发设计

1. 处理器的角色

在嵌入式开发中，各种外设的控制器操作都要靠处理器来进行，包括初始化、数据存取等，常见的外设控制器如 LCD 控制器、USB 控制器、GPIO、电源管理器、I2C 控制器、SPI 控制器、摄像头控制器等，这些控制器的共有特征都是不仅要对处理器的体系特征有所了解，还要掌握处理器指令以便能够初始化这些控制器，使其能正常操作。

2. 底层的重要性

在开发中，作为前期计划之一，就是硬件平台的选择，以及各个外设的选择，其中，嵌入式系统的核心部件是各种类型的嵌入式处理器。目前全世界嵌入式处理器的品种总量已经超过 1000 多种，流行体系结构有三十几个系列。但与全球 PC 市场不同的是，没有一种微处理器和微处理器公司可以主导嵌入式系统，仅以 32 位的 CPU 而言，就有 100 种以上嵌入式微处理器。由于嵌入式系统设计的差异性极大，因此选择是多样化的，这样对于嵌入式处理器的学习就显得很重要了。

3. 对于嵌入式理解的深度

在学习中，对于嵌入式的底层来说，除了硬件工程师以外，最底层的则是驱动开发工程师，这种工程师不仅要看得懂芯片手册，更要看懂原理图和硬件紧密相关的资料，在这些基础上才可以做好开发工作，因此，对于处理器的学习来说，不仅是对底层环境的认知加深，更是对一名嵌入式工程师的底层知识的提炼。

在学习时，学习一套嵌入式处理器架构即可，因为大部分体系架构的思想其实是相通的，只要掌握了一种处理器架构，那么其他的只要根据它们之间的差异而学习，就能很快掌握新的处理器。

4. 行业需求

嵌入式行业是一个新兴而发展迅速的行业，随着网络等云计算技术的推广和应用，智能终端设备遍布于我们的身边，2011 年嵌入式芯片厂商 ARM 曾宣布，基于 ARM 的芯片处理器出货量已接近 80 亿个，这个数量还将以每年至少 30%的速度增长。可见其相关联的产业之巨大，同时巨大的产业变革带来的是新型劳动力的需求和经济利益的扩大，最终，嵌入式行业对芯片型人才的紧缺是相当严重的，因此从长远考虑，学习处理器对于一位即将从事嵌入式开发的工程师来说是势在必行的事情。

1.6 本章小结

本章向读者简单介绍了嵌入式系统的概念、特点、发展及开发等问题，希望通过阅读本章，读者能对嵌入式系统和嵌入式系统开发有一个基本了解，以便为后面章节的学习打下基础。

1.7 练习题

1. 什么是嵌入式系统？列举出几个你熟悉的嵌入式系统的产品。
2. 嵌入式系统由哪几部分组成？
3. 列举出3种你知道的嵌入式操作系统。
4. 简述嵌入式系统的特点。

第2章 嵌入式 ARM 技术概论

ARM 体系结构的处理器在嵌入式中的应用是非常广泛的，本章将向读者介绍 ARM 处理器的基本知识。通过阅读本章，读者将了解到以下主要内容：
- ARM 体系结构的技术特征及发展。
- ARM 微处理器简介。
- ARM 微处理器结构。
- ARM 微处理器的应用选型。
- Cortex-A9 内部功能及特点。
- 数据类型。
- Cortex-A9 存储系统。
- 流水线。
- 寄存器组织 S。
- 程序状态寄存器。
- SAMSUNG EXYNOS4412 处理器介绍。

2.1 ARM 体系结构的技术特征及发展

ARM（Advanced RISC Machines）有 3 种含义，它是一个公司的名称，是一类微处理器的通称，还是一种技术的名称。

2.1.1 ARM 公司简介

1991 年 ARM 公司（Advanced RISC Machine Limited）成立于英国剑桥，最早由 Arcon、Apple 和 VLSI 合资成立，主要出售芯片设计技术的授权，1985 年 4 月 26 日，第一个 ARM 原型在英国剑桥的 Acorn 计算机有限公司诞生（在美国 VLSI 公司制造）。目前，ARM 架构处理器已在高性能、低功耗、低成本的嵌入式应用领域中占据了领先地位。

ARM 公司最初只有 12 人，经过多年的发展，ARM 公司已拥有近千名员工，在许多国家都设立了分公司，包括在中国上海的分公司。目前，采用 ARM 技术知识产权核的微处理器，即我们通常所说的 ARM 微处理器，已遍及工业控制、消费类电子产品、通信系统、网络系统、无线系统等各类产品市场，基于 ARM 技术的微处理器应用约占据了 32 位 RISC 微处理器 80%以上的市场份额，其中，在手机市场，ARM 占有绝对的垄断地位。可以说，ARM 技术正在逐步渗入到人们生活中的各个方面，而且随着 32 位 CPU 价格的不断下降和开发环境的不断成熟，ARM 技术会被应用得越来越广泛。

ARM 公司是专门从事基于 RISC 技术芯片设计开发的公司，作为嵌入式 RISC 处理器的知识产权（IP）供应商，公司本身并不直接从事芯片生产，而是靠转让设计许可由合作公司生产各具特色的芯片，世界各大半导体生产商从 ARM 公司购买其设计的 ARM 微处理器核，根据各自不同的应用领域，加入适当的外围电路，从而形成自己的 ARM 微处理器芯片进入市场，利用这种合伙关系，ARM 很快成为许多全球性 RISC 标准的缔造者。目前，全世界有几十家大的半导体公司都使用 ARM 公司的授权，其中包括 Intel、IBM、SAMSUNG、LG 半导体、NEC、SONY、PHILIPS 等公司，这也使得 ARM 技术获得更多的第三方工具、制造厂商、软件的支持，整个系统成本降低，使产品更容易进入市场并被消费者所接受，更具有竞争力。

2.1.2 ARM 技术特征

ARM 的成功，一方面得益于它独特的公司运作模式，另一方面，当然来自于 ARM 处理器自身的优良性能。作为一种先进的 RISC 处理器，ARM 处理器有如下特点。

- 体积小、低功耗、低成本、高性能。
- 支持 Thumb（16 位）/ARM（32 位）双指令集，能很好地兼容 8 位/16 位器件。

- 大量使用寄存器，指令执行速度更快。
- 大多数数据操作都在寄存器中完成。
- 寻址方式灵活简单，执行效率高。
- 指令长度固定。

此处有必要解释一下 RISC 处理器的概念及其与 CISC 微处理器的区别。

1. 嵌入式 RISC 微处理器

RISC（Reduced Instruction Set Computer）是精简指令集计算机，RISC 把着眼点放在如何使计算机的结构更加简单和如何使计算机的处理速度更加快速上。RISC 选取了使用频率最高的简单指令，抛弃复杂指令，固定指令长度，减少指令格式和寻址方式，不用或少用微码控制。这些特点使得 RISC 非常适合嵌入式处理器。

2. 嵌入式 CISC 微处理器

传统的复杂指令级计算机（CISC）则更侧重于硬件执行指令的功能性，使 CISC 指令及处理器的硬件结构变得更复杂。这些会导致成本、芯片体积的增加，影响其在嵌入式产品的应用。如表 2-1 所示描述了 RISC 和 CISC 之间的主要区别。

表 2-1 RISC 和 CISC 之间的主要区别

指标	RISC	CISC
指令集	一个周期执行一条指令，通过简单指令的组合实现复杂操作；指令长度固定	指令长度不固定，执行需要多个周期
流水线	流水线每周期前进一步	指令的执行需要调用微代码的一个微程序
寄存器	更多通用寄存器	用于特定目的的专用寄存器
Load/Store 结构	独立的 Load 和 Store 指令完成数据在寄存器和外部存储器之间的传输	处理器能够直接处理存储器中的数据

2.1.3 ARM 体系架构的发展

在讨论 ARM 体系架构前，先解释一下体系架构的定义。

体系架构定义了指令集（ISA）和基于这一体系架构下处理器的编程模型。基于同种体系架构可以有多种处理器，每个处理器性能不同，所面向的应用不同，每个处理器的实现都要遵循这一体系架构。ARM 体系架构为嵌入式系统发展提供很高的硬件性能，同时保持优异的功耗和面积效率。

ARM 体系架构为满足 ARM 合作者及设计领域的一般需求正稳步发展。目前，ARM 体系架构共定义了 8 个版本，从版本 1 到版本 8，ARM 体系的指令集功能不断扩大，不同系列的 ARM 处理器，性能差别很大，应用范围和对象也不尽相同，但是，基于相同 ARM 体系架构的不同处理器，它们的应用软件是兼容的。

- v1 架构

v1 架构的 ARM 处理器并没有实现商品化，采用的地址空间是 26 位，寻址空间是

嵌入式 ARM 技术概论

64MB，在目前的版本中已不再使用这种架构。

- v2 架构

与 v1 架构的 ARM 处理器相比，v2 架构的 ARM 处理器的指令集更加完善，比如增加了乘法指令并且支持协处理器指令，该架构的处理器仍然采用 26 位的地址空间。

- v3 架构

从 v3 架构开始，ARM 处理器的体系架构有了很大的改变，实现了 32 位的地址空间，指令架构相对前面的两种结构也所完善。

- v4 架构

v4 架构的 ARM 处理器增加了半字指令的读取和写入操作，增加了处理器系统模式，并且有了 T 变种——v4T，在 Thumb 状态下支持的是 16 位的 Thumb 指令集。属于 v4T（支持 Thumb 指令）体系架构的处理器（核）有 ARM7TDMI、ARM7TDMI-S（ARM7TDMI 综合版本）、ARM710T（ARM7TDMI 核的处理器）、ARM720T（ARM7TDMI 核的处理器）、ARM740T（ARM7TDMI 核的处理器）、ARM9TDMI、ARM910T（ARM9TDMI 核的处理器）、ARM920T（ARM9TDMI 核的处理器）、ARM940T（ARM9TDMI 核的处理器）和 StrongARM（Intel 公司的产品）。

- v5 架构

v5 架构的 ARM 处理器提升了 ARM 和 Thumb 两种指令的交互工作能力，同时有了 DSP 指令（v5E 架构）、Java 指令（v5J 架构）的支持。属于 v5T（支持 Thumb 指令）体系结构的处理器（核）有 ARM10TDMI 和 ARM1020T（ARM10TDMI 核处理器）。

属于 v5TE（支持 Thumb、DSP 指令）体系架构的处理器（核）有 ARM9E、ARM9E-S（ARM9E 可综合版本）、ARM946（ARM9E 核的处理器）、ARM966（ARM9E 核的处理器）、ARM10E、ARM1020E（ARM10E 核处理器）、ARM1022E（ARM10E 核的处理器）和 Xscale（Intel 公司的产品）。

属于 v5TEJ（支持 Thumb、DSP 指令、Java）体系架构的处理器（核）有 ARM9EJ、ARM9EJ-S（ARM9EJ 可综合版本）、ARM926EJ（ARM9EJ 核的处理器）和 ARM10EJ。

- v6 架构

v6 架构是在 2001 年发布的，在该版本中增加了媒体指令，属于 v6 体系架构的处理器有 ARM11（2002 年发布）。v6 体系架构包含 ARM 体系架构中所有的特殊指令集（4 种）：Thumb 指令（T）、DSP 指令（E）、Java 指令（J）和 Media 指令。

- v7 架构

v7 架构是在 ARMv6 架构的基础上诞生的。该架构采用了 Thumb-2 技术，它是在 ARM 的 Thumb 代码压缩技术的基础上发展起来的，并且保持了对现存 ARM 解决方案的完整的代码兼容性。Thumb-2 技术比纯 32 位代码少使用 31%的内存，减小了系统开销，同时能够提供比已有的基于 Thumb 技术的解决方案高出 38%的性能。v7 架构还采用了 NEON 技术，将 DSP 和媒体处理能力提高了近 4 倍。并支持改良的浮点运算，满足下一代 3D 图形、游戏物理应用及传统嵌入式控制应用的需求。

ARM 处理器开发详解：基于 ARM Cortex-A9 处理器的开发设计

从 ARMv7 架构开始、ARM 公司推出 Cortex 系列处理器分为 Cortex-M、Cortex-R 和 Cortex-A 三类。

本章的 2.28 节将会列举一些 Cortex 系列处理器的特性。

- v8 架构

v8 架构是在 32 位 ARM 架构基础上进行开发的，将被首先用于对扩展虚拟地址和 64 位数据处理技术有更高要求的产品领域，如企业应用、高档消费电子产品。ARMv8 架构包含两个执行状态：AArch64 和 AArch32。AArch64 执行状态针对 64 位处理技术，引入了一个全新指令集 A64，可以存取大虚拟地址空间；而 AArch32 执行状态将支持现有的 ARM 指令集。目前的 v7 架构的主要特性都将在 ARMv8 架构中得以保留或进一步拓展，如 TrustZone 技术、虚拟化技术及 NEON advanced SIMD 技术等。

2.2 ARM 微处理器简介

ARM 处理器的产品系列非常广，包括 ARM7、ARM9、ARM9E、ARM10E、ARM11、SecurCore 和 Cortex 等。每个系列提供一套特定的性能来满足设计者对功耗、性能、体积的要求。其中 SecurCore 是单独的一个产品系列，是专门为安全设备而设计的。

表 2-2 总结了 ARM 各系列处理器所包含的不同类型。

本节简要介绍 ARM 各个系列处理器的特点。

表 2-2 ARM 各系列处理器所包含的不同类型

ARM 系列	包含类型
ARM9/9E 系列	ARM920T ARM922T ARM926EJ-S ARM940T ARM946E-S ARM966E-S ARM968E-S
向量浮点运算（Vector Floating Point）系列	VFP9-S VFP10
ARM10E 系列	ARM1020E ARM1022E ARM1026EJ-S
ARM11 系列	ARM1136J-S ARM1136JF-S ARM1156T2(F)-S ARM1176JZ(F)-S ARM11 MPCore

续表

ARM 系列	包含类型
Cortex 系列	Cortex-A Cortex-R Cortex-M
SecurCore 系列	SC100 SC110 SC200 SC210
其他合作伙伴产品	StrongARM XScale MBX

2.2.1　ARM9 处理器系列

ARM9 系列于 1997 年问世。由于采用了 5 级指令流水线，ARM9 处理器能够运行在比 ARM7 更高的时钟频率上，改善了处理器的整体性能；存储器系统根据哈佛体系结构（程序和数据空间独立的体系结构）重新设计，区分了数据总线和指令总线。

ARM9 系列的第一个处理器是 ARM920T，它包含独立的数据指令 Cache 和 MMU（Memory Management Unit，存储器管理单元）。此处理器能够用在要求有虚拟存储器支持的操作系统上。该系列中的 ARM922T 是 ARM920T 的变种，只有一半大小的数据指令 Cache。

ARM940T 包含一个更小的数据指令 Cache 和一个 MPU（Micro Processor Unit，微处理器）。它是针对不要求运行操作系统的应用而设计的。ARM920T、ARM940T 都执行 v4T 架构指令。

ARM9 系列处理器主要应用于下面一些场合：
- 下一代无线设备，包括视频电话和掌上电脑等。
- 数字消费品，包括机顶盒、家庭网关、MP3 播放器和 MPEG-4 播放器。
- 成像设备，包括打印机、数码照相机和数码摄像机。
- 汽车、通信和信息系统。

2.2.2　ARM9E 处理器系列

ARM9 系列的下一代处理器基于 ARM9E-S 内核，这个内核是 ARM9 内核带有 E 扩展的一个可综合版本，包括 ARM946E-S 和 ARM966E-S 两个变种。两者都执行 v5TE 架构指令。它们也支持可选的嵌入式跟踪宏单元，支持开发者实时跟踪处理器指令和数据的执行。当调试对时间敏感的程序段时，这种方法非常重要。

ARM946E-S 包括 TCM（Tightly Coupled Memory，紧耦合存储器）、Cache 和一个 MPU。TCM 和 Cache 的大小可配置。该处理器是针对要求有确定的实时响应的嵌入式

ARM 处理器开发详解：基于 ARM Cortex-A9 处理器的开发设计

控制而设计的。ARM966E-S 有可配置的 TCM，但没有 MPU 和 Cache 扩展。

ARM9 系列的 ARM926EJ-S 内核为可综合的处理器内核，发布于 2000 年。它是针对小型便携式 Java 设备，如 3G 手机和 PDA 应用而设计的。ARM926EJ-S 是第一个包含 Jazelle 技术，可加速 Java 字节码执行的 ARM 处理器内核。它还有一个 MMU、可配置的 TCM 及具有零或非零等待存储器的数据/指令 Cache。

ARM9E 系列处理器主要应用于下面一些场合：
- 下一代无线设备，包括视频电话和掌上电脑等。
- 数字消费品，包括机顶盒、家庭网关、MP3 播放器和 MPEG-4 播放器。
- 成像设备，包括打印机、数码照相机和数码摄像机。
- 存储设备，包括 DVD 和 HDD 等。
- 工业控制，包括电机控制等。
- 汽车、通信和信息系统的 ABS 和车体控制。
- 网络设备，包括 VoIP 和 WirelessLAN 等。

2.2.3 ARM11 处理器系列

ARM1136J-S 发布于 2003 年，是针对高性能和高能效应而设计的。ARM1136J-S 是第一个执行 ARMv6 架构指令的处理器。它集成了一条具有独立的 Load/Stroe 和算术流水线的 8 级流水线。ARMv6 指令包含了针对媒体处理的单指令流多数据流扩展，采用特殊的设计改善视频处理能力。

2.2.4 SecurCore 处理器系列

SecurCore 系列处理器提供了基于高性能的 32 位 RISC 技术的安全解决方案。SecurCore 系列处理器除了具有体积小、功耗低、代码密度高等特点外，还具有它自己的特别优势，即提供了安全解决方案支持。下面总结了 SecurCore 系列的主要特点：
- 支持 ARM 指令集和 Thumb 指令集，以提高代码密度和系统性能。
- 采用软内核技术以提供最大限度的灵活性，可以防止外部对其进行扫描探测。
- 提供了安全特性，可以抵制攻击。
- 提供面向智能卡和低成本的存储保护单元 MPU。
- 可以集成用户自己的安全特性和其他的协处理器。

SecurCore 系列包含 SC100、SC110、SC200 和 SC210 四种类型。

SecurCore 系列处理器主要应用于一些安全产品及应用系统，包括电子商务、电子银行业务、网络、移动媒体和认证系统等。

2.2.5 StrongARM 和 Xscale 处理器系列

StrongARM 处理器最初是 ARM 公司与 Digital Semiconductor 公司合作开发的，现

嵌入式 ARM 技术概论

在由 Intel 公司单独许可，在低功耗、高性能的产品中应用很广泛。它采用哈佛结构，具有独立的数据指令 Cache，有 MMU。StrongARM 是第一个包含 5 级流水线的高性能 ARM 处理器，但它不支持 Thumb 指令集。

Intel 公司的 Xscale 是 StrongARM 的后续产品，在性能上有显著改善。它执行 V5TE 架构指令，也采用哈佛结构，类似于 StrongARM 也包含一个 MMU。前面说过，Xscale 已经被 Intel 卖给了 Marvell 公司。

2.2.6　MPCore 处理器系列

MPCore 是在 ARM11 核心的基础上构建的，结构上仍属于 V6 指令体系。根据不同的需要，MPCore 可以被配置为 1 到 4 个处理器的组合方式，最高性能达到 2600 Dhrystone MIPS，运算能力几乎与 Pentium Ⅲ 1GHz 处于同一水准（Pentium Ⅲ 1GHz 的指令执行性能约为 2700 Dhrystone MIPS）。多核心设计的优点是在频率不变的情况下让处理器的性能获得明显提升，在多任务应用中表现尤其出色，这一点很适合未来家庭消费电子的需要。例如，机顶盒在录制多个频道电视节目的同时，还可通过互联网收看数字视频点播节目；车内导航系统在提供导航功能的同时，可以向后座乘客提供各类视频娱乐信息等。在这类应用环境下，多核心结构的嵌入式处理器将表现出极强的性能优势。

2.2.7　Cortex 处理器系列

ARM Cortex 处理器技术特点

ARMv7 架构是在 ARMv6 架构的基础上诞生的。该架构采用了 Thumb-2 技术，它是在 ARM 的 Thumb 代码压缩技术的基础上发展起来的，并且保持了对现存 ARM 解决方案的完整的代码兼容性。Thumb-2 技术比纯 32 位代码少使用 31% 的内存，减小了系统开销，同时具有比已有的基于 Thumb 技术的解决方案高出 38% 的性能。ARMv7 架构还采用了 NEON 技术，将 DSP 和媒体处理能力提高了近 4 倍。并支持改良的浮点运算，满足下一代 3D 图形、游戏物理应用及传统嵌入式控制应用的需求。此外，ARMv7 还支持改良的运行环境，以迎合不断增加的 JIT（Just In Time）和 DAC（Dynamic Adaptilve Compilation）技术的使用。

ARMv7 架构在设计时充分考虑到了与早期的 ARM 架构的兼容。ARM Cortex-M 系列支持 Thumb-2 指令集（Thumb 指令集的扩展集），可以执行所有已存的基于早期处理器编写的代码。通过一个前向的转换方式，为 ARM Cortex-M 系列处理器所写的用户代码可以与 ARM Cortex-R 系列微处理器完全兼容。ARM Cortex-M 系列系统代码（如实时操作系统）可以很容易地移植到基于 ARM Cortex-R 系列的系统上。ARM Cortex-A 和 Cortex-R 系列处理器还支持 ARM 32 位指令集，向后完全兼容早期的 ARM 处理器，包括 1995 年发布的 ARM7TDMI 处理器，2002 年发布的 ARM11 处理器系列。由于应用领域的不同，基于 v7 架构的 Cortex 处理器系列所采用的技术也不相同。在命名方式上，

ARM 处理器开发详解：基于 ARM Cortex-A9 处理器的开发设计

基于 ARMv7 架构的 ARM 处理器已经不再沿用过去的数字命名方式，而是冠以 Cortex 的代号。基于 v7A 的称为"Cortex-A 系列"，基于 v7R 的称为"Cortex-R 系列"，基于 v7M 的称为"Cortex-M3 系列"。

ARM Cortex-M3 处理器技术特点

ARM Cortex-M3 处理器是为存储器和处理器的尺寸对产品成本影响极大的各种应用专门开发设计的。它整合了多种技术，减少了内存使用，并在极小的 RISC 内核上提供低功耗和高性能，可实现由以往的代码向 32 位微控制器的快速移植。ARM Cortex-M3 处理器是使用最少门数的 ARM CPU，相对于过去的设计大大减小了芯片面积，可减小装置的体积或采用更低成本的工艺进行生产，仅 33000 门的内核性能可达 1.2 DMIPS/MHz。此外，基本系统外设还具备高度集成化特点，集成了许多紧耦合系统外设，合理利用了芯片空间，使系统满足下一代产品的控制需求。

ARM Cortex-M3 处理器结合了执行 Thumb-2 指令的 32 位哈佛微体系结构和系统外设，包括 Nested Vectored Interrupt Controller 和 Arbiter 总线。该技术方案在测试和实例应用中表现出较高的性能：在台机电 180 nm 工艺下，芯片性能达 1.2 DMIPS/MHz，时钟频率高达 100 MHz。Cortex-M3 处理器还实现了 Tail-Chaining 中断技术。该技术是一项完全基于硬件的中断处理技术，最多可减少 12 个时钟周期数，在实际应用中可减少 70% 的中断；推出了新的单线调试技术，避免使用多引脚进行 JTAG 调试，并全面支持 RealView 编译器和 RealView 调试产品。RealView 工具向设计者提供模拟、创建虚拟模型、编译软件、调试、验证和测试基于 ARMv7 架构的系统等功能。

为微控制器应用而开发的 Cortex-M3 拥有以下性能：

- 实现单周期 Flash 应用最优化。
- 准确快速地中断处理。永不超过 12 周期，仅 6 周期 Tail-Chaining（末尾连锁）。
- 有低功耗时钟门控（Clock Gating）的 3 种睡眠模式。
- 单周期乘法和乘法累加指令。
- ARM Thumb-2 混合的 16/32 位固有指令集，无模式转换。
- 包括数据观察点和 Flash 补丁在内的高级调试功能。
- 原子位操作，在一个单一指令中读取/修改/编写。
- 1.25DMIPS/MHz

ARM Cortex-R4 处理器技术特点

Cortex-R4 处理器支持手机、硬盘、打印机及汽车电子设计，能协助新一代嵌入式产品快速执行各种复杂的控制算法与实时工作的运算；可通过内存保护单元（Memory Protection Unit，MPU）、高速缓存和紧密耦合内存（Tightly Coupled Memory，TCM）让处理器针对各种不同的嵌入式应用进行最佳化调整，且不影响基本的 ARM 指令集兼容性。这种设计能够在沿用原有程序代码的情况下，降低系统的成本与复杂度，同时其紧密耦合内存功能也能提供更小的规格及更高效率的整合，并带来快速的响应时间。

嵌入式 ARM 技术概论

Cortex-R4 处理器采用 ARMv7 体系结构,让它能与现有的程序维持完全的回溯兼容性,能支持现今在全球各地数十亿的系统,并已针对 Thumb-2 指令进行最佳化设计。此项特性带来很多的利益,其中包括:更低的时钟速度所带来的省电效益;更高的性能将各种多功能特色带入移动电话与汽车产品的设计;更复杂的算法支持更高性能的数码影像系统。运用 Thumb-2 指令集,加上 RealView 开发套件,使芯片内部存储器的容量最多降低 30%,大幅降低系统成本,其速度比在其他处理器所使用 Thumb 指令集高出 40%。由于存储器在芯片中的占用空间愈来愈多,因此这项设计将大幅节省芯片容量,让芯片制造商运用这款处理器开发各种 SoC(System on a Chip)器件。

相比于前几代的处理器,Cortex-R4 处理器高效率的设计方案,使其以更低的时钟达到更高的性能;经过最佳化设计的 Artisan Mctro 内存,可进一步降低嵌入式系统的体积与成本。处理器搭载一个先进的微架构,具备双指令发送功能,采用 90nm 工艺并搭配 Artisan Advantage 程序库的组件,底面积不到 1mm^2,耗电最低低于 0.27mW/MHz,并能提供超过 600 DMIPS 的性能。

Cortex-R4 处理器在各种安全应用上加入容错功能和内存保护机制,支持最新版 OSEK 实时操作系统;支持 RealView Develop 系列软件开发工具、RealView Create 系列 ESL 工具与模块,以及 Core Sight 除错与追踪技术,协助设计者迅速开发各种嵌入式系统。

ARM Cortex-A9 处理器技术特点

ARM Cortex-A9 处理器是一款适用于复杂操作系统及用户应用的应用处理器,支持智能能源管理(Intelligent Energy Manger,IEM)技术的 ARM Artisan 库及先进的泄漏控制技术,使得 Cortex-A9 处理器实现了非凡的速度和功耗效率。在 32nm 工艺下,ARM Cortex-A9 Exynos 处理器的功耗大大降低,能够提供高性能和低功耗。它第一次为低费用、高容量的产品带来了台式机级别的性能。

Cortex-A9 处理器是第一款基于 ARMv7 多核架构的应用处理器,使用了能够带来更高性能、更低功耗和更高代码密度的 Thumb-2 技术。它首次采用了强大的 NEON 信号处理扩展集,为 H.264 和 MP3 等媒体编解码提供加速。Cortex-A9 的解决方案还包括 Jazelle-RCTJava 加速技术,对实时(JIT)和动态调整编译(DAC)提供最优化,同时减少内存占用空间,高达 3 倍。该处理器配置了先进的超标量体系结构流水线,能够同时执行多条指令。处理器集成了一个可调尺寸的二级高速缓冲存储器,能够同高速的 16 KB 或者 32KB 一级高速缓冲存储器一起工作,从而达到最快的读取速度和最大的吞吐量。新处理器还配置了用于安全交易和数字版权管理的 Trust Zone 技术,以及实现低功耗管理的 IEM 功能。

Cortex-A9 处理器使用了先进的分支预测技术,并且具有专用的 NEON 整型和浮点型流水线来进行媒体和信号处理。

Cortex A9 时代,三星一共发布了两代产品,第一代是 Galaxy SII 和 MX 采用的 Exynos 4210,第二代有两款,一款是双核的 Exynos 4212,一款是四核的 Exynos 4412。第一代产品采用的是 45nm 工艺制造，由于三星的 45nm 工艺在业内是比较落后的，虽然通过种种手段将 Exynos 4210 的频率提升到了 1.4GHz，但这么做的代价也是非常明显的——功耗激增（这点在 MX 上我们也看到了）。总体而言，Exynos 4212 和 Exynos 4412 在架构上和 Exynos 4210 并没有区别，大体上的硬件配置也是一样的，最大的区别就在于 Exynos 4212/4412 采用了三星最新的 32nm HKMG 工艺。

2.2.8 最新 ARM 应用处理器发展现状

（1）从之前的 ARM 单核逐步向双核演变。作为对比，下面依次将近年来最尖端的芯片应用方案列举出来。

NVIDIA（英伟达）的 Tegra 2 双核处理器及 Tegra 3 四核处理器，已经应用在摩托罗拉双核智能手机 ME860 及 LG Optimus 2X 手机上。

三星 Exynos 4412，基于 Cortex-A9 的双核处理器，目前应用在三星公司推出的 GALAXY SII 智能手机。

TI 的 OMAP4430 及 OMAP4460 双核 ARM 处理芯片，已应用在 LG Optimus 3D 手机上。

高通 MSM8260、MSM8660（1.5G）、MSM8960（1.7G）双核处理器及 APQ8060（2.5G）四核处理器。目前应用的代表有 HTC 的金字塔（Pyramid）双核智能手机，还有国内的小米手机。

苹果 A8 64 位处理器，典型代表是 iPhone 6。

（2）内嵌的图形显示芯片越来越强劲。

Mali 系列由 ARM 出品，Mali-400、Mali-T658 于 2011 年 11 月推出，支持 OpenGL ES 2.0 和 DirectX 接口，可从单核扩展到四核，可提供卓越的二维和三维加速性能。

PowerVR SGX 系列由 Imagination Technologies 公司出品，包括 PowerVR SGX530/535/540/543MP，支持 DirectX 9、SM3.0 和 OpenGL 2.0。

SGX535 被苹果公司的 iPhone 4 和 iPad 采用，而 SGX540 性能更加强劲，在三星 Galaxy Tab 与魅族 M9 上采用。SGX543MP 作为新一代最强新品，目前已成为苹果 iPad 2（SGX543MP2/双核）和索尼 NGP（SGX543MP4/四核）的图形内核。

Adreno 系列由高通公司出品，主要配合 Snapdragon CPU 使用。旗下典型方案有 Adreno200/205/220/300。

在图形处理单元上，Tegra 3 从之前 Tegra 2 的 8 核心图形单元升级到 12 核心单元，NVIDIA 官方宣布将有 3 倍的图形性能提升。这 12 个处理核心的 GeForce GPU 专门为下一代移动游戏而打造（完全兼容现有 Tegra 2 游戏），支持更好的动态光影、物理效果和高分辨率环境。典型处理器方案有 NVIDIA Tegra 2 和 NVIDIA Tegra 3。

（3）支持大 RAM，支持大数据量的存储介质。

现在诸多处理器已支持 DDR2、DDR3、LPDDR（mDDR）等类型的内存。这些类型的内存速度高，精度高，并且容量也很高，已属于高速硬件之一。

（4）提升显示控制器性能。最高以 2048×1536 分辨率液晶屏显示，如 Tegra 3 处理器。
（5）提升 Camera 性能。最高支持 3200 万像素摄像头。

2.3 ARM 微处理器结构

ARM 内核采用 RISC 体系结构。ARM 体系结构的主要特征如下：
- 采用大量的寄存器，它们可以用于多种用途。
- 采用 Load/Store 体系结构。
- 每条指令都采用条件执行。
- 采用多寄存器的 Load/Store 指令。
- 能够在单时钟周期执行的单条指令内完成一项普通的移位操作和一项普通的 ALU 操作。
- 通过协处理器指令集来扩展 ARM 指令集，包括在编程模式中增加了新的寄存器和数据类型。
- 如果把 Thumb 指令集也当做 ARM 体系结构的一部分，那么在 Thumb 体系结构中还可以用高密度 16 位压缩形式表示指令集。

2.3.1 ARM 微处理器的应用选型

随着国内嵌入式应用领域的发展，ARM 芯片必然会获得广泛的重视和应用。但是由于 ARM 芯片有多达十几种的芯核结构、70 多个芯片生产厂家及千变万化的内部功能配置组合，开发人员在选择方案时会有一定的困难。所以对 ARM 芯片做对比研究是十分必要的。

2.3.2 选择 ARM 芯片的一般原则

- 功能

考虑处理器本身能够支持的功能，如支持 USB、网络、串口、液晶显示功能等。
- 性能

从处理器的功耗、速度、稳定性、可靠性等方面考虑。
- 价格

通常产品总是希望在完成功能要求的基础上，成本越低越好。在选择处理器时需要考虑处理器的价格，以及由处理器衍生出的开发价格。如开发板价格、处理器自身价格、外围芯片价格、开发工具价格、制版价格等。

ARM 处理器开发详解：基于 ARM Cortex-A9 处理器的开发设计

- 熟悉程度及开发资源

通常公司对产品的开发周期都有严格的要求，选择一款自己熟悉的处理器可以大大降低开发风险。在自己熟悉的处理器都无法满足功能的情况下，可以尽量选择开发资源丰富的处理器。

- 操作系统支持

在选择嵌入式处理器时，如果最终的程序需要运行在操作系统上，那么还应该考虑处理器对操作系统的支持。

- 升级

很多产品在开发完成后都会面临升级的问题，正所谓人无远虑必有近忧。所以在选择处理器时必须要考虑升级的问题。要尽量选择具有相同封装的不同性能等级的处理器；考虑产品未来可能增加的功能。

- 供货稳定

供货稳定也是选择处理器时的一个重要参考因素，尽量选择大厂家和比较通用的芯片。

2.3.3 选择一款适合 ARM 教学的 CPU

在 ARM 教学中，在选择 CPU 作为学习目标时，主要从芯片功能、开发平台价格、开发资源等方面考虑。

- ARM 芯核

如果希望学习使用 Windows CE 或 Linux 等操作系统，就需要选择 ARM720T 以上带有 MMU（Memory Management Unit）功能的 ARM 芯片，ARM720T、StrongARM、Cortex-A 系列处理器都带有 MMU 功能。而 ARM7TDMI 没有 MMU，不支持 Windows CE 和大部分的 Linux。目前，uCLinux 及 Linux 2.6 内核等 Linux 系统不需要 MMU 的支持。

- 系统时钟速度

系统时钟决定了 ARM 芯片的处理速度。ARM7 的处理速度为 0.97MIPS/MHz，常见的 ARM7 芯片系统主时钟为 20～133MHz，ARM9 的处理速度为 1.1MIPS/MHz，常见的 ARM9 的系统主时钟为 100～233MHz。Cortex-A 系列的主时钟频率也越来越快，如 Cortex-A9 主频率可以达到 1.6GHz 以上，如果希望学习可以支持较为复杂的操作系统的芯片时，可以选择 ARM9 及 ARM9 以上的芯片。

- 支持内存访问的类型

支持内存访问的类型如表 2-3 所示。

表 2-3　支持内存访问的类型

芯片名	是否有 SDRAM	是否有 DDR2	是否有 mDDR	是否有 DDR3
S3C2410	是	否	否	否
S3C2440	是	否	否	否

嵌入式 ARM 技术概论

续表

芯片名	是否有 SDRAM	是否有 DDR2	是否有 mDDR	是否有 DDR3
S5PV210	否	是	否	否
S5PV310	否	否	否	是
EXYNOS4412	否	否	否	是

- USB 接口

USB 接口产品的使用越来越广泛，许多 ARM 芯片内置 USB 控制器，有些芯片甚至同时有 USB Host 和 USB Slave 控制器。表 2-4 显示了内置 USB 控制器的 ARM 芯片。

表 2-4 内置 USB 控制器的 ARM 芯片

芯片型号	ARM 内核	供应商	USB（otg）	USB Host
S3C2410	ARM920T	SAMSUNG	1	2
S3C2440	ARM920T	SAMSUNG	1	2
EXYNOS4412	CORTEX-A8	SAMSUNG	1	1
S5PV310	CORTEX-A9	SAMSUNG	1	1
EXYNOS4412	CORTEX-A9	SAMSUNG	1	2

- GPIO 数量

在某些芯片供应商提供的说明书中，往往申明的是最大可能的 GPIO 数量，但是有许多引脚是和地址线、数据线、串口线等引脚复用的。这样在系统设计时需要计算实际可以使用的 GPIO 数量。

- 中断控制器

ARM 内核只提供快速中断（FIQ）和标准中断（IRQ）两个中断向量。但各个半导体厂家在设计芯片时加入了自己定义的中断控制器，以便支持诸如串行口、外部中断、时钟中断等硬件中断。外部中断控制是选择芯片时必须考虑的重要因素，合理的外部中断设计可以在很大程度上减少任务调度工作量。例如 PHILIPS 公司的 SAA7750，所有 GPIO 都可以设置成 FIQ 或 IRQ，并且可以选择上升沿、下降沿、高电平和低电平 4 种中断方式。这使得红外线遥控接收、指轮盘和键盘等任务都可以作为背景程序运行。而 Cirrus Logic 公司的 EP7312 芯片只有 4 个外部中断源，并且每个中断源都只能是低电平或高电平中断，这样接收红外线信号的场合必须用查询方式，浪费大量 CPU 时间。

- IIS（Integrate Interface of Sound）接口

IIS 接口即集成音频接口。如果设计音频应用产品，IIS 接口是必需的。

- nWAIT 信号

这是一个外部总线速度控制信号。不是每个 ARM 芯片都提供这个信号引脚，利用这个信号与廉价的 GAL 芯片就可以实现符合 PCMCIA 标准的 WLAN 卡和 BlueTooth 卡的接口，而不需要外加高成本的 PCMCIA 专用控制芯片。另外，当需要扩展外部 DSP 协处理器时，此信号也是必需的。

ARM 处理器开发详解：基于 ARM Cortex-A9 处理器的开发设计

- RTC（Real Time Clock）

很多 ARM 芯片都提供 RTC（实时时钟）功能，但方式不同。如 Cirrus Logic 公司的 EP7312 的 RTC 只是一个 32 位计数器，需要通过软件计算出年月日时分秒；而 SAA7750 和 S3C2410 等芯片的 RTC 直接提供年月日时分秒格式。

- LCD 控制器

有些 ARM 芯片内置 LCD 控制器，有的甚至内置 64KB 彩色 TFT LCD 控制器。在设计 PDA 等手持式显示记录设备时，选用内置 LCD 控制器的 ARM 芯片（如 S3C2410）较为适宜。

- PWM 输出

有些 ARM 芯片有 2~8 路 PWM 输出，可以用于电机控制和语音输出等场合。

- ADC 和 DAC

有些 ARM 芯片内置 2~8 通道 8~12 位通用 ADC，可以用于电池检测、触摸屏和温度监测等。PHILIPS 的 SAA7750 更是内置了一个 16 位立体声音频 ADC 和 DAC，并且带耳机驱动。

- 扩展总线

大部分 ARM 芯片具有外部 SDRAM 和 SRAM 扩展接口，不同的 ARM 芯片可以扩展的芯片数量即片选线数量不同，外部数据总线有 8 位、16 位或 32 位。为某些特殊应用设计的 ARM 芯片（如德国 Micronas 的 PUC3030A）没有外部扩展功能。

- UART 和 IrDA

几乎所有的 ARM 芯片都具有 1~2 个 UART 接口，可以用于和 PC 通信或用 Angel 进行调试。一般的 ARM 芯片通信波特率为 115200bit/s，少数专为蓝牙技术应用设计的 ARM 芯片的 UART 通信波特率可以达到 920kbit/s，如 Linkup 公司的 L7205。

- 时钟计数器和看门狗

一般 ARM 芯片都具有 2~4 个 16 位或 32 位时钟计数器和一个看门狗计数器。

- 电源管理功能

ARM 芯片的耗电量与工作频率成正比，一般 ARM 芯片都有低功耗模式、睡眠模式和关闭模式。

- DMA 控制器

有些 ARM 芯片内部集成 DMA（Direct Memory Access）接口，可以和硬盘等外部设备高速交换数据，同时减少数据交换时对 CPU 资源的占用。

另外，可以选择的内部功能部件还有 HDLC、SDLC、CD-ROM Decoder、Ethernet MAC、VGA controller 和 DC-DC。可以选择的内置接口有：IIC、SPDIF、CAN、SPI、PCI 和 PCMCIA。

- 封装类型

最后需说明的是封装问题。ARM 芯片现在主要的封装有 QFP、TQFP、PQFP、LQFP、BGA、LBGA 等形式，BGA 封装具有芯片面积小的特点，可以减少 PCB 的面积，但是

嵌入式 ARM 技术概论

需要专用的焊接设备,无法手工焊接。另外,一般 BGA 封装的 ARM 芯片无法用双面板完成 PCB 布线,需要多层 PCB 板布线。

最后,院校的实际情况结合当前及未来一段时间的市场人才需求,经过综合考虑,本书教学选取的是三星公司的 Eyxnos4412 芯片。Eyxnos4412 是一款基于 Cortex-A9 核心的微处理器芯片。本章的后面部分章节将对 Cortex-A9 的一些特性及 Eyxnos4412 进行详细介绍。

2.4 Cortex-A9 内部功能及特点

Cortex-A9 处理器是一款高性能、低功耗的处理器核心,并支持 Cache、虚拟存取,它的特性如下:
- 完全执行 v7-A 体系指令集。
- 可配置 64 位或 128 位 AMBA 高速总线接口 AXI。
- 具有一个集成的整形流水线。
- 具有一个 NEON 技术下执行 SIMD/VFP 的流水线。
- 支持动态分支预取,全局历史缓存,8 入口返回栈。
- 具有独立的数据/指令 MMU。
- 16KB/32KB 可配置 1 级 Cache。
- 具有带奇偶校验及 ECC 校验的 2 级 Cache。
- 支持 ETM 的非侵入式调试。
- 具有静态/动态电源管理功能。

ARMv7 体系指令集方面表现如下特点:
- 支持 ARN Thumb-2 高密度指令集。
- 使用 ThumbEE,执行环境加速。
- 安全扩展体系加强了安全应用的可靠性。
- 先进的 SIMD 体系技术用于加速多媒体应用。
- 支持 VFP 第三代向量浮点运算。

2.5 数据类型

2.5.1 ARM 的基本数据类型

ARM 采用的是 32 位架构，ARM 的基本数据类型有以下几种：
Byte：字节，8bit。
Halfword：半字，16bit（半字必须与 2 字节边界对齐）。
Word：字，32bit（字必须与 4 字节边界对齐）。

存储器可以看做是序号为 $0\sim2^{32}-1$ 的线性字节阵列。如图 2-1 所示为 ARM 存储器的组织结构，其中每一个字节都有唯一的地址。如图 2-1 所示，长度为 1 个字的数据项占用一组 4 字节的位置，该位置开始于 4 的倍数的字节地址（地址最末两位为 00）。半字占有两个字节的位置，该位置开始于偶数字节地址（地址最末一位为 0）。

字3			
字2			
字1			
半字2		半字1	
字节4	字节3	字节2	字节1

图 2-1 ARM 的基本数据类型

注意：

- ARM 系统结构 v4 以上版本支持以上 3 种数据类型，v4 以前的版本仅支持字节和字。
- 当将这些数据类型中的任意一种声明成 unsigned 类型时，n 位数据值表示范围为 $0\sim2^n-1$ 的非负数，通常使用二进制格式。
- 当将这些数据类型的任意一种声明成 signed 类型时，n 位数据值表示范围为 $-2^{n-1}\sim2^{n-1}-1$ 的整数，使用二进制的补码格式。
- 所有数据类型指令的操作数都是字类型的，如 "ADD r1，r0，#0x1" 中的操作数 "0x1" 就是以字类型数据处理的。
- Load/Store 数据传输指令可以从存储器存取传输数据，这些数据可以是字节、半字、字。加载时自动进行字节或半字的零扩展或符号扩展。对应的指令分别为 LDR/BSTRB（字节操作）、LDRH/STRH（半字操作）和 LDR/STR（字操作）。

详见后面的指令参考。
- ARM 指令编译后是 4 个字节（与字边界对齐）。Thumb 指令编译后是 2 个字节（与半字边界对齐）。

2.5.2 浮点数据类型

浮点运算使用在 ARM 硬件指令集中未定义的数据类型。尽管如此，但 ARM 公司在协处理器指令空间定义了一系列浮点指令。通常这些指令全部可以通过未定义指令异常（此异常收集所有硬件协处理器不接受的协处理器指令）在软件中实现，但是其中的一小部分也可以由浮点运算协处理器 FPA10 以硬件方式实现。另外，ARM 公司还提供了用 C 语言编写的浮点库作为 ARM 浮点指令集的替代方法（Thumb 代码只能使用浮点指令集）。该库支持 IEEE 标准的单精度和双精度格式。C 编译器有一个关键字标志来选择这个历程。它产生的代码与软件仿真（通过避免中断、译码和浮点指令仿真）相比既快又紧凑。

2.5.3 存储器大/小端

从软件角度看，内存相对于一个大的字节数组，其中每个数组元素（字节）都是可寻址的。

ARM 支持大端模式（big-endian）和小端模式（little-endian）两种内存模式。

如图 2-2 所示显示了大端模式和小端模式数据存放的特点。

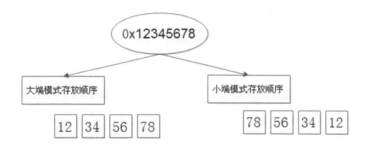

图 2-2 大/小端模式存放数据的特点

下面的例子显示了使用内存大/小端（big/little endian）的存取格式。
程序执行前：
r0=0x11223344
执行指令：
r1=0x100
STR r0，[r1]
LDRB r2，[r1]

执行后:

小端模式下:r2=0x44

大端模式下:r2=0x11

上面的例子向我们提示了一个潜在的编程隐患。在大端模式下,一个字的高地址放的是数据的低位,而在小端模式下,数据的低位放在内存中的低地址。要小心对待存储器中一个字内字节的顺序。

2.6 Cortex-A9 内核工作模式

Cortex-A9 基于 ARMv7-A 架构,共有 8 种工作模式,如表 2-5 所示。

表 2-5 处理器工作模式

处理器工作模式	简写	描述
用户模式(User)	usr	正常程序执行模式,大部分任务执行在这种模式下
快速中断模式(FIQ)	fiq	当一个高优先级(fast)中断产生时将会进入这种模式,一般用于高速数据传输和通道处理
外部中断模式(IRQ)	irq	当一个低优先级(normal)中断产生时将会进入这种模式,一般用于通常的中断处理
特权模式(Supervisor)	svc	当复位或软中断指令执行时进入这种模式,是一种供操作系统使用的保护模式
数据访问中止模式(Abort)	abt	当存取异常时将会进入这种模式,用于虚拟存储或存储保护
未定义指令中止模式(Undef)	und	当执行未定义指令时进入这种模式,有时用于通过软件仿真协处理器硬件的工作方式
系统模式(System)	sys	使用和 User 模式相同寄存器集的模式,用于运行特权级操作系统任务
监控模式(Monitor)	mon	可以在安全模式与非安全模式之间进行转换

除用户模式外的其他 7 种处理器模式称为特权模式(Privileged Modes)。在特权模式下,程序可以访问所有的系统资源,也可以任意地进行处理器模式切换。其中以下 6 种又称为异常模式:

- 快速中断模式(FIQ)。
- 外部中断模式(IRQ)。
- 特权模式(Supervisor)。
- 数据访问中止模式(Abort)。
- 未定义指令中止模式(Undef)。
- 监控模式(Monitor)。

处理器模式可以通过软件控制进行切换,也可以通过外部中断或异常处理过程进行切换。

嵌入式 ARM 技术概论

大多数的用户程序运行在用户模式下。当处理器工作在用户模式时，应用程序不能够访问受操作系统保护的一些系统资源，应用程序也不能直接进行处理器模式切换。当需要进行处理器模式切换时，应用程序可以产生异常处理，在异常处理过程中进行处理器模式切换。这种体系结构可以使操作系统控制整个系统资源的使用。

当应用程序发生异常中断时，处理器进入相应的异常模式。在每一种异常模式中都有一组专用寄存器以供相应的异常处理程序使用，这样就可以保证在进入异常模式时，用户模式下的寄存器（保存程序运行状态）不被破坏。

2.7 Cortex-A9 存储系统

ARM 存储系统有非常灵活的体系结构，可以适应不同的嵌入式应用系统的需要。ARM 存储器系统可以使用简单的平板式地址映射机制（就像一些简单的单片机一样，地址空间的分配方式是固定的，系统中各部分都使用物理地址），也可以使用其他技术提供功能更为强大的存储系统。例如：
- 系统可能提供多种类型的存储器件，如 Flash、ROM、SRAM 等。
- Cache 技术。
- 写缓存技术（Write Buffers）。
- 虚拟内存和 I/O 地址映射技术。

大多数的系统通过下面的方法之一可实现对复杂存储系统的管理。

使用 Cache，缩小处理器和存储系统速度差别，从而提高系统的整体性能。

使用内存映射技术实现虚拟空间到物理空间的映射。这种映射机制对嵌入式系统非常重要。通常嵌入式系统程序存放在 ROM/Flash 中，这样系统断电后程序能够得到保存。但是，通常 ROM/Flash 与 SDRAM 相比，速度慢很多，而且基于 ARM 的嵌入式系统中通常把异常中断向量表放在 RAM 中。利用内存映射机制可以满足这种需要。在系统加电时，将 ROM/Flash 映射为地址 0，这样可以进行一些初始化处理；当这些初始化处理完成后将 SDRAM 映射为地址 0，并把系统程序加载到 SDRAM 中运行，这样可以很好地满足嵌入式系统的需要。

引入存储保护机制，增强系统的安全性。

引入一些机制保证将 I/O 操作映射成内存操作后，各种 I/O 操作能够得到正确的结果。在简单存储系统中，不存在这样的问题。而当系统引入了 Cache 和 Write Buffer 后，就需要一些特别的措施。

在 ARM 系统中，要实现对存储系统的管理通常使用协处理器 CP15，它通常也被称为系统控制协处理器（System Control Coprocessor）。

ARM 的存储器系统是由多级构成的，可以分为内核级、芯片级、板卡级、外设级。

如图 2-3 所示为存储器的层次结构。

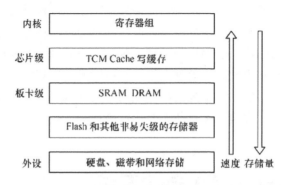

图 2-3 存储器的层次结构

每级都有特定的存储介质，下面对比各级系统中特定存储介质的存储性能。

- 内核级的寄存器。处理器寄存器组可看做是存储器层次的顶层。这些寄存器被集成在处理器内核中，在系统中提供最快的存储器访问。典型的 ARM 处理器有多个 32 位寄存器，其访问时间为 ns 量级。
- 芯片级的紧耦合存储器（TCM）是为弥补 Cache 访问的不确定性增加的存储器。TCM 是一种快速 SDRAM，它紧挨内核，并且保证取指和数据操作的时钟周期数，这一点对一些要求确定行为的实时算法是很重要的。TCM 位于存储器地址映射中，可作为快速存储器来访问。
- 芯片级的片上 Cache 存储器的容量在 8KB～32KB 之间，访问时间大约为 10ns。高性能的 ARM 结构中，可能存在第二级片外 Cache，容量为几百 KB，访问时间为几十 ns。
- 板卡级的 DRAM。主存储器可能是几 MB 到几十 MB 的动态存储器，访问时间大约为 100ns。
- 外设级的后缓存储器，通常是硬盘，可能从几百 MB 到几个 GB，访问时间为几十 ms。

2.7.1 协处理器（CP15）

ARM 处理器支持 16 个协处理器。在程序执行过程中，每个协处理器只执行跟协处理器自己的指令。当一个协处理器硬件不能执行属于它的协处理器指令时，将产生一个未定义指令异常中断，在该异常中断处理程序中，可以通过软件模拟该硬件操作。例如，如果系统不包含向量浮点运算器，则可以选择浮点运算软件模拟包来支持向量浮点运算。CP15 即通常所说的系统控制协处理器（System Control Coprocessor），它负责完成大部分的存储系统管理。除了 CP15 外，在具体的各种存储管理机制中可能还会用到其他一些技术，如在 MMU 中除了 CP15 外，还使用了页表技术等。

在一些没有标准存储管理的系统中，CP15 是不存在的。在这种情况下，针对 CP15 的操作指令将被视为未定义指令，指令的执行结果不可预知。

CP15 包含 16 个 32 位寄存器，其编号为 0～15。实际上对于某些编号的寄存器可能对应多个物理寄存器，在指令中指定特定的标志位来区分这些物理寄存器。这种机制有些类似于 ARM 中的寄存器，当处于不同的处理器模式时，某些相同编号的寄存器对应于不同的物理寄存器。

CP15 中的寄存器可能是只读的，也可能是只写的，还有一些是可读/可写的。在对协处理器寄存器进行操作时，需要注意以下几个问题：

- 寄存器的访问类型（只读/只写/可读可写）。
- 不同的访问引发不同的功能。
- 相同编号的寄存器是否对应不同的物理寄存器。
- 寄存器的具体作用。

2.7.2 存储管理单元（MMU）

在创建多任务嵌入式系统时，最好用一个简单的方式来编写、装载及运行各自独立的任务。目前大多数的嵌入式系统不再使用自己定制的控制系统，而使用操作系统来简化这个过程。较高级的操作系统采用基于硬件的存储管理单元（MMU）来实现上述操作。

MMU 提供的一个关键服务是使各个任务作为各自独立的程序在自己的私有存储空间中运行。在带 MMU 的操作系统控制下，运行的任务无须知道其他与之无关的任务的存储需求情况，这就简化了各个任务的设计。

MMU 提供了一些资源以允许使用虚拟存储器（将系统物理存储器重新编址，可将其看成一个独立于系统物理存储器的存储空间）。MMU 作为转换器，将程序和数据的虚拟地址（编译时的链接地址）转换成实际的物理地址，即在物理主存中的地址。这个转换过程允许运行的多个程序使用相同的虚拟地址，而各自存储在物理存储器的不同位置。

这样存储器就有两种类型的地址：虚拟地址和物理地址。虚拟地址由编译器和连接器在定位程序时分配；物理地址用来访问实际的主存硬件模块（物理上程序存在的区域）。

2.7.3 高速缓冲存储器（Cache）

Cache 是一个容量小但存取速度非常快的存储器，它保存最近用到的存储器数据副本。对于程序员来说，Cache 是透明的。它自动决定保存哪些数据、覆盖哪些数据。现在 Cache 通常与处理器在同一芯片上实现。Cache 能够发挥作用是因为程序具有局部性。所谓局部性就是指在任何特定的时间，处理器趋于对相同区域的数据（如堆栈）多次执行相同的指令（如循环）。

Cache 经常与写缓存器（Write Buffer）一起使用。写缓存器是一个非常小的先进先出（FIFO）存储器，位于处理器核与主存之间。使用写缓存的目的是，将处理器核和

Cache 从较慢的主存写操作中解脱出来。当 CPU 向主存储器做写入操作时，它先将数据写入到写缓存器中，由于写缓存器的速度很高，这种写入操作的速度也将很高。写缓存区在 CPU 空闲时，以较低的速度将数据写入到主存储器中相应的位置。

通过引入 Cache 和写缓存器，存储系统的性能得到了很大的提高，但同时也带来了一些问题。例如，由于数据将存在于系统中不同的物理位置，可能造成数据的不一致性；由于写缓存器的优化作用，可能有些写操作的执行顺序不是用户期望的顺序，从而造成操作错误。

2.8 流水线

2.8.1 流水线的概念与原理

处理器按照一系列步骤来执行每一条指令，典型的步骤如下：
（1）从存储器读取指令（fetch）。
（2）译码以鉴别它属于哪一条指令（decode）。
（3）从指令中提取指令的操作数（这些操作数往往存在于寄存器 reg 中）。
（4）将操作数进行组合以得到结果或存储器地址（ALU）。
（5）如果需要，则访问存储器以存储数据（mem）。
（6）将结果写回到寄存器堆（res）。

并不是所有的指令都需要上述每一个步骤，但是，多数指令需要其中的多个步骤。这些步骤往往使用不同的硬件功能，如 ALU 可能只在第（4）步中用到。因此，如果一条指令不是在前一条指令结束之前就开始，那么在每一步骤内处理器只有少部分的硬件在使用。

有一种方法可以明显改善硬件资源的使用率和处理器的吞吐量，这就是在当前一条指令结束之前就开始执行下一条指令，即通常所说的流水线（Pipeline）技术。流水线是 RISC 处理器执行指令时采用的机制。使用流水线技术，可在取下一条指令的同时译码和执行其他指令，从而加快执行的速度。可以把流水线看做是汽车生产线，每个阶段只完成专门的处理器任务。

采用上述操作顺序，处理器可以这样来组织：当一条指令刚刚执行完步骤（1）并转向步骤（2）时，下一条指令就开始执行步骤（1）。从原理上说，这样的流水线应该比没有重叠的指令执行快 6 倍，但由于硬件结构本身的一些限制，实际情况会比理想状态差一些。

2.8.2 流水线的分类

1．3 级流水线 ARM 组织

到 ARM7 为止的 ARM 处理器使用简单的 3 级流水线，它包括下列流水线级：
- 取指令（fetch）：从寄存器装载一条指令。
- 译码（decode）：识别被执行的指令，并为下一个周期准备数据通路的控制信号。在这一级，指令占有译码逻辑，不占用数据通路。
- 执行（excute）：处理指令并将结果写回寄存器。

如图 2-4 所示为 3 级流水线指令的执行过程。

图 2-4　3 级流水线

当处理器执行简单的数据处理指令时，流水线使得平均每个时钟周期能完成 1 条指令。但 1 条指令需要 3 个时钟周期来完成，因此，有 3 个时钟周期的延时（latency），但吞吐率（throughput）是每个周期 1 条指令。

2．5 级流水线 ARM 组织

所有的处理器都要满足对高性能的要求，直到 ARM7 为止，在 ARM 核中使用的 3 级流水线的性价比是很高的。但是，为了得到更高的性能，需要重新考虑处理器的组织结构。有两种方法来提高性能：
- 提高时钟频率。时钟频率的提高，必然引起指令执行周期的缩短，所以要求简化流水线每一级的逻辑，流水线的级数就要增加。
- 减少每条指令的平均指令周期数（CPI）。这就要求重新考虑 3 级流水线 ARM 中多于 1 个流水线周期的实现方法，以便使其占有较少的周期，或者减少因指令相关造成的流水线停顿，也可以将两者结合起来。

3 级流水线 ARM 核在每一个时钟周期都访问存储器，或者取指令，或者传输数据。只是抓紧存储器不用的几个周期来改善系统性能，效果并不明显。为了改善 CPI，存储器系统必须在每个时钟周期中给出多于一个的数据。方法是在每个时钟周期从单个存储器中给出多于 32 位数据，或者为指令或数据分别设置存储器。

基于以上原因，较高性能的 ARM 核使用了 5 级流水线，而且具有分开的指令和数据存储器。把指令的执行分割为 5 部分而不是 3 部分，进而可以使用更高的时钟频率，分开的指令和数据存储器使核的 CPI 明显减少。

在 ARM9TDMI 中使用了典型的 5 级流水线，5 级流水线包括下面的流水线级：
- 取指令（fetch）：从存储器中取出指令，并将其放入指令流水线。
- 译码（decode）：指令被译码，从寄存器堆中读取寄存器操作数。在寄存器堆中有 3 个操作数读端口，因此，大多数 ARM 指令能在 1 个周期内读取其操作数。
- 执行（execute）：将其中 1 个操作数移位，并在 ALU 中产生结果。如果指令是 Load 或 Store 指令，则在 ALU 中计算存储器的地址。
- 缓冲/数据（buffer/data）：如果需要数据，则访问数据存储器，否则 ALU 只是简单地缓冲 1 个时钟周期。
- 回写（write-back）：将指令的结果回写到寄存器堆，包括任何从寄存器读出的数据。

如图 2-5 所示列出了 5 级流水线指令的执行过程。

图 2-5 5 级流水线

在程序执行过程中，PC 值是基于 3 级流水线操作特性的。5 级流水线中提前 1 级来读取指令操作数，得到的值是不同的（PC+4 而不是 PC+8）。这里产生代码不兼容是不容许的。但 5 级流水线 ARM 完全仿真 3 级流水线的行为。在取指级增加的 PC 值被直接送到译码级的寄存器，穿过两级之间的流水线寄存器。下一条指令的 PC+4 等于当前指令的 PC+8，因此，未使用额外的硬件便得到了正确的 R15。

3．13 级流水线

在 Cortex-A8 中有一条 13 级的流水线，但是由于 ARM 公司没有对其中的技术公开任何相关的细节，这里只能简单介绍一下，从经典 ARM 系列到现在的 Cortex 系列，ARM 处理器的结构在向复杂的阶段发展，但没改变的是 CPU 的取指指令和地址关系，不管是几级流水线，都可以按照最初的 3 级流水线的操作特性来判断其当前的 PC 位置。这样做主要还是考虑了软件兼容性，由此可以判断的是，后面 ARM 所推出的处理核心都想满足这一特点，感兴趣的读者可以自行查阅相关资料。

2.8.3 影响流水线性能的因素

1．互锁

在典型的程序处理过程中，经常会遇到这样的情形，即一条指令的结果被用做下一条指令的操作数。例如，有如下指令序列：

LDR R0,[R0,#0]
ADD R0,R0,R1   ;在 5 级流水线上产生互锁

从例子可以看出，流水线的操作产生中断，因为第 1 条指令的结果在第 2 条指令取数时还没有产生。第 2 条指令必须停止，直到结果产生为止。

2. 跳转指令

跳转指令也会破坏流水线的行为，因为后续指令的取指步骤受到跳转目标计算的影响，因而必须推迟。但是，当跳转指令被译码时，在它被确认是跳转指令之前，后续的取指操作已经发生。这样一来，已经被预取进入流水线的指令不得不被丢弃。如果跳转目标的计算是在 ALU 阶段完成的，那么在得到跳转目标之前已经有两条指令按原有指令流读取。

显然，只有当所有指令都依照相似的步骤执行时，流水线的效率才能达到最高。如果处理器的指令非常复杂，每一条指令的行为都与下一条指令不同，那么就很难用流水线实现。

2.9 寄存器组织

ARM 处理器内部有 40 个 32 位寄存器，其中包括以下三类：
- 通用寄存器 32 个。
- 状态寄存器 7 个，分别为：
  - 1 个 CPSR（Current Program Status Register，当前程序状态寄存器）
  - 6 个 SPSR（Saved Program Status Register，备份程序状态寄存器）
- 程序计数器 1 个，PC（Program Counter，程序计数器）。

ARM 处理器共有 7 种不同的处理器模式，在每一种处理器模式中都有一组相应的寄存器，如图 2-6 所示列出了 ARM 处理器的寄存器组织概要。

ARM 通用状态寄存器及程序计数器						
System and User	FIQ	Supervisor	Abort	IRQ	Undefined	Secure monitor
r0	r0	r0	r0	r0	r0	r0
r1	r1	r1	r1	r1	r1	r1
r2	r2	r2	r2	r2	r2	r2
r3	r3	r3	r3	r3	r3	r3
r4	r4	r4	r4	r4	r4	r4
r5	r5	r5	r5	r5	r5	r5
r6	r6	r6	r6	r6	r6	r6
r7	r7	r7	r7	r7	r7	r7
r8	r8_fiq	r8	r8	r8	r8	r8
r9	r9_fiq	r9	r9	r9	r9	r9
r10	r10_fiq	r10	r10	r10	r10	r10
r11	r11_fiq	r11	r11	r11	r11	r11
r12	r12_fiq	r12	r12	r12	r12	r12
r13	r13_fiq	r13_svc	r13_abt	r13_irq	r13_und	r13_mon
r14	r14_fiq	r14_svc	r14_abt	r14_irq	r14_und	r14_mon
r15 (PC)	r15 (PC)	r15 (PC)	r15 (PC)	r15 (PC)	r15 (PC)	r15 (PC)

ARM执行状态寄存器组						
CPSR	CPSR	CPSR	CPSR	CPSR	CPSR	CPSR
	SPSR_fiq	SPSR_svc	SPSR_abt	SPSR_irq	SPSR_und	SPSR_mon

▲ = 私有寄存器

图 2-6 寄存器列表

ARM 处理器开发详解：基于 ARM Cortex-A9 处理器的开发设计

当前处理器的模式决定着哪组寄存器可操作，任何模式都可以存取下列寄存器：
- 相应的 R0~R12。
- 相应的 R13（Stack Pointer，SP，栈指向）和 R14（the Link Register，LR，链路寄存器）。
- 相应的 R15（PC）。
- 相应的 CPSR。
- 特权模式（除 System 模式外）还可以存取相应的 SPSR。

通用寄存器根据其分组与否可分为以下两类：
- 未分组寄存器

未分组寄存器包括 R0~R7。顾名思义，在所有处理器模式下对于每一个未分组寄存器来说，指的都是同一个物理寄存器。未分组寄存器没有被系统用于特殊的用途，任何可采用通用寄存器的应用场合都可以使用未分组寄存器。但由于其通用性，在异常中断所引起的处理器模式切换时，其使用的是相同的物理寄存器，所以也就很容易使寄存器中的数据被破坏。

- 分组寄存器

R8~R14 是分组寄存器，它们每一个访问的物理寄存器取决于当前的处理器模式。

对于分组寄存器 R8~R12 来说，每个寄存器对应两个不同的物理寄存器。一组用于除 FIQ 模式外的所有处理器模式，而另一组则专门用于 FIQ 模式。这样的结构设计有利于加快 FIQ 的处理速度。不同模式下寄存器的使用,要通过使用寄存器名后缀加以区分。例如，当使用 FIQ 模式下的寄存器时，寄存器 R8 和寄存器 R9 分别记为 R8_fiq、R9_fiq；当使用用户模式下的寄存器时，寄存器 R8 和 R9 分别记为 R8_usr、R9_usr。在 ARM 体系结构中，R8~R12 没有任何指定的其他用途，所以当 FIQ 中断到达时，不用保存这些通用寄存器，也就是说，FIQ 处理程序可以不必执行保存和恢复中断现场的指令，从而可以使中断处理过程非常迅速。所以 FIQ 模式常被用来处理一些时间紧急的任务，如 DMA 处理。

对于分组寄存器 R13 和 R14 来说，每个寄存器对应 6 个不同的物理寄存器。其中的一个是用户模式和系统模式公用的，而另外 5 个分别用于 5 种异常模式。访问时需要指定它们的模式。名字形式如下：

R13_<mode>

R14_<mode>

其中，<mode>可以是以下几种模式之一：usr、svc、abt、und、irp、fiq 和 mon。

R13 寄存器在 ARM 处理器中常用做堆栈指针，称为 SP。当然，这只是一种习惯用法，并没有任何指令强制性的使用 R13 作为堆栈指针，用户完全可以使用其他寄存器作为堆栈指针。而在 Thumb 指令集中，有一些指令强制性地将 R13 作为堆栈指针，如堆栈操作指令。

每一种异常模式拥有自己的 R13。异常处理程序负责初始化自己的 R13，使其指向

嵌入式 ARM 技术概论

该异常模式专用的栈地址。在异常处理程序入口处，将用到的其他寄存器的值保存在堆栈中，返回时，重新将这些值加载到寄存器。通过这种保护程序现场的方法，异常不会破坏被其中断的程序现场。

寄存器 R14 又被称为连接寄存器（Link Register，LR），在 ARM 体系结构中具有下面两种特殊的作用。

- 每一种处理器模式用自己的 R14 存放当前子程序的返回地址。当通过 BL 或 BLX 指令调用子程序时，R14 被设置成该子程序的返回地址。在子程序返回时，把 R14 的值复制到程序计数器（PC）。典型的做法是使用下列两种方法之一。

执行下面任何一条指令。

MOV　PC, LR

BX　LR

在子程序入口处使用下面的指令将 PC 保存到堆栈中。

STMFD　SP!, {<register>,LR}

在子程序返回时，使用如下相应的配套指令返回。

LDMFD　SP!, {<register>,PC}

当异常中断发生时，该异常模式特定的物理寄存器 R14 被设置成该异常模式的返回地址，对于有些模式 R14 的值可能与返回地址有一个常数的偏移量（如数据异常使用 SUB PC, LR, #8 返回），具体的返回方式与上面的子程序返回方式基本相同，但使用的指令稍微有些不同，以保证当异常出现时正在执行的程序的状态被完整保存。

- R14 也可以被当做通用寄存器使用。

2.10 程序状态寄存器

当前程序状态寄存器（Current Program Status Register，CPSR）可以在任何处理器模式下被访问，它包含下列内容：

- ALU（Arithmetic Logic Unit，算术逻辑单元）状态标志的备份。
- 当前的处理器模式。
- 中断屏蔽标志。
- 设置处理器的状态。

每一种处理器模式下都有一个专用的物理寄存器做备份程序状态寄存器（Saved Program Status Register，SPSR）。当特定的异常中断发生时，这个物理寄存器负责存放当前程序状态寄存器的内容。当异常处理程序返回时，再将其内容恢复到当前程序状态寄存器。

CPSR 寄存器（和保存它的 SPSR 寄存器）中的位分配如图 2-7 所示。

31 30 29 28 27	26 25 24	23	20 19	16 15	10 9 8 7 6 5 4	0
N Z C V Q	IT[1:0]	J	保留	GE[3:0]	IT[7:2]	E A I F T	M[4:0]

图 2-7 程序状态寄存器格式

下面给出各个状态位的定义。

1. 标志位

N（Negative）、Z（Zero）、C（Carry）和 V（oVerflow）通称为条件标志位。这些条件标志位会根据程序中的算术指令或逻辑指令的执行结果进行修改，而且这些条件标志位可由大多数指令检测以决定指令是否执行。

在 ARM 4T 架构中，所有的 ARM 指令都可以条件执行，而 Thumb 指令却不能。

各条件标志位的具体含义如下。

（1）N

本位设置成当前指令运行结果的 bit[31]的值。当两个由补码表示的有符号整数运算时，N=1 表示运算的结果为负数，N=0 表示结果为正数或零。

（2）Z

Z=1 表示运算的结果为零，Z=0 表示运算的结果不为零。

（3）C

下面分 4 种情况讨论 C 的设置方法。

在加法指令中（包括比较指令 CMN），当结果产生了进位，则 C=1，表示无符号数运算发生上溢出；其他情况下 C=0。

在减法指令中（包括比较指令 CMP），当运算中发生错位（即无符号数运算发生下溢出），则 C=0；其他情况下 C=1。

对于在操作数中包含移位操作的运算指令（非加/减法指令），C 被设置成被移位寄存器最后移出去的位。

对于其他非加/减法运算指令，C 的值通常不受影响。

（4）V

下面分两种情况讨论 V 的设置方法。

对于加/减运算指令，当操作数和运算结果都是以二进制的补码表示的带符号的数时，且运算结果超出了有符号运算的范围是溢出。V=1 表示符号位溢出。

对于非加/减法指令，通常不改变标志位 V 的值（具体可参照 ARM 指令手册）。

尽管以上 C 和 V 的定义看起来颇为复杂，但使用时在大多数情况下用一个简单的条件测试指令即可，不需要程序员计算出条件码的精确值即可得到需要的结果。

（5）Q

在带 DSP 指令扩展的 ARM v5 及更高版本中，bit[27]被指定用于指示增强的 DAP 指令是否发生了溢出，因此也就被称为 Q 标志位。同样，在 SPSR 中 bit[27]也被称为 Q

标志位，用于在异常中断发生时保存和恢复 CPSR 中的 Q 标志位。

在 ARM v5 以前的版本及 ARM v5 的非 E 系列处理器中，Q 标志位没有被定义，属于待扩展的位。

2．控制位

CPSR 的低 8 位（I、F、T 及 M[4:0]）统称为控制位。当异常发生时，这些位的值将发生相应的变化。另外，如果在特权模式下，也可以通过软件编程来修改这些位的值。

（1）中断禁止位

I = 1，IRQ 被禁止。

F = 1，FIQ 被禁止。

（2）状态控制位

T 位是处理器的状态控制位。

T = 0，处理器处于 ARM 状态（即正在执行 32 位的 ARM 指令）。

T = 1，处理器处于 Thumb 状态（即正在执行 16 位的 Thumb 指令）。

当然，T 位只有在 T 系列的 ARM 处理器上才有效，在非 T 系列的 ARM 版本中，T 位将始终为 0。

3．模式控制位

M[4:0]作为位模式控制位，这些位的组合确定了处理器处于哪种状态。如表 2-6 所示列出了其具体含义。

只有表 2-6 中列出的组合是有效的，其他组合无效。

表 2-6　状态控制位 M[4:0]

M[4：0]	处理器模式	可以访问的寄存器
0b10000	User	PC，R14～R0，CPSR
0b10001	FIQ	PC，R14_fiq～R8_fiq，R7～R0，CPSR，SPSR_fiq
0b10010	IRQ	PC，R14_irq～R13_irq，R12～R0，CPSR，SPSR_irq
0b10011	Supervisor	PC，R14_svc～R13_svc，R12～R0，CPSR，SPSR_svc
0b10111	Abort	PC，R14_abt～R13_abt，R12～R0，CPSR，SPSR_abt
0b11011	Undefined	PC，R14_und～R13_und，R12～R0，CPSR，SPSR_und
0b11111	System	PC，R14～R0，CPSR（ARM v4 及更高版本）
0b10110	Secure monitor	PC,R0-R12,CPSR,SPSR_mon,r13_mon,r14_mon

4．IF-THEN 标志位

CPSR 中的 bits[15:10,26:25]称为 if-then 标志位,它用于对 thumb 指令集中 if-then-else 这一类语句块的控制。

其中 IT[7:5]定义为基本条件，如图 2-8 所示。

IT[4:0]被定义为 IF-THEN 语句块的长度。

ARM 处理器开发详解：基于 ARM Cortex-A9 处理器的开发设计

	[7:5]	[4]	[3]	[2]	[1]	[0]	
控制基础		P1	P2	P3	P4	1	4 指令IT块入口点
控制基础		P1	P2	P3	1	0	3 指令IT块入口点
控制基础		P1	P2	1	0	0	2 指令IT块入口点
控制基础		P1	1	0	0	0	1 指令IT块入口点
	000	0	0	0	0	0	普通执行状态，无IT块入口点

图 2-8　IF-THEN 标志位[7:5]的定义

E 位/A 位/GE[19-16]位的定义：

E 表示大小端控制位，0 表示小端操作，1 表示大端操作。注意，该位在预取阶段是被忽略的。

A 表示异步异常禁止位。

GE[19-16]用于表示在 SIMD 指令集中的大于、等于标志。在任何模式下该位可读可写。

2.11　三星 Exynos4412 处理器介绍

　　Exynos 4 Quad 四核处理器是三星发布的第一款四核处理器 Exynos 4 Quad，实际上就是我们知道的 Exynos 4412。Galaxy S III 会用这个处理器，MX 32/64GB 版本也会用，但是很多人肯定会有这样的疑问，四核到底有用吗？双核都已经这么热了，四核岂不是要熔化，电池一天得充 8 次吗？现在有了官方的资料，总算可以比较详细的了解 4412 的参数了。

　　Cortex A9 时代三星一共发布了两代产品，第一代是 Galaxy S II 和 MX 采用的 Exynos 4210，第二代有两款，一款是双核的 Exynos 4212，一款是四核的 Exynos 4412。第一代产品采用的是 45nm 工艺制造，由于三星的 45nm 工艺在业内是比较落后的，虽然通过种种手段将 Exynos 4210 的频率提升到了 1.4GHz，但这么做的代价也是非常明显的功耗激增（这点在 MX 上我们也看到了）。总体而言，Exynos 4212 和 4412 在架构上和 Exynos 4210 并没有区别，大体上的硬件配置也是一样的，最大的区别就在于 Exynos 4212/4412 采用了三星最新的 32nm HKMG 工艺。

　　那么这个工艺到底有多少效果？三星做了相应的实验，其中给出了精确的功耗对比。4210 和 4212 的 GPU 都运行在 266MHz 的频率下，而 CPU 则是 4210 运行在 1.2GHz，4212 运行在 1.5GHz。结果很明显，不论是 CPU 还是 GPU，32nm HKMG 的功耗都比 45nm 低 40%，CPU 甚至是在频率高了 25%的情况下。1.2GHz 的 Exynos 4210，CPU 满载的平均功耗达到了 1.6W，而 4212 则不到 1W，而 MX 采用的 CPU 频率高达 1.4GHz，因此可想而知，满载功很可能接近 2W 大关，足足是 4212 的两倍。

这样的差距在实际上会进一步得到放大。我们知道，四核的 Exynos 4412 并不会跑在 1.5GHz，而是 1.4GHz，因此四核处理器在达到双核两倍性能的同时，功耗却只有双核的八成。换句话说，四核处理器在实现双核同样性能的时候，大约只需要区区 40%的电力，这意味着续航和发热都可能会大大改善。虽然四核的绝对性能对我们而言实际上没有什么太大的意义，但是 32nm HKMG 带来的功耗降低是非常显著的，即便不为了性能，也有足够的理由去选择。

32nm 工艺带来的低功耗，同样也转化到了 GPU 上，我们知道 MX 的 GPU 运行频率大约是 233MHz，因此在 Exynos 4412 上，如果保持同样的 GPU 功耗，频率可以设定到大约 400MHz，从而实现 170%的性能。我们也看到了 Exynos 4412 的一些跑分成绩，的确和 Exynos 4210 相比有着几乎两倍的表现，而这就是源于 GPU 频率设置到超过 400MHz。

一句话总结一下，四核的 Exynos 4412 处理器和现在的双核 Exynos 4210 相比，可以做到同样 CPU 性能下功耗降低 60%，同样功耗的情况下 GPU 性能提升 80%。

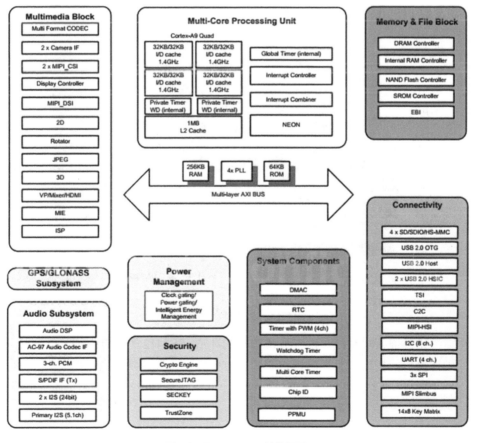

图 2-9　Exynos4412 结构框图

ARM 处理器开发详解：基于 ARM Cortex-A9 处理器的开发设计

2.12 FS4412 开发平台介绍

FS4412 采用的处理器使用 Samsung 最新的 ARM Cortex-A9 四核 CPU 的 Exynos4412，主频达到 1.4~1.6GHz。该芯片采用了最新的 32nm 的先进工艺制程，功耗方面有了明显的降低。

Exynos4412 处理器已经广泛应用于多个领域。在我们熟悉的智能手机中，如：三星 Galaxy SIII、魅族、联想、纽曼等，都有基于 Exynos4412 的产品。

随着 ARM 处理器、Linux 操作系统、Android 系统的快速发展，嵌入式教学对硬件平台的要求越来越高。FS4412 平台是华清远见研发中心根据之前丰富的教学、研发经验，专为下一代教学开发设计的。平台除了有丰富、系统的软件实验资源外，硬件设计上也有很多特色。FS4412 核心实验板如图 2-10 所示。

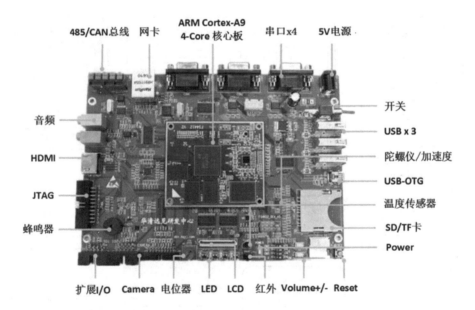

图 2-10　FS4412 核心实验板

接口技术是嵌入式系统技术中非常核心的环节。FS4412 平台针对嵌入式系统培训中重要的硬件接口，板载了典型的接口芯片，方便教学。板载硬件资源如图 2-11 所示。

嵌入式 ARM 技术概论

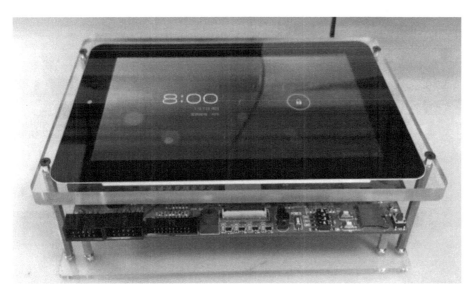

图 2-11 板载硬件资源

丰富的硬件接口，如表 2-7 所示。

表 2-7 丰富的硬件接口

接口名称	接口芯片	重要程度
A/D	电位计(可调电阻)	★★★★
PWM	无源蜂鸣器	★★★★★
GPIO	4 个 LED 灯	★★★★★
I2C	加速度/陀螺仪传感器	★★★★★
SPI	SPI 接口的 CAN 线芯片	★★★★★
UART	3 个	★★★★★
单总线	温度传感器/红外接收器	★★★
I2S	音频接口芯片	★★★★
USB	3 路 USB HOST、1 路 USB OTG	★★★★★
CAN 总线	1 路 CAN 总线扩展	★★★
SDIO	1 路 SD 卡/TF 卡接口	★★★★★
CSI	1 路摄像头接口	★★★★
LCD RGB/LVDS	一个 RGB/LVDS 接口，配置 1024*600 的液晶屏	★★★★
异步系统扩展总线	100M 网卡芯片	★★★★
HDMI	支持 1080P 输出	★★★

功能强大的核心板,如图 2-12 所示。

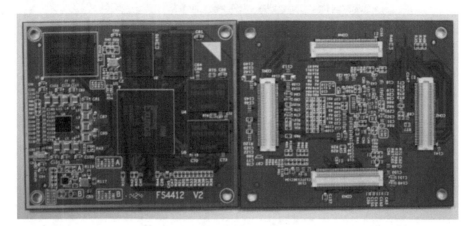

图 2-12 核心板

支持 Cortex-A9 仿真器(选配),如图 2-13 所示。

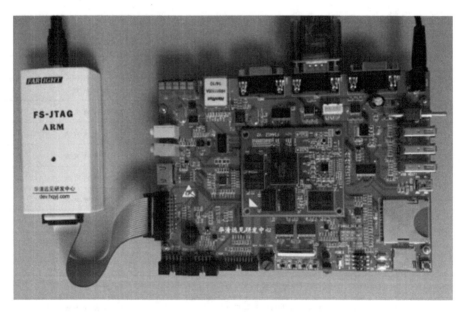

图 2-13 FS-JTAG Cortex-A9 仿真器

仿真器上位机调试环境,如图 2-14 所示。

嵌入式 ARM 技术概论

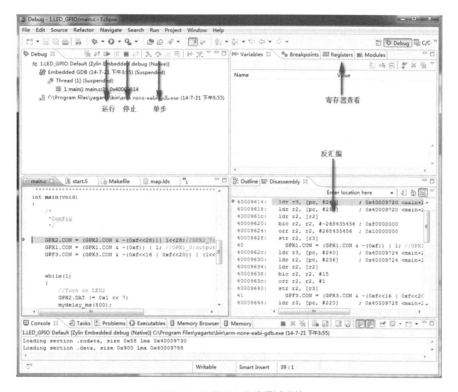

图 2-14 仿真器上位机调试环境

支持 Android 红外遥控，如图 2-15 所示。

图 2-15 Android 遥控器

处理器工作模式，如表 2-8 所示。

ARM 处理器开发详解：基于 ARM Cortex-A9 处理器的开发设计

表 2-8 处理器工作模式

处理器工作模式	简写	描述
用户模式（User）	usr	正常程序执行模式，大部分任务执行在这种模式下
快速中断模式（FIQ）	fiq	当一个高优先级（fast）中断产生时将会进入这种模式，一般用于高速数据传输和通道处理
外部中断模式（IRQ）	irq	当一个低优先级（normal）中断产生时将会进入这种模式，一般用于通常的中断处理
特权模式（Supervisor）	svc	当复位或软中断指令执行时进入这种模式，是一种供操作系统使用的保护模式
数据访问中止模式（Abort）	abt	当存取异常时将会进入这种模式，用于虚拟存储或存储保护
未定义指令中止模式（Undef）	und	当执行未定义指令时进入这种模式，有时用于通过软件仿真协处理器硬件的工作方式
系统模式（System）	sys	使用和 User 模式相同寄存器集的模式，用于运行特权级操作系统任务
监控模式（Monitor）	mon	可以在安全模式与非安全模式之间进行转换

华清远见研发中心从软、硬件两个方面，充分考虑教学需求，设计思路具体如表 2-9 所示。

表 2-9 设计思路

处理器工作模式	描述
硬件接口方面设计	板载了按键、I2C、SPI、单总线、A/D、PWM、等重要的基本接口器件。 板载了 USB、SD 卡、HDMI、LCD、Camera 等接口。 支持 CAN 总线、485 总线等常用现场总线、Android 红外遥控
内存设计	采用 1GB、2GB 两种内存，用户可选。对于教学用途来说没有差别 采用 4GB、16GB 两种 eMMC 闪存，用户可选。对于教学用途来说没有差别
PMU 设计	采用流行的 PMU 电源管理芯片，而非简单的分立电源
仿真器支持	自主研发了 FS-JTAG 仿真器，能够仿真 FS4412，实现单步、断点、内存查看等功能。并编写了系统的 ARM 裸机测试程序。
系统软件设计	提供完善的 ARM 处理器、Linux 系统移植、Linux 驱动、Linux 应用层、Android 底层、Android 应用层实验代码和实验文档
软件项目方面	多个 Linux、Android 综合项目。提供源码及项目设计文档。

FS4412 拥有如表 2-10 所示的丰富的硬件资源。

表 2-10 FS4412 丰富的硬件资源

功能部件		型号参数
核心配置	CPU	- Samsung Exynos 4 Quad（四核处理器） - 32nm HKMG - 1433 MHz（最多可以达 1.6GHz）
	GPU	- Mali-400MP（主频可达 400MHz）

嵌入式 ARM 技术概论

续表

	功能部件	型号参数
板载接口	屏幕	- LVDS 40 Pin 显示接口 - 7 寸 1024 x 600 高分辨率显示屏 - 多点电容触摸屏
	RAM 容量	- 1GB DDR3（可选配至 2GB）
	ROM 容量	- 4GB eMMC（可选配至 16GB）
	多启动方式	- eMMC 启动、MicroSD(TF)/SD 卡启动 - 通过控制拨码开关切换启动方式 - 可以实现双系统启动
	存储卡接口	- 1 个 MicroSD(TF)卡接口 - 1 个 SD 卡接口 - 最高可扩展至 64GB
	摄像头接口	- 20 Pin 接口，支持 OV3640 300 万像素摄像头
	HDMI 接口	- HDMI A 型接口 - HDMI v1.4a - 最高 1080p@30fps 高清数字输出
	JTAG 接口	- 20 Pin 标准 JTAG 接口 - 支持 FS-JTAG Cortex-A9 ARM 仿真器 - 独家支持详尽的 ARM 裸机程序
	USB 接口	- 1 路 USB OTG - 3 路 USB HOST 2.0（可扩展 USB-HUB）
	音频接口	- 1 路 Mic 接口 - 1 路 Speaker 耳机输出 - 1 路 Speaker 立体声功放输出（外置扬声器）
	网卡接口	- DM9000 百兆网卡
	RS485 接口	- 1 路 RS485 总线接口
	CAN 总线接口	- 1 路 CAN 总线接口
	串口	- 1 路 5 线 RS232 串口 - 2 路 3 线 RS232 串口 - 1 路 TTL 串口
	扩展 I/O 接口	- 1 路 I2C（已将 1.8V 转换为 3.3V） - 1 路 SPI（已将 1.8V 转换为 3.3V） - 3 路 ADC（1 路含 10K 电阻） - 多路 GPIO、外部中断（已将 1.8V 转换为 3.3V）
板级资源	按键	- 1 个 Reset 按键 - 1 个 Power 按键 - 2 个 Volume（+/-）按键
	LED	- 1 个电源 LED - 4 个可编程 LED

续表

功能部件	型号参数
蜂鸣器	- 1 个无源 PWM 蜂鸣器
红外接收器	- 1 个 IRM3638 红外接收器 - 可选配红外遥控器在 Android 下使用
温度传感器	- 1 个 DS18B20 温度传感器
ADC	- 1 路电位器输入（Android 下可模拟电池电量）
RTC	- 1 个内部 RTC 实时时钟
操作系统支持	- Linux3.0、Linux3.14(Device Tree)、Android4.0、QT

2.13 本章小结

本章介绍了 ARM 处理器的一些关键技术，如 ARM 核的工作模式、存储系统、流水线、寄存器组织等。并且列举了一款基于 Cortex-A9 核的处理器芯片 Exynos4412。通过本章的学习，读者可以对 ARM 核的一些关键技术有所认识。

2.14 练习题

1. 简述 ARM 工作的几种模式。
2. ARM 核有多少个寄存器？
3. 什么寄存器用于存储 PC 和 LR 寄存器？
4. R13 通常用来存储什么？
5. 哪种模式使用的寄存器最少？
6. CPSR 的哪一位反映了处理器的状态？

第3章 ARM 微处理器的指令系统

ARM 指令集可以分为跳转指令、数据处理指令、程序状态寄存器传输指令、Load/Store 指令、协处理器指令和异常中断产生指令。根据使用的指令类型不同，指令的寻址方式分为数据处理指令寻址方式和内存访问指令寻址方式。本章主要介绍 ARM 汇编语言，主要内容如下：

❑ ARM 处理器的寻址方式。
❑ ARM 处理器的指令集。

3.1 ARM 处理器的寻址方式

ARM 指令的寻址方式分为数据处理指令寻址方式和内存访问指令寻址方式。

3.1.1 数据处理指令寻址方式

数据处理指令的基本语法格式如下:

`<opcode> {<cond>} {S} <Rd>,<Rn>,<shifter_operand>`

其中, <shifter_operand>有 11 种形式, 如表 3-1 所示。

表 3-1 <shifter_operand>的寻址方式

	语　　法	寻　址　方　式
1	#<immediate>	立即数寻址
2	<Rm>	寄存器寻址
3	<Rm>, LSL #<shift_imm>	立即数逻辑左移
4	<Rm>, LSL <Rs>	寄存器逻辑左移
5	<Rm>, LSR #<shift_imm>	立即数逻辑右移
6	<Rm>, LSR <Rs>	寄存器逻辑右移
7	<Rm>, ASR #<shift_imm>	立即数算术右移
8	<Rm>, ASR <Rs>	寄存器算术右移
9	<Rm>, ROR #<shift_imm>	立即数循环右移
10	<Rm>, ROR <Rs>	寄存器循环右移
11	<Rm>, RRX	寄存器扩展循环右移

数据处理指令寻址方式可以分为以下几种。

(1) 立即数寻址方式。

(2) 寄存器寻址方式。

(3) 寄存器移位寻址方式。

1. 立即数寻址方式

指令中的立即数是由一个 8bit 的常数移动 4bit 偶数位（0, 2, 4, …, 26, 28, 30）得到的。所以, 每一条指令都包含一个 8bit 的常数 X 和移位值 Y, 得到的立即数 = X 循环右移（2×Y）, 如图 3-1 所示。

图 3-1 立即数表示方法

下面列举了一些有效的立即数：
0xFF、0x104、0xFF0、0xFF00、0xFF000、0xFF000000、0xF000000F
下面是一些无效的立即数：
0x101、0x102、0xFF1、0xFF04、0xFF003、0xFFFFFFFF、0xF000001F
下面是一些应用立即数的指令：

```
MOV  R0,#0              ;送 0 到 R0
ADD  R3,R3,#1           ;R3 的值加 1
CMP  R7,#1000           ;将 R7 的值和 1000 比较
BIC  R9,R8,#0xFF00      ;将 R8 中 8～15 位清零，结果保存在 R9 中
```

2．寄存器寻址方式

寄存器的值可以被直接用于数据操作指令，这种寻址方式是各类处理器经常采用的一种方式，也是一种执行效率较高的寻址方式，如：

```
MOV  R2,R0              ;R0 的值送 R2
ADD  R4,R3,R2           ;R2 加 R3，结果送 R4
CMP  R7,R8              ;比较 R7 和 R8 的值
```

3．寄存器移位寻址方式

寄存器的值在被送到 ALU 之前，可以事先经过桶形移位寄存器的处理。预处理和移位发生在同一周期内，所以有效地使用移位寄存器，可以增加代码的执行效率。

下面是一些在指令中使用了移位操作的例子：

```
ADD  R2,R0,R1,LSR #5
MOV  R1,R0,LSL  #2
RSB  R9,R5,R5,LSL #1
SUB  R1,R2,R0,LSR #4
MOV  R2,R4,ROR  R0
```

3.1.2 内存访问指令寻址方式

内存访问指令的寻址方式可以分为以下几种。
（1）字及无符号字节的 Load/Store 指令的寻址方式。
（2）杂类 Load/Store 指令的寻址方式。
（3）批量 Load/Store 指令的寻址方式。
（4）协处理器 Load/Store 指令的寻址方式。

1. 字及无符号字节的 Load/Store 指令的寻址方式

字及无符号字节的 Load/Store 指令语法格式如下：

```
LDR|STR{<cond>}{B}{T}  <Rd>,<addressing_mode>
```

其中，<addressing_mode>共有 9 种寻址方式，如表 3-2 所示。

表 3-2 字及无符合字节的 Load/Store 指令的寻址方式

	格 式	模 式
1	[Rn，#±<offset_12>]	立即数偏移寻址（Immediate offset）
2	[Rn，±Rm]	寄存器偏移寻址（Register offset）
3	[Rn，Rm，<shift>#< offset_12>]	带移位的寄存器偏移寻址（Scaled register offset）
4	[Rn，#±< offset_12>]!	立即数前索引寻址（Immediate pre-indexed）
5	[Rn，±Rm]!	寄存器前索引寻址（Register post-indexed）
6	[Rn，Rm，<shift>#< offset_12>]!	带移位的寄存器前索引寻址（Scaled register pre-indexed）
7	[Rn]，#±< offset_12>	立即数后索引寻址（Immediate post-indeted）
8	[Rn]，±<Rm>	寄存器后索引寻址（Register post-indexed）
9	[Rn]，±<Rm>，<shift>#< offset_12>	带移位的寄存器后索引寻址（Scaled register post-indexed）

上表中，"!"表示完成数据传输后要更新基址寄存器。

2. 杂类 Load/Store 指令的寻址方式

使用该类寻址方式的指令的语法格式如下：

```
LDR|STR{<cond>}H|SH|SB|D  <Rd>,<addressing_mode>
```

使用该类寻址方式的指令包括（有符号/无符号）半字 Load/Store 指令、有符号字节 Load/Store 指令和双字 Load/Store 指令。

该类寻址方式分为 6 种类型，如表 3-3 所示。

表 3-3 杂类 Load/Store 指令的寻址方式

	格 式	模 式
1	[Rn，#±<offset_8>]	立即数偏移寻址（Immediate offset）

ARM 微处理器的指令系统

续表

	格　式	模　式
2	[Rn，±Rm]	寄存器偏移寻址（Register offset）
3	[Rn，#±< offset_8>]!	立即数前索引寻址（Immediate pre-indexed）
4	[Rn，±Rm]!	寄存器前索引寻址（Register post-indexed）
5	[Rn]，#±< offset_8>	立即数后索引寻址（Immediate post-indexed）
6	[Rn]，±<Rm>	寄存器后索引寻址（Register post-indexed）

3．批量 Load/Store 指令寻址方式

批量 Load/Store 指令将一片连续内存单元的数据加载到通用寄存器组中或将一组通用寄存器的数据存储到内存单元中。

批量 Load/Store 指令的寻址模式产生一个内存单元的地址范围，指令寄存器和内存单元的对应关系满足这样的规则，即编号低的寄存器对应于内存中低地址单元，编号高的寄存器对应于内存中的高地址单元。

该类指令的语法格式如下：

```
LDM|STM{<cond>}<addressing_mode>  <Rn>{!},<registers><^>
```

该类指令的寻址方式如表 3-4 所示。

表 3-4　批量 Load/Store 指令的寻址方式

	格　式	模　式
1	IA（Increment After）	后递增方式
2	IB（Increment Before）	先递增方式
3	DA（Decrement After）	后递减方式
4	DB（Decrement Before）	先递减方式

4．堆栈操作寻址方式

堆栈操作寻址方式和批量 Load/Store 指令寻址方式十分类似。但对于堆栈的操作，数据写入内存和从内存中读出要使用不同的寻址模式，因为进栈操作（pop）和出栈操作（push）要在不同的方向上调整堆栈。

下面详细讨论如何使用合适的寻址方式实现数据的堆栈操作。

根据不同的寻址方式，将堆栈分为以下 4 种。

（1）Full 栈：堆栈指针指向栈顶元素（last used location）。

（2）Empty 栈：堆栈指针指向第一个可用元素（the first unused location）。

(3) 递减栈：堆栈向内存地址减小的方向生长。

(4) 递增栈：堆栈向内存地址增加的方向生长。

根据堆栈的不同种类，将其寻址方式分为以下 4 种。

(1) 满递减 FD（Full Descending）。

(2) 空递减 ED（Empty Descending）。

(3) 满递增 FA（Full Ascending）。

(4) 空递增 EA（Empty Ascending）。

如表 3-5 所示列出了堆栈的寻址方式和批量 Load/Store 指令寻址方式的对应关系。

表 3-5 堆栈寻址方式和批量 Load/Store 指令寻址方式的对应关系

批量数据寻址方式	堆栈寻址方式	L 位	P 位	U 位
LDMDA	LDMFA	1	0	0
LDMIA	LDMFD	1	0	1
LDMDB	LDMEA	1	1	0
LDMIB	LDMED	1	1	1
STMDA	STMED	0	0	0
STMIA	STMEA	0	0	1
STMDB	STMFD	0	1	0
STMIB	STMFA	0	1	1

5. 协处理器 Load/Store 寻址方式

协处理器 Load/Store 指令的语法格式如下：

```
<opcode>{<cond>}{L}  <coproc>,<CRd>,<addressing_mode>
```

3.2 ARM 处理器的指令集

3.2.1 数据操作指令

数据操作指令是指对存放在寄存器中的数据进行操作的指令。主要包括数据传送指令、算术指令、逻辑指令、比较与测试指令及乘法指令。

如果在数据处理指令前使用 S 前缀，指令的执行结果将会影响 CPSR 中的标志位。数据处理指令如表 3-6 所示。

ARM 微处理器的指令系统

表 3-6 数据处理指令列表

助 记 符	操 作	行 为
MOV	数据传送	
MVN	数据取反传送	
AND	逻辑与	Rd：=Rn AND op2
EOR	逻辑异或	Rd：=Rn EOR op2
SUB	减	Rd：=Rn − op2
RSB	翻转减	Rd：=op2 − Rn
ADD	加	Rd：=Rn + op2
ADC	带进位的加	Rd：=Rn + op2 + C
SBC	带进位的减	Rd：=Rn− op2 + C − 1
RSC	带进位的翻转减	Rd：=op2 − Rn + C − 1
TST	测试	Rn AND op2 并更新标志位
TEQ	测试相等	Rn EOR op2 并更新标志位
CMP	比较	Rn−op2 并更新标志位
CMN	负数比较	Rn+op2 并更新标志位
ORR	逻辑或	Rd：=Rn OR op2
BIC	位清 0	Rd：=Rn AND NOT（op2）

1. MOV 指令

MOV 指令是最简单的 ARM 指令，执行的结果就是把一个数 n 送到目标寄存器 Rd，其中 n 可以是寄存器，也可以是立即数。

MOV 指令多用于设置初始值或者在寄存器间传送数据。

MOV 指令将移位码（shifter_operand）表示的数据传送到目的寄存器 Rd，并根据操作的结果更新 CPSR 中相应的条件标志位。

（1）指令的语法格式：

```
MOV{<cond>}{S}    <Rd>,<shifter_operand>
```

（2）指令举例：

```
MOV     R0, R0            ; R0 = R0… NOP 指令
MOV     R0, R0, LSL#3     ; R0 = R0 * 8
```

如果 R15 是目的寄存器，将修改程序计数器或标志。这用于被调用的子函数结束后返回到调用代码，方法是把连接寄存器的内容传送到 R15。

```
MOV     PC, R14           ; 退出到调用者，用于普通函数返回，PC 即是 R15
MOVS    PC, R14           ; 退出到调用者并恢复标志位，用于异常函数返回
```

（3）指令的使用如下：

MOV 指令主要完成以下功能。

① 将数据从一个寄存器传送到另一个寄存器。
② 将一个常数值传送到寄存器中。
③ 实现无算术和逻辑运算的单纯移位操作,操作数乘以 2^n 可以用左移 n 位来实现。
④ 当 PC（R15）用做目的寄存器时,可以实现程序跳转,如 "MOV PC, LR",所以这种跳转可以实现子程序调用及从子程序返回,代替指令"B, BL"。
⑤ 当 PC 作为目标寄存器且指令中 S 位被设置时,指令在执行跳转操作的同时,将当前处理器模式的 SPSR 寄存器的内容复制到 CPSR 中。这种指令"MOVS PC LR"可以实现从某些异常中断中返回。

2. MVN 指令

MVN 是反相传送（Move Negative）指令。它将操作数的反码传送到目的寄存器。

MVN 指令多用于向寄存器传送一个负数或生成位掩码。

MVN 指令将 shifter_operand 表示的数据的反码传送到目的寄存器 Rd,并根据操作结果更新 CPSR 中相应的条件标志位。

（1）指令的语法格式:

```
MNV{<cond>}{S}    <Rd>,<shifter_operand>
```

（2）指令举例:

MVN 指令和 MOV 指令相同,也可以把一个数 N 送到目标寄存器 Rd,其中 N 可以是立即数,也可以是寄存器。这是逻辑非操作而不是算术操作,这个取反的值加 1 才是它的取负的值。

```
MVN    R0, #4              ; R0 = -5
MVN    R0, #0              ; R0 = -1
```

（3）指令的使用如下:

MVN 指令主要完成以下功能:

① 向寄存器中传送一个负数。
② 生成位掩码（Bit Mask）。
③ 求一个数的反码。

3. AND 指令

AND 指令将 shifter_operand 表示的数值与寄存器 Rn 的值按位做逻辑与操作,并将结果保存到目标寄存器 Rd 中,同时根据操作的结果更新 CPSR 寄存器。

（1）指令的语法格式:

```
AND{<cond>}{S}   <Rd>,<Rn>,<shifter_operand>
```

（2）指令举例:

① 保留 R0 中的 0 位和 1 位,丢弃其余的位。

```
AND    R0, R0, #3
```

② R2 = R1&R3。

```
AND    R2,R1,R3
```

③ R0 = R0&0x01，取出最低位数据。

```
ANDS   R0,R0,#0x01
```

4. EOR 指令

EOR（Exclusive OR）指令将寄存器 Rn 中的值和 shifter_operand 的值执行按位"异或"操作，并将执行结果存储到目的寄存器 Rd 中，同时根据指令的执行结果更新 CPSR 中相应的条件标志位。

（1）指令的语法格式：

```
EOR{<cond>}{S}   <Rd>,<Rn>,<shifter_operand>
```

（2）指令举例：

① 反转 R0 中的位 0 和 1。

```
EOR    R0, R0, #3
```

② 将 R1 的低 4 位取反。

```
EOR    R1,R1,#0x0F
```

③ R2 = R1∧R0。

```
EOR    R2,R1,R0
```

④ 将 R5 和 0x01 进行逻辑异或，结果保存到 R0，并根据执行结果设置标志位。

```
EORS   R0,R5,#0x01
```

5. SUB 指令

SUB（Subtract）指令从寄存器 Rn 中减去 shifter_operand 表示的数值，并将结果保存到目标寄存器 Rd 中，并根据指令的执行结果设置 CPSR 中相应的标志位。

（1）指令的语法格式：

```
SUB{<cond>}{S}   <Rd>,<Rn>,<shifter_operand>
```

（2）SUB 指令举例：

① R0 = R1 − R2。

```
SUB    R0, R1, R2
```

② R0 = R1 − 256。

```
SUB    R0, R1, #256
```

③ R0 = R2− (R3<<1)。

```
SUB    R0, R2, R3,LSL#1
```

6. RSB 指令

RSB（Reverse Subtract）指令从寄存器 shifter_operand 中减去 Rn 表示的数值，并将

结果保存到目标寄存器 Rd 中，并根据指令的执行结果设置 CPSR 中相应的标志位。

（1）指令的语法格式：

```
RSB{<cond>}{S}  <Rd>,<Rn>,<shifter_operand>
```

（2）RSB 指令举例：

下面的指令序列可以求一个 64 位数值的负数。64 位数放在寄存器 R0 与 R1 中，其负数放在 R2 和 R3 中。其中 R0 与 R2 中放低 32 位值。

```
RSBS    R2,R0,#0
RSC     R3,R1,#0
```

7. ADD 指令

ADD 指令将寄存器 shifter_operand 的值加上 Rn 表示的数值，并将结果保存到目标寄存器 Rd 中，并根据指令的执行结果设置 CPSR 中相应的标志位。

（1）指令的语法格式：

```
ADD{<cond>}{S}  <Rd>,<Rn>,<shifter_operand>
```

（2）ADD 指令举例：

```
ADD    R0, R1, R2           ; R0 = R1 + R2
ADD    R0, R1, #256         ; R0 = R1 + 256
ADD    R0, R2, R3,LSL#1     ; R0 = R2 + (R3 << 1)
```

8. ADC 指令

ADC 指令将寄存器 shifter_operand 的值加上 Rn 表示的数值，再加上 CPSR 中的 C 条件标志位的值，将结果保存到目标寄存器 Rd 中，并根据指令的执行结果设置 CPSR 中相应的标志位。

（1）指令的语法格式：

```
ADC{<cond>}{S}  <Rd>,<Rn>,<shifter_operand>
```

（2）ADC 指令举例：

ADC 指令把两个操作数加起来，并把结果放置到目的寄存器中。它使用一个进位标志位，这样就可以做比 32 位大的加法。下面的例子将加两个 128 位的数。

128 位结果：寄存器 R0、R1、R2 和 R3。

第一个 128 位数：寄存器 R4、R5、R6 和 R7。

第二个 128 位数：寄存器 R8、R9、R10 和 R11。

```
ADDS    R0, R4, R8           ;加低端的字
ADCS    R1, R5, R9           ;加下一个字，带进位
ADCS    R2, R6, R10          ;加第三个字，带进位
ADCS    R3, R7, R11          ;加高端的字，带进位
```

9. SBC 指令

SBC（Subtract with Carry）指令用于执行操作数大于 32 位时的减法操作。该指令从寄存器 Rn 中减去 shifter_operand 表示的数值，再减去寄存器 CPSR 中 C 条件标志位的

ARM 微处理器的指令系统

反码[NOT（Carry flag）]，并将结果保存到目标寄存器 Rd 中，并根据指令的执行结果设置 CPSR 中相应的标志位。

（1）指令的语法格式：

```
SBC{<cond>}{S}  <Rd>,<Rn>,<shifter_operand>
```

（2）SBC 指令举例：

下面的程序使用 SBC 实现 64 位减法，（R1，R0）-（R3，R2），结果存放到（R1，R0）。

```
SUBS    R0,R0,R2
SBCS    R1,R1,R3
```

10. RSC 指令

RSC（Reverse Subtract with Carry）指令从寄存器 shifter_operand 中减去 Rn 表示的数值，再减去寄存器 CPSR 中 C 条件标志位的反码[NOT（Carry Flag）]，并将结果保存到目标寄存器 Rd 中，并根据指令的执行结果设置 CPSR 中相应的标志位。

（1）指令的语法格式：

```
RSC{<cond>}{S}  <Rd>,<Rn>,<shifter_operand>
```

（2）RSC 指令举例：

下面的程序使用 RSC 指令实现求 64 位数值的负数。

```
RSBS    R2,R0,#0
RSC     R3,R1,#0
```

11. TST 测试指令

TST（Test）测试指令用于将一个寄存器的值和一个算术值进行比较。条件标志位根据两个操作数做"逻辑与"后的结果设置。

（1）指令的语法格式：

```
TST{<cond>}  <Rn>,<shifter_operand>
```

（2）TST 指令举例：

TST 指令类似于 CMP 指令，不产生放置到目的寄存器中的结果。而是在给出的两个操作数上进行操作并把结果反映到状态标志上。使用 TST 指令来检查是否设置了特定的位。操作数 1 是要测试的数据字而操作数 2 是一个位掩码。经过测试后，如果匹配则设置 Zero 标志，否则清除它。与 CMP 指令一样，该指令不需要指定 S 后缀。

下面的指令测试在 R0 中是否设置了位 0。

```
TST     R0, #1
```

12. TEQ 指令

TEQ（Test Equivalence）指令用于将一个寄存器的值和一个算术值做比较。条件标志位根据两个操作数做"逻辑异或"后的结果设置。以便后面的指令根据相应的条件标志来判断是否执行。

（1）指令的语法格式：

```
TEQ{<cond>}  <Rn>,<shifter_operand>
```

（2）TEQ 指令举例：

下面的指令是比较 R0 和 R1 是否相等，该指令不影响 CPSR 中的 V 位和 C 位。

```
TEQ   R0,R1
```

TST 指令与 EORS 指令的区别在于 TST 指令不保存运算结果。使用 TEQ 进行相等测试时，常与 EQ 和 NE 条件码配合使用，当两个数据相等时，条件码 EQ 有效；否则条件码 NE 有效。

13. CMP 指令

CMP（Compare）指令使用寄存器 Rn 的值减去 operand2 的值，根据操作的结果更新 CPSR 中相应的条件标志位，以便后面的指令根据相应的条件标志来判断是否执行。

（1）指令的语法格式：

```
CMP{<cond>}  <Rn>,<shifter_operand>
```

（2）CMP 指令举例：

CMP 指令允许把一个寄存器的内容与另一个寄存器的内容或立即值进行比较，更改状态标志来允许进行条件执行。它进行一次减法，但不存储结果，而是正确地更改标志位。标志位表示的是操作数 1 与操作数 2 比较的结果（其值可能为大于、小于或相等）。如果操作数 1 大于操作数 2，则此后的有 GT 后缀的指令将可以执行。

显然，CMP 不需要显式地指定 S 后缀来更改状态标志。

① 下面的指令是比较 R1 和立即数 10 并设置相关的标志位。

```
CMP   R1,#10
```

② 下面的指令是比较寄存器 R1 和 R2 中的值并设置相关的标志位。

```
CMP   R1,R2
```

通过上面的例子可以看出，CMP 指令与 SUBS 指令的区别在于 CMP 指令不保存运算结果，在进行两个数据大小判断时，常用 CMP 指令及相应的条件码来进行操作。

14. CMN 指令

CMN（Compare Negative）指令使用寄存器 Rn 的值减去 operand2 的负数值（加上 operand2），根据操作的结果更新 CPSR 中相应的条件标志位，以便后面的指令根据相应的条件标志来判断是否执行。

（1）指令的语法格式：

```
CMN{<cond>}  <Rn>,<shifter_operand>
```

（2）CMN 指令举例：

CMN 指令将寄存器 Rn 中的值加上 shifter_operand 表示的数值，根据加法的结果设

ARM 微处理器的指令系统

置 CPSR 中相应的条件标志位。寄存器 Rn 中的值加上 shifter_operand 的操作结果对 CPSR 中条件标志位的影响，与寄存器 Rn 中的值减去 shifter_operand 的操作结果的相反数对 CPSR 中条件标志位的影响有细微差别。当第 2 个操作数为 0 或者为 0x80000000 时两者结果不同。比如下面两条指令。

```
CMP     Rn,#0
CMN     Rn,#0
```

第 1 条指令使标志位 C 值为 1，第 2 条指令使标志位 C 值为 0。

下面的指令使 R0 值加 1，判断 R0 是否为 1 的补码，若是，则 Z 置位。

```
CMN     R0,#1
```

15．ORR 指令

ORR（Logical OR）为逻辑或操作指令，它将第 2 个源操作数 shifter_operand 的值与寄存器 Rn 的值按位做"逻辑或"操作，结果保存到 Rd 中。

（1）指令的语法格式：

```
ORR{<cond>}{S}  <Rd>,<Rn>,<shifter_operand>
```

（2）ORR 指令举例：

① 设置 R0 中位 0 和 1。

```
ORR     R0, R0, #3
```

② 将 R0 的低 4 位置 1。

```
ORR     R0,R0,#0x0F
```

③ 使用 ORR 指令将 R2 的高 8 位数据移入到 R3 的低 8 位中。

```
MOV     R1,R2,LSR #4
ORR     R3,R1,R3,LSL #8
```

16．BIC 位清零指令

BIC（Bit Clear）位清零指令，将寄存器 Rn 的值与第 2 个源操作数 shifter_operand 的值的反码按位做"逻辑与"操作，结果保存到 Rd 中。

（1）指令的语法格式：

```
BIC{<cond>}{S}  <Rd>,<Rn>,<shifter_operand>
```

（2）BIC 指令举例：

① 清除 R0 中的位 0、1 和 3，保持其余的不变。

```
BIC     R0, R0, #0x1011
```

② 将 R3 的反码和 R2 做"逻辑与"操作，结果保存到 R1 中。

```
BIC     R1,R2,R3
```

3.2.2 乘法指令

ARM 乘法指令完成两个数据的乘法。两个 32 位二进制数相乘的结果是 64 位的积。在有些 ARM 的处理器版本中，将乘积的结果保存到两个独立的寄存器中。另外一些版本只将最低有效 32 位存放到一个寄存器中。无论是哪种版本的处理器，都有乘一累加的变型指令，将乘积连续累加得到总和。而且有符号数和无符号数都能使用。对于有符号数和无符号数，结果的最低有效位是一样的。因此，对于只保留 32 位结果的乘法指令，不需要区分有符号数和无符号数这两种情况。

如表 3-7 所示为各种形式乘法指令的功能。

表 3-7 各种形式乘法指令

操作码[23:21]	助记符	意 义	操 作
000	MUL	乘（保留 32 位结果）	Rd:=（Rm×Rs）[31:0]
001	MLA	乘一累加（保留 32 位结果）	Rd:=（Rm×Rs+Rn）[31:0]
100	UMULL	无符号数长乘	RdHi:RdLo:=Rm×Rs
101	UMLAL	无符号长乘一累加	RdHi:RdLo:+=Rm×Rs
110	SMULL	有符号数长乘	RdHi:RdLo:=Rm×Rs
111	SMLAL	有符号数长乘一累加	RdHi:RdLo:+=Rm×Rs

其中：

（1）"RdHi:RdLo" 是由 RdHi（最高有效 32 位）和 RdLo（最低有效 32 位）连接形成的 64 位数，"[31:0]" 只选取结果的最低有效 32 位。

（2）简单的赋值由 ":=" 表示。

（3）累加（将右边加到左边）是由 "+=" 表示。

各个乘法指令中的位 S（参考下文具体指令的语法格式）控制条件码的设置会产生以下结果。

① 对于产生 32 位结果的指令形式，将标志位 N 设置为 Rd 的第 31 位的值；对于产生长结果的指令形式，将其设置为 RdHi 的第 31 位的值。

② 对于产生 32 位结果的指令形式，如果 Rd 等于零，则标志位 Z 置位；对于产生长结果的指令形式，RdHi 和 RdLo 同时为零时，标志位 Z 置位。

③ 将标志位 C 设置成无意义的值。

④ 标志位 V 不变。

1. MUL 指令

MUL（Multiply）32 位乘法指令将 Rm 和 Rs 中的值相乘，结果的最低 32 位保存到 Rd 中。

（1）指令的语法格式：

```
MUL{<cond>}{S}    <Rd>,<Rm>,<Rs>
```

（2）指令举例：

① R1 = R2 × R3。

```
MUL    R1, R2, R3
```

② R0 = R3 × R7，同时设置 CPSR 中的 N 位和 Z 位。

```
MULS   R0, R3, R7
```

2．MLA 指令

MLA（Multiply Accumulate）32 位乘—累加指令将 Rm 和 Rs 中的值相乘，再将乘积加上第 3 个操作数，结果的最低 32 位保存到 Rd 中。

（1）指令的语法格式：

```
MLA{<cond>}{S}    <Rd>,<Rm>,<Rs>,<Rn>
```

（2）指令举例：

下面的指令完成 R1 = R2×R3 + 10 的操作。

```
MOV    R0, #0x0A
MLA    R1, R2, R3, R0
```

3．UMULL 指令

UMULL（Unsigned Multiply Long）为 64 位无符号乘法指令。它将 Rm 和 Rs 中的值做无符号数相乘，结果的低 32 位保存到 RsLo 中，高 32 位保存到 RdHi 中。

（1）指令的语法格式：

```
UMULL{<cond>}{S}    <RdLo>,<RdHi>,<Rm>,<Rs>
```

（2）指令举例：

下面的指令完成(R1，R0) = R5 × R8 操作。

```
UMULL   R0, R1, R5, R8;
```

4．UMLAL 指令

UMLAL（Unsigned Multiply Accumulate Long）为 64 位无符号长乘—累加指令。指令将 Rm 和 Rs 中的值做无符号数相乘，64 位乘积与 RdHi、RdLo 相加，结果的低 32 位保存到 RsLo 中，高 32 位保存到 RdHi 中。

（1）指令的语法格式：

```
UMALL{<cond>}{S}    <RdLo>,<RdHi>,<Rm>,<Rs>
```

（2）指令举例：

下面的指令完成(R1，R0) = R5 × R8+(R1，R0)操作。

```
UMLAL   R0, R1, R5,R8;
```

5．SMULL 指令

SMULL（Signed Multiply Long）为 64 位有符号长乘法指令。指令将 Rm 和 Rs 中的

ARM 处理器开发详解：基于 ARM Cortex-A9 处理器的开发设计

值做有符号数相乘，结果的低 32 位保存到 RsLo 中，高 32 位保存到 RdHi 中。

（1）指令的语法格式：

```
SMULL{<cond>}{S}    <RdLo>,<RdHi>,<Rm>,<Rs>
```

（2）指令举例：

下面的指令完成(R3, R2) = R7 × R6 操作。

```
SMULL   R2, R3, R7,R6;
```

6. SMLAL 指令

SMLAL（Signed Multiply Accumulate Long）为 64 位有符号长乘—累加指令。指令将 Rm 和 Rs 中的值做有符号数相乘，64 位乘积与 RdHi、RdLo 相加，结果的低 32 位保存到 RsLo 中，高 32 位保存到 RdHi 中。

（1）指令的语法格式：

```
SMLAL{<cond>}{S}    <RdLo>,<RdHi>,<Rm>,<Rs>
```

（2）指令举例：

下面的指令完成(R3, R2) = R7 × R6 +(R3, R2)操作。

```
SMLAL   R2, R3, R7,R6;
```

3.2.3 Load/Store 指令

Load/Store 内存访问指令在 ARM 寄存器和存储器之间传送数据。ARM 指令中有 3 种基本的数据传送指令。

（1）单寄存器 Load/Store 指令（Single Register），这些指令在 ARM 寄存器和存储器之间提供更灵活的单数据项传送方式。数据项可以是字节、16 位半字或 32 位字。

（2）多寄存器 Load/Store 内存访问指令。这些指令的灵活性比单寄存器传送指令差，但可以使大量的数据更有效地传送。它们用于进程的进入和退出、保存和恢复工作寄存器及复制存储器中的一块数据。

（3）单寄存器交换指令（Single Register Swap）。这些指令允许寄存器和存储器中的数值进行交换，在一条指令中有效地完成 Load/Store 操作。它们在用户级编程中很少用到。它的主要用途是在多处理器系统中实现信号量（Semaphores）的操作，以保证不会同时访问公用的数据结构。

（4）单寄存器的 Load/Store 指令，这种指令用于把单一的数据传入或者传出到一个寄存器中。支持的数据类型有字节（8 位）、半字（16 位）和字（32 位）。

1. 单寄存器的 Load/Store 指令

如表 3-8 所示列出了所有单寄存器的 Load/Store 指令。

ARM 微处理器的指令系统

表 3-8 单寄存器 Load/Store 指令

指 令	作 用	操 作
LDR	把存储器中的一个字装入一个寄存器	Rd←mem32[address]
STR	将寄存器中的字保存到存储器	Rd→mem32[address]
LDRB	把一个字节装入一个寄存器	Rd←mem8[address]
STRB	将寄存器中的低 8 位字节保存到存储器	Rd→mem8[address]
LDRH	把一个半字装入一个寄存器	Rd←mem16[address]
STRH	将寄存器中的低 16 位半字保存到存储器	Rd→mem16[address]
LDRBT	用户模式下将一个字节装入寄存器	Rd←mem8[address] under user mode
STRBT	用户模式下将寄存器中的低 8 位字节保存到存储器	Rd→mem8[address] under user mode
LDRT	用户模式下把一个字装入一个寄存器	Rd←mem32[address]under user mode
STRT	用户模式下将存储器中的字保存到寄存器	Rd←mem32[address]]under user mode
LDRSB	把一个有符号字节装入一个寄存器	Rd←sign{mem8[address]}
LDRSH	把一个有符号半字装入一个寄存器	Rd←sign{mem16[address]}

1）LDR 指令

LDR 指令用于从内存中将一个 32 位的字读取到目标寄存器。

（1）指令的语法格式：

```
LDR{<cond>}  <Rd>,<addr_mode>
```

（2）指令举例：

```
LDR  R1,[R0,#0x12]       ;将 R0+12 地址处的数据读出,保存到 R1 中（R0 的值不变）
LDR  R1,[R0]             ;将 R0 地址处的数据读出,保存到 R1 中（零偏移）
LDR  R1,[R0,R2]          ;将 R0+R2 地址的数据读出,保存到 R1 中（R0 的值不变）
LDR  R1,[R0,R2,LSL #2]   ;将 R0+R2×4 地址处的数据读出,保存到 R1 中（R0、R2 的值不变）
LDR  Rd,label            ;label 为程序标号,label 必须是当前指令的-4～4KB 范围内
LDR  Rd,[Rn],#0x04       ;Rn 的值用做传输数据的存储地址。在数据传送后,将偏移量 0x04 与 Rn 相
                          结果写回到 Rn 中。Rn 不允许是 R15
加,
```

2）STR 指令

STR 指令用于将一个 32 位的字数据写入到指令中指定的内存单元。

（1）指令的语法格式：

```
STR{<cond>}  <Rd>,<addr_mode>
```

（2）指令举例：LDR/STR 指令用于对内存变量的访问、内存缓冲区数据的访问、查表、外围部件的控制操作等,若使用 LDR 指令加载数据到 PC 寄存器,则实现程序跳转功能,这样也就实现了程序散转。

① 变量访问。

```
NumCount .equ 0x40003000    ;定义变量 NumCount
LDR  R0,=NumCount           ;使用 LDR 伪指令装载 NumCount 的地址到 R0
LDR  R1,[R0]                ;取出变量值
```

```
ADD    R1,R1,#1              ;NumCount=NumCount+1
STR    R1,[R0]               ;保存变量
```

② GPIO 设置。

```
GPIO—BASE  .equ  0xe0028000  ;定义 GPIO 寄存器的基地址
...
LDR    R0,=GPIO—BASE
LDR    R1,=0x00ffff00        ;将设置值放入寄存器
STR    R1,[R0,#0x0C]         ;IODIR=0x00ffff00,IOSET 的地址为 0xE0028004
```

③ 程序散转。

```
...
MOV    R2,R2,LSL #2          ;功能号乘以 4，以便查表
LDR    PC,[PC,R2]            ;查表取得对应功能子程序地址并跳转
NOP
FUN—TAB .word    FUN—SUB0
        .word    FUN—SUB1
        .word    FUN—SUB2
        ...
```

3）LDRB 指令

LDRB 指令根据 addr_mode 所确定的地址模式将一个 8 位字节读取到指令中的目标寄存器 Rd。

指令的语法格式：

```
LDR{<cond>}B  <Rd>, <addr_mode>
```

4）STRB 指令

STRB 指令从寄存器中取出指定的 8 位字节放入寄存器的低 8 位，并将寄存器的高位补 0。

指令的语法格式：

```
STR{<cond>}B  <Rd>,<addr_mode>
```

5）LDRH 指令

LDRH 指令用于从内存中将一个 16 位的半字读取到目标寄存器。

如果指令的内存地址不是半字节对齐的，指令的执行结果不可预知。

指令的语法格式：

```
LDR{<cond>}H  <Rd>,<addr_mode>
```

6）STRH 指令

STRH 指令从寄存器中取出指定的 16 位半字放入寄存器的低 16 位，并将寄存器的高位补 0。

指令的语法格式：

```
STR{<cond>}H  <Rd>,<addr_mode>
```

2. 多寄存器的 Load/Store 内存访问指令

多寄存器的 Load/Store 内存访问指令也叫批量加载/存储指令，它可以实现在一组寄存器和一块连续的内存单元之间传送数据。LDM 用于加载多个寄存器，STM 用于存储多个寄存器。多寄存器的 Load/Store 内存访问指令允许一条指令传送 16 个寄存器的任何子集或所有寄存器。多寄存器的 Load/Store 内存访问指令主要用于现场保护、数据复制和参数传递等。如表 3-9 所示列出了多寄存器的 Load/Store 内存访问指令。

表 3-9 多寄存器的 Load/Store 内存访问指令

指　令	作　用	操　作
LDM	装载多个寄存器	$\{Rd\}*^N \leftarrow mem32[start\ address+4*N]$
STM	保存多个寄存器	$\{Rd\}*^N \rightarrow mem32[start\ address+4*N]$

1）LDM 指令

LDM 指令将数据从连续的内存单元中读取到指令中指定的寄存器列表中的各寄存器中。当 PC 包含在 LDM 指令的寄存器列表中时，指令从内存中读取的字数据将被作为目标地址值，指令执行后程序将从目标地址处开始执行，从而实现了指令的跳转。

指令的语法格式：

```
LDM{<cond>}<addressing_mode> <Rn>{!}, <registers>
```

寄存器 R0～R15 分别对应于指令编码中 bit[0]～bit[15]位。如果 R_1 存在于寄存器列表中，则相应的位等于 1，否则为 0。LDM 指令将数据从连续的内存单元中读取到指令中指定的寄存器列表中的各寄存器中。

指令的语法格式：

```
LDM{<cond>}<addressing_mode><Rn>,<registers_without_pc>
```

2）STM 指令

STM 指令将指令中寄存器列表中的各寄存器数值写入到连续的内存单元中。主要用于块数据的写入、数据栈操作及进入子程序时保存相关寄存器的操作。

指令的语法格式：

```
STM{<cond>}<addressing_mode> <Rn>{!}, <registers>
```

STM 指令将指令中寄存器列表中的各寄存器数值写入到连续的内存单元中。主要用于块数据的写入、数据栈操作及进入子程序时保存相关寄存器等操作。

指令的语法格式：

```
STM{<cond>}<addressing_mode> <Rn>, <registers >^
```

3）数据传送指令应用

LDM/STM 批量加载/存储指令可以实现在一组寄存器和一块连续的内存单元之间传输数据。LDM 为加载多个寄存器，STM 为存储多个寄存器。允许一条指令传送 16 个寄存器的任何子集或所有寄存器。

ARM 处理器开发详解：基于 ARM Cortex-A9 处理器的开发设计

指令格式如下：

```
LDM{cond}<模式>  Rn{!},regist{^}
STM{cond}<模式>  Rn{!},regist{^}
```

LDM/STM 的主要用途有现场保护、数据复制和参数传递等。其模式有 8 种，其中前面 4 种用于数据块的传输，后面 4 种是堆栈操作，具体模式如下所示。

（1）IA：每次传送后地址加 4。

（2）IB：每次传送前地址加 4。

（3）DA：每次传送后地址减 4。

（4）DB：每次传送前地址减 4。

（5）FD：满递减堆栈。

（6）ED：空递增堆栈。

（7）FA：满递增堆栈。

（8）EA：空递增堆栈。

其中，寄存器 Rn 为基址寄存器，装有传送数据的初始地址，Rn 不允许为 R15；后缀"!"表示最后的地址写回到 Rn 中；寄存器列表可包含多于一个寄存器或寄存器范围，使用","分开，如{R1，R2，R6~R9}，寄存器排列由小到大排列；"^"后缀不允许在用户模式下使用，只能在系统模式下使用。若在 LDM 指令用寄存器列表中包含有 PC 时使用，那么除了正常的多寄存器传送外，将 SPSR 复制到 CPSR 中，这可用于异常处理返回；使用"^"后缀进行数据传送且寄存器列表不包含 PC 时，加载/存储的是用户模式寄存器，而不是当前模式寄存器。

```
LDMIA  R0!,{R3~R9}        ;加载 R0 指向的地址上的多字数据，保存到 R3~R9 中，R0 值更新
STMIA  R1!,{R3~R9}        ;将 R3~R9 的数据存储到 R1 指向的地址上，R1 值更新
STMFD  SP!,{R0~R7,LR}     ;现场保存，将 R0~R7、LR 入栈
LDMFD  SP!,{R0~R7,PC}^    ;恢复现场，异常处理返回
```

在进行数据复制时，先设置好源数据指针，然后使用块复制寻址指令 LDMIA/STMIA、LDMIB/STMIB、LDMDA/STMDA、LDMDB/STMDB 进行读取和存储。而进行堆栈操作时，则要先设置堆栈指针，一般使用 SP 然后使用堆栈寻址指令 STMFD/LDMFD、STMED/LDMED、STMEA/LDMEA 实现堆栈操作。数据是存储在基址寄存器的地址之上还是之下，地址是存储第一个值之前还是之后、增加还是减少，如表 3-10 所示。

表 3-10 多寄存器的 Load/Store 内存访问指令映射

		向上生长		向下生长	
		满	空	满	空
增加	之前	STMIB			LDMIB
		STMFA			LDMED
	之后		STMIA	LDMIA	
			STMEA	LDMFD	
增加	之前		LDMDB	STMDB	

ARM 微处理器的指令系统

续表

		向上生长		向下生长	
		满	空	满	空
			LDMEA	STMFD	
之后		LDMDA			STMDA
		LDMFA			STMED

【举例】 使用 LDM/STM 进行数据复制。

```
LDR     R0,=SrcData          ;设置源数据地址
LDR     R1,=DstData          ;设置目标地址
LDMIA   R0,{R2~R9}           ;加载 8 字数据到寄存器 R2~R9
STMIA   R1,{R2~R9}           ;存储寄存器 R2~R9 到目标地址
```

【举例】 使用 LDM/STM 进行现场寄存器保护，常在子程序或异常处理中使用。

```
SENDBYTE:
     STMFD   SP!,{R0~R7,LR}   ;寄存器压栈保护
     …
     BL      DELAY            ;调用 DELAY 子程序
     …
     LDMFD   SP!,{R0~R7,PC}   ;恢复寄存器，并返回
```

3．单数据交换指令

交换指令是 Load/Store 指令的一种特例，它把一个寄存器单元的内容与寄存器内容交换。交换指令是一个原子操作（Atomic Operation），也就是说，在连续的总线操作中读/写一个存储单元，在操作期间阻止其他任何指令对该存储单元的读/写。交换指令如表 3-11 所示。

表 3-11　交换指令 SWP

指　　令	作　　用	操　　作
SWP	字交换	tmp=men32[Rn] mem32[Rn]=Rm Rd=tmp
SWPB	字节交换	tmp=men8[Rn] mem8[Rn]=Rm Rd=tmp

1）SWP 字交换指令

SWP 指令用于将内存中的一个字单元和一个指定寄存器的值相交换。操作过程如下：假设内存单元地址存放在寄存器<Rn>中，指令将<Rn>中的数据读取到目的寄存器 Rd 中，同时将另一个寄存器<Rm>的内容写入到该内存单元中。

当<Rd>和<Rm>为同一个寄存器时，指令交换该寄存器和内存单元的内容。

指令的语法格式：

```
SWP{<cond>}   <Rd>,<Rm>,[<Rn>]
```

2）SWPB 字节交换指令

SWPB 指令用于将内存中的一个字节单元和一个指定寄存器的低 8 位值相交换，操作过程如下：假设内存单元地址存放在寄存器<Rn>中，指令将<Rn>中的数据读取到目的寄存器 Rd 中，寄存器 Rd 的高 24 位设为 0，同时将另一个寄存器<Rm>的低 8 位内容写入到该内存字节单元中。当<Rd>和<Rm>为同一个寄存器时，指令交换该寄存器低 8 位内容和内存字节单元的内容。

指令的语法格式：

```
SWP{<cond>}B  <Rd>,<Rm>,[<Rn>]
```

3）交换指令 SWP 应用

SWP 指令用于将一个内存单元（该单元地址放在寄存器 Rn 中）的内容读取到一个寄存器 Rd 中，同时将另一个寄存器 Rm 的内容写到该内存单元中，使用 SWP 可实现信号量操作。

指令的语法格式：

```
SWP{cond}B  Rd,Rm,[Rn]
```

其中，B 为可选后缀，若有 B，则交换字节；否则交换 32 位字。Rd 为目的寄存器，存储从存储器中加载的数据，同时，Rm 中的数据将会被存储到存储器中。若 Rm 与 Rn 相同，则寄存器与存储器内容进行交换。Rn 为要进行数据交换的存储器地址，Rn 不能与 Rd 和 Rm 相同。

SWP 指令举例：

```
SWP   R1,R1,[R0]       ;将 R1 的内容与 R0 指向的存储单元内容进行交换
SWPB  R1,R2,[R0]       ;将 R0 指向的存储单元内容读取一字节数据到 R1 中（高 24 位清零），并将
R2 的内容写入到该内存单元中（最低字节有效），使用 SWP 指令可以方便地进行信号量操作
12C_SEM       .equ    0x40003000
              …
12C_SEM_WAIT:
    MOV    R0,#0
    LDR    R0,=12C_SEM
    SWP    R1,R1,[R0]     ;取出信号量，并将其设为 0
    CMP    R1,#0          ;判断是否有信号
    BEQ    12C_SEM_WAIT   ;若没有信号则等待
```

3.2.4 跳转指令

跳转（B）和跳转连接（BL）指令是改变指令执行顺序的标准方式。ARM 一般按照字地址顺序执行指令，需要时使用条件执行跳过某段指令。只要程序必须偏离顺序执行，就要使用控制流指令来修改程序计数器。尽管在特定情况下还有其他几种方式实现这个目的，但转移和转移连接指令是标准的方式。跳转指令改变程序的执行流程或者调用子程序。这种指令使得一个程序可以使用子程序、if-then-else 结构及循环。执行流程的改变迫使程序计数器（PC）指向一个新的地址，ARMv5 架构指令集包含的跳转指令如表 3-12 所示。

ARM 微处理器的指令系统

表 3-12 ARMv5 架构跳转指令

助 记 符	说 明	操 作
B	跳转指令	pc←label
BL	带返回的连接跳转	pc←label(lr←BL 后面的第一条指令)
BX	跳转并切换状态	pc←Rm&0xfffffffe, T←Rm&1
BLX	带返回的跳转并切换状态	pc←lable, T←1 pc←Rm&0xfffffffe, T←Rm&1 lr←BL 后面的第一条指令

另一种实现指令跳转的方式是通过直接向 PC 寄存器中写入目标地址值，实现在 4GB 地址空间中任意跳转，这种跳转指令又称为长跳转。如果在长跳转指令之前使用"MOV LR"或"MOV PC"等指令，可以保存将来返回的地址值，也就实现了在 4GB 的地址空间中的子程序调用。

1. 跳转指令 B 及带连接的跳转指令 BL

跳转指令 B 使程序跳转到指定的地址执行程序。带连接的跳转指令 BL 将下一条指令的地址复制到 R14（即返回地址连接寄存器 LR）寄存器中，然后跳转到指定地址运行程序。需要注意的是，这两条指令和目标地址处的指令都要属于 ARM 指令集。两条指令都可以根据 CPSR 中的条件标志位的值决定指令是否被执行。

（1）指令的语法格式：

```
B{L}{<cond>} <target_address>
```

BL 指令用于实现子程序调用。子程序的返回可以通过将 LR 寄存器的值复制到 PC 寄存器来实现。下面 3 种指令可以实现子程序返回。

① BX　R14（如果体系结构支持 BX 指令）。
② MOV　PC，R14。
③ 当子程序在入口处使用了压栈指令：

```
STMFD  R13!,{<registers>,R14}
```

可以使用指令：

```
LDMFD  R13!,{<registers>,PC}
```

将子程序返回地址放入 PC 中。

ARM 汇编器通过以下步骤计算指令编码中的 signed_immed_24。

① 将 PC 寄存器的值作为本跳转指令的基地址值。
② 从跳转的目标地址中减去上面所说的跳转的基地址，生成字节偏移量。由于 ARM 指令是字对齐的，该字节偏移量为 4 的倍数。
③ 当上面生成的字节偏移量不在-33 554 432～+33 554 430 范围时，不同的汇编器使用不同的代码产生策略。否则，将指令编码字中的 signed_immed_24 设置成上述字节

偏移量的 bits[25:2]。

(2) 程序举例：

① 程序跳转到 LABLE 标号处。

```
    B   LABLE ;
    ADD R1,R2,#4
    ADD R3,R2,#8
    SUB R3,R3,R1
LABLE:
    SUB R1,R2,#8
```

② 跳转到绝对地址 0x1234 处。

```
    B   0x1234
```

③ 跳转到子程序 func 处执行，同时将当前 PC 值保存到 LR 中。

```
    BL  func
```

④ 条件跳转：当 CPSR 寄存器中的 C 条件标志位为 1 时，程序跳转到标号 LABLE 处执行。

```
    BCC LABLE
```

⑤ 通过跳转指令建立一个无限循环。

```
LOOP:
    ADD R1,R2,#4
    ADD R3,R2,#8
    SUB R3,R3,R1
    B   LOOP
```

⑥ 通过使用跳转指令使程序体循环 10 次。

```
    MOV R0,#10
LOOP:
    SUBS R0,#1
    BNE  LOOP
```

⑦ 条件子程序调用示例。

```
    ...
    CMP  R0,#5            ;如果 R0<5
    BLLT SUB1             ;则调用
    BLGE SUB2             ;否则调用 SUB2
```

2. 带状态切换的跳转指令 BX

带状态切换的跳转指令（BX）使程序跳转到指令中指定的参数 Rm 指定的地址执行程序，Rm 的第 0 位复制到 CPSR 中的 T 位，bit[31：1]移入 PC。若 Rm 的 bit[0]为 1，则跳转时自动将 CPSR 中的标志位 T 置位，即把目标地址的代码解释为 Thumb 代码；若 Rm 的位 bit[0]为 0，则跳转时自动将 CPSR 中的标志位 T 复位，即把目标地址代码解释为 ARM 代码。

(1) 指令的语法格式：

```
BX{<cond>}    <Rm>
```

① 当 Rm[1:0]=0b10 时，指令的执行结果不可预知。因为在 ARM 状态下，指令是 4 字节对齐的。

② PC 可以作为 Rm 寄存器使用，但这种用法不推荐使用。当 PC 作为 <Rm> 使用时，指令"BX   PC"将程序跳转到当前指令下面第二条指令处执行。虽然这样跳转可以实现，但最好还是使用下面的指令完成这种跳转。

```
MOV    PC, PC
```

或

```
ADD    PC, PC, #0
```

（2）指令举例：

① 转移到 R0 中的地址，如果 R0[0]=1，则进入 Thumb 状态。

```
BX    R0;
```

② 跳转到 R0 指定的地址，并根据 R0 的最低位来切换处理器状态。

```
ADRL    R0,ThumbFun+1 ;
BX      R0;
```

3．带连接和状态切换的连接跳转指令 BLX

带连接和状态切换的跳转指令（Branch with Link Exchange，BLX）使用标号，用于使程序跳转到 Thumb 状态或从 Thumb 状态返回。该指令为无条件执行指令，并用分支寄存器的最低位来更新 CPSR 中的 T 位，将返回地址写入到连接寄存器 LR 中。

（1）语法格式：

```
BLX <target_add>
```

其中，<target_add> 为指令的跳转目标地址，该地址根据以下规则计算。

① 将指令中指定的 24 位偏移量进行符号扩展，形成 32 位立即数。

② 将结果左移两位。

③ 位 H（bit[24]）加到结果地址的第一位（bit[1]）。

④ 将结果累加进程序计数器（PC）中。

计算偏移量的工作一般由 ARM 汇编器来完成。这种形式的跳转指令只能实现-32～32MB 空间的跳转。左移两位形成字偏移量，然后将其累加进程序计数器（PC）中。这时，程序计数器的内容为 BX 指令地址加 8 字节。位 H（bit[24]）也加到结果地址的第一位（bit[1]），使目标地址成为半字地址，以执行接下来的 Thumb 指令。计算偏移量的工作一般由 ARM 汇编器来完成。这种形式的跳转指令只能实现-32～32MB 空间的跳转。

（2）指令的使用

① 从 Thumb 状态返回到 ARM 状态，使用 BX 指令。

```
BX    R14
```

② 可以在子程序的入口和出口增加栈操作指令。

```
PUSH  {<registers>,R14}
POP   {<registers>,PC}
```

3.2.5 状态操作指令

ARM 指令集提供了两条指令，可直接控制程序状态寄存器（Program State Register，PSR）。MRS 指令用于把 CPSR 或 SPSR 的值传送到一个寄存器；MSR 与之相反，把一个寄存器的内容传送到 CPSR 或 SPSR。这两条指令相结合，可用于对 CPSR 和 SPSR 进行读/写操作。程序状态寄存器指令如表 3-13 所示。

表 3-13 程序状态寄存器指令

指 令	作 用	操 作
MRS	把程序状态寄存器的值送到一个通用寄存器	Rd=SPR
MSR	把通用寄存器的值送到程序状态寄存器或把一个立即数送到程序状态字	PSR[field]=Rm 或 PSR[field]=immediate

在指令语法中可看到一个称为 fields 的项，它可以是控制（C）、扩展（X）、状态（S）及标志（F）的组合。

1. MRS

MRS 指令用于将程序状态寄存器的内容传送到通用寄存器中。

在 ARM 处理器中，只有 MRS 指令可以将状态寄存器 CPSR 或 SPSR 读出到通用寄存器中。

（1）指令的语法格式：

```
MRS{cond}  Rd, PSR
```

其中，Rd 为目标寄存器，Rd 不允许为程序计数器（PC）。PSR 为 CPSR 或 SPSR。

（2）指令举例：

```
MRS  R1,CPSR      ;将 CPSR 状态寄存器读取，保存到 R1 中
MRS  R2,SPSR      ;将 SPSR 状态寄存器读取，保存到 R1 中
```

MRS 指令读取 CPSR，可用来判断 ALU 的状态标志及 IRQ/FIQ 中断是否允许等；在异常处理程序中，读 SPSR 可指定进入异常前的处理器状态等。MRS 与 MSR 配合使用，实现 CPSR 或 SPSR 寄存器的读—修改—写操作，可用来进行处理器模式切换，允许/禁止 IRQ/FIQ 中断等设置。另外，进程切换或允许异常中断嵌套时，也需要使用 MRS 指令读取 SPSR 状态值并保存起来。

2. MSR

在 ARM 处理器中，只有 MSR 指令可以直接设置状态寄存器 CPSR 或 SPSR。

（1）指令的语法格式：

```
MSR{cond}  PSR_field,#immed_8r
MSR{cond}  PSR_field,Rm
```

ARM 微处理器的指令系统

其中，PSR 是指 CPSR 或 SPSR。<fields>设置状态寄存器中需要操作的位。状态寄存器的 32 位可以分为 4 个 8 位的域（field）。bits[31:24]为条件标志位域，用 f 表示；bits[23:16]为状态位域，用 s 表示；bits[15:8]为扩展位域，用 x 表示；bits[7:0]为控制位域，用 c 表示；immed_8r 为要传送到状态寄存器指定域的立即数，8 位；Rm 为要传送到状态寄存器指定域的数据源寄存器。

（2）指令举例：

```
MSR    CPSR_c,#0xD3        ;CPSR[7:0]=0xD3,切换到管理模式
MSR    CPSR_cxsf,R3        ;CPSR=R3
```

注意：
只有在特权模式下才能修改状态寄存器。

程序中不能通过 MSR 指令直接修改 CPSR 中的 T 位控制位来实现 ARM 状态/Thumb 状态的切换，必须使用 BX 指令来完成处理器状态的切换（因为 BX 指令属转移指令，它会打断流水线状态，实现处理器状态的切换）。MRS 与 MSR 配合使用，实现 CPSR 或 SPSR 寄存器的读—修改—写操作，可用来进行处理器模式切换及允许/禁止 IRQ/FIQ 中断等设置。

3．程序状态寄存器指令的应用

【举例】 使 IRQ 中断。

```
ENABLE_IRQ:
       MRS    R0,CPSR
       BIC    R0,R0,#0x80
       MSR    CPSR_c,R0
       MOV    PC,LR
```

【举例】 禁止 IRQ 中断。

```
DISABLE_IRQ:
       MRS    R0,CPSR
       ORR    R0,R0,#0x80
       MSR    CPSR_c,R0
       MOV    PC,LR
```

【举例】 堆栈指令初始化。

```
INITSTACK:
       MOV    R0,LR                     ;保存返回地址
```

设置管理模式堆栈：

```
       MSR    CPSR_c,#0xD3
       LDR    SP,StackSvc
```

设置中断模式堆栈：

```
       MSR    CPSR_c,#0xD2
```

```
LDR    SP,StackSvc
```

3.2.6 协处理器指令

ARM 体系结构允许通过增加协处理器来扩展指令集。最常用的协处理器是用于控制片上功能的系统协处理器。例如，控制 Cache 和存储管理单元的 cp15 寄存器。此外，还有用于浮点运算的浮点 ARM 协处理器，各生产商还可以根据需要来开发自己的专用协处理器。

ARM 协处理器具有自己专用的寄存器组，它们的状态由控制 ARM 状态的指令的镜像指令来控制。程序的控制流指令由 ARM 处理器来处理，所有协处理器指令只能同数据处理和数据传送有关。按照 RISC 的 Load/Store 体系原则，数据的处理和传送指令是被清楚分开的，所以它们有不同的指令格式。ARM 处理器支持 16 个协处理器，在程序执行过程中，每个协处理器忽略 ARM 和其他协处理器指令。当一个协处理器硬件不能执行属于它的协处理器指令时，将产生一个未定义指令异常中断，在该异常中断处理过程中，可以通过软件仿真该硬件操作。如果一个系统中不包含向量浮点运算器，则可以选择浮点运算软件包来支持向量浮点运算。

ARM 协处理器可以部分地执行一条指令，然后产生中断。如除法运算除数为 0 和溢出，这样可以更好地处理运行时产生（run-time-generated）的异常。但是，指令的部分执行是由协处理器完成的，此过程对 ARM 来说是透明的。当 ARM 处理器重新获得执行时，它将从产生异常的指令处开始执行。对某一个协处理器来说，并不一定用到协处理器指令中的所有的域。具体协处理器如何定义和操作完全由协处理器的制造商自己决定，因此，ARM 处理器指令中的协处理器寄存器的标识符及操作助记符也有各种不同的实现定义。程序员可以通过宏定义这些指令的语法格式。

ARM 协处理器指令可分为以下 3 类。

（1）协处理器数据操作。协处理器数据操作完全是协处理器内部操作，它完成协处理器寄存器的状态改变。如浮点加运算，在浮点协处理器中两个寄存器相加，结果放在第 3 个寄存器中。这类指令包括 CDP 指令。

（2）协处理器数据传送指令。这类指令从寄存器读取数据装入协处理器寄存器，或将协处理器寄存器的数据装入存储器。因为协处理器可以支持自己的数据类型，所以每个寄存器传送的字数与协处理器有关。ARM 处理器产生存储器地址，但传送的字节由协处理器控制。这类指令包括 LDC 指令和 STC 指令。

（3）协处理器寄存器传送指令。在某些情况下，需要 ARM 处理器和协处理器之间传送数据。如一个浮点运算协处理器，FIX 指令从协处理器寄存器取得浮点数据，将它转换为整数，并将整数传送到 ARM 寄存器中。经常需要用浮点比较产生的结果来影响控制流，因此，比较结果必须传送到 ARM 的 CPSR 中。这类协处理器寄存器传送指令包括 MCR 和 MRC。

如表 3-14 所示列出了所有协处理器处理指令。

ARM 微处理器的指令系统

表 3-14 协处理器处理指令

助 记 符	操 作
CDP	协处理器数据操作
LDC	装载协处理器寄存器
MCR	从 ARM 寄存器传数据到协处理器寄存器
MRC	从协处理器寄存器传数据到 ARM 寄存器
STC	存储协处理器寄存器

下面简单介绍一下比较常用的 MCR 及 MRC 命令的用法：

1．ARM 寄存器到协处理器寄存器的数据传送指令 MCR

1）指令编码格式

ARM 寄存器到协处理器寄存器的数据传送指令 MCR（Move to Coprocessor from ARM Register）将 ARM 寄存器<Rd> 的值传送到协处理器寄存器 cp_num 中。如果没有协处理器执行指定操作，将产生未定义指令异常。指令的编码格式如图 3-2 所示。

图 3-2　MCR 指令编码格式

2）指令的语法格式

```
MCR{<cond>}   <coproc>, <opcode_1>, <Rd>, <CRn>, <CRm> {<opcode_2>}
```

① <cond>

指令编码中的条件域。它指示指令在什么条件下执行。当<cond>被忽略时，指令为无条件执行（cond=AL（Alway））。

② <coproc>

指定协处理器的编号，标准的协处理器的名字为 p0、p1、…、p15。

③ <opcode_1>

指定协处理器执行的操作码，确定哪一个协处理器指令将被执行。

④ <Rd>

确定哪一个 ARM 寄存器的数值将被传送。如果程序计数器 PC 的值被传送，指令的执行结果不可预知。

⑤ <CRn>

确定包含第一个操作数的协处理器寄存器。

⑥ <CRm>

确定包含第二个操作数的协处理器寄存器。

⑦ <opcode_2>

指定协处理器执行的操作码,确定哪一个协处理器指令将被执行。通常与<opcode_1>配合使用。

3) 指令举例

将 ARM 寄存器 r7 中的值传送到协处理器 p14 的寄存器 c7 中,第一操作数 opcode_1=1,第二操作数 opcode_2=6。

```
MCR    p14, 1, r7, c7, c12, 6
```

4) 指令的使用

指令的编码格式中,bits[31:24]、bit[20]、bits[15:8]和 bit[4]为 ARM 体系结构定义。其他域由各生产商定义。硬件协处理器支持与否完全由生产商定义,某款 ARM 芯片中,是否支持协处理器或支持哪个协处理器与 ARM 版本无关。生产商可以选择实现部分协处理器指令或者完全不支持协处理器。

2. 协处理器寄存器到 ARM 寄存器的数据传送指令 MRC

1) 指令编码格式

协处理器寄存器到 ARM 寄存器的数据传送指令 MRC(Move to ARM register from Coprocessor)将协处理器 cp_num 的寄存器的值传送到 ARM 寄存器中。如果没有协处理器执行指定操作,将产生未定义指令异常。指令的编码格式如图 3-3 所示。

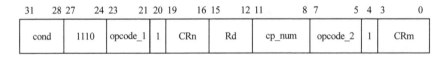

图 3-3 MRC 指令编码格式

2) 指令的语法格式

```
MRC{<cond>}  <coproc>, <opcode_1>, <Rd>, <CRn>, <CRm>{, <opcode_2>}
```

① <cond>

指令编码中的条件域。它指示指令在什么条件下执行。当<cond>被忽略时,指令为无条件执行(cond=AL(Alway))。

② <coproc>

指定协处理器的编号,标准的协处理器的名字为 p0、p1、…、p15。

③ <opcode_1>

指定协处理器执行的操作码,确定哪一个协处理器指令将被执行。

④ <Rd>

确定哪一个 ARM 寄存器接收协处理器传送的数值。如果程序计数器 PC 被用做目的寄存器,指令的执行结果不可预知。

⑤ <CRn>

ARM 微处理器的指令系统

确定包含第一个操作数的协处理器寄存器。
⑥ <CRm>
确定包含第二个操作数的协处理器寄存器。
⑦ <opcode_2>
指定协处理器执行的操作码，确定哪一个协处理器指令将被执行。通常与<opcode_1>配合使用。

3）指令举例

协处理器源寄存器为c0和c2，目的寄存器为ARM寄存器r4，第一操作数opcode_1=5，第二操作数opcode_2=3。

```
MRC p15, 5, r4, c0, c2, 3
```

4）指令的使用

如果目的寄存器为程序计数器r15，则程序状态字条件标准位根据传送数据的前4bit确定，后28bit被忽略。指令的编码格式中，bits[31:24]、bit[20]、bits[15:8]和bit[4]为ARM体系结构定义。其他域由各生产商定义。

硬件协处理器支持与否完全由生产商定义，某款 ARM 芯片中，是否支持协处理器或支持哪个协处理器与 ARM 版本无关。生产商可以选择实现部分协处理器指令或者完全不支持协处理器。

如果协处理器必须完成一些内部工作来准备一个32位数据向ARM传送（例如，浮点 FIX 操作必须将浮点值转换为等效的定点值），那么这些工作必须在协处理器提交传送前进行。因此，在准备数据时经常需要协处理器握手信号处于"忙－等待"状态。ARM可以在"忙－等待"时间内产生中断。如果它确实得以中断，那么它将暂停握手以服务中断。当它从中断服务程序返回时，将可能重试协处理器指令，但也可能不重试。例如，中断可能导致任务切换，无论哪种情况，协处理器必须给出一致结果，因此，在握手提交阶段之前的准备工作不允许改变处理器的可见状态。

如图 3-4 所示列出了 cp15 的各个寄存器的目的。

寄存器编号	基本作用	在 MMU 中的作用	在 PU 中的作用
0	ID 编码（只读）	ID 编码和 cache 类型	
1	控制位（可读写）	各种控制位	
2	存储保护和控制	地址转换表基地址	Cachability 的控制位
3	存储保护和控制	域访问控制位	Bufferablity 控制位
4	存储保护和控制	保留	保留
5	存储保护和控制	内存失效状态	访问权限控制位
6	存储保护和控制	内存失效地址	保护区域控制
7	高速缓存和写缓存	高速缓存和写缓存控制	
8	存储保护和控制	TLB 控制	保留
9	高速缓存和写缓存	高速缓存锁定	
10	存储保护和控制	TLB 锁定	保留
11	TCM ACCESS	NULL	NULL
12	异常向量表基地址	NULL	NULL
13	进程标识符	进程标识符	
14	保留		
15	因设计而异	因设计而异	因设计而异

图 3-4 cp15 寄存器列表

3.2.7 异常产生指令

ARM 指令集中提供了两条产生异常的指令,通过这两条指令可以用软件的方法实现异常。如表 3-15 所示为 ARM 异常产生指令。

表 3-15 ARM 异常产生指令

助 记 符	含 义	操 作
SWI	软中断指令	产生软中断,处理器进入管理模式
BKPT	断点中断指令	处理器产生软件断点

软件中断指令(Software Interrupt,SWI)用于产生软中断,从而实现从用户模式变换到管理模式,CPSR 保存到管理模式的 SPSR 中,执行转移到 SWI 向量,在其他模式下也可以使用 SWI 指令,处理器同样切换到管理模式。

(1)指令的语法格式:

```
SWI{<cond>}    <immed_24>
```

(2)指令举例:

① 下面指令产生软中断,中断立即数为 0。

```
SWI   0;
```

② 产生软中断,中断立即数为 0x123456。

```
SWI   0x123456;
```

③ 使用 SWI 指令时,通常使用以下两种方法进行参数传递。

a.指令 24 位的立即数指定了用户请求的类型,中断服务程序的参数通过寄存器传递。下面的程序产生一个中断号为 12 的软中断。

```
MOV   R0,#34          ;设置功能号为 34
SWI   12              ;产生软中断,中断号为 12
```

b.另一种情况,指令中的 24 位立即数被忽略,用户请求的服务类型由寄存器 R0 的值决定,参数通过其他寄存器传递。

下面的例子通过 R0 传递中断号,R1 传递中断的子功能号。

```
MOV   R0,#12          ;设置 12 号软中断
MOV   R1,#34          ;设置功能号为 34
SWI   0
```

3.2.8 其他指令介绍

1. 特殊指令介绍

Fmxr /Fmrx 指令是 NEON 下的扩展指令,在做浮点运算的时候,要先打开 vfp,因此需要用到 Fmxr 指令。

Fmxr：由 arm 寄存器将数据转移到协处理器中。
Fmrx：由协处理器转移到 arm 寄存器中。
如图 3-5 所示为浮点异常寄存器格式。

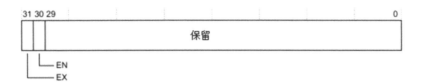

图 3-5　浮点异常寄存器格式

如表 3-16 所示为 FPEXC 的位定义。

表 3-16　FPEXC 的位定义

位	域	功能描述
[31]	EX	异常位，该位指定了有多少信息需要存储记录 SIMD/VFP 协处理器的状态
[30]	EN	NEON/VFP 使能位，设置 EN 位 1 则开启 NEON/VFP 协处理器，复位会将 EN 置 0
[29:0]		保留

FPEXC（浮点异常寄存器）该寄存器是一个可控制 SIMD 及 VFP 的全局使能寄存器，并指定了这些扩展技术是如何记录的。

如果要打开 VFP 协处理器的话，可以用以下指令：

```
mov r0, #0x40000000
fmxr fpexc, r0      @ enable NEON and VFP coprocessor
```

2. CLZ 计算前导零数目

（1）语法格式：

```
CLZ {cond} Rd,Rm
```

其中：
- cond 是一个可选的条件代码。
- Rd 是目标寄存器。
- Rm 是操作数寄存器。

（2）用法：CLZ 指令对 Rm 中的值的前导零进行计数，并将结果返回到 Rd 中，如果没在源寄存器中设置任何位，则该结果值为 32，如果设置了位 31，则结果值为 0。

（3）条件标记：该指令不会更改标记。

（4）体系结构：ARMv5 以上。

（5）CLZ 示例如图 3-6 所示。

```
R0= 0000 0010 1110 1101···0
```

CLZ R1，R0

```
R1=        0x6
```

图 3-6 CLZ 例子

3．饱和指令介绍

这是用来设计饱和算法的一组指令，所谓饱和是指出现下列 3 种情况：

- 对于有符号饱和运算，如果结果小于 -2^n，则返回结果将为 -2^n。
- 对于无符号饱和运算，如果整数结果是负值，那么返回的结果将为 0。
- 对于结果大于 2^n-1 的情况，则返回结果将为 2^n-1。

只要出现这种情况，就称为饱和，并且饱和指令会设置 Q 标记，下面简单介绍一下。

QADD：带符号加法。

QSUB：带符号减法。

QDADD：带符号加倍加法。

QDSUB：带符号加倍减法。

将结果饱和导入符号范围 $(-2^{31} \leq x \leq 2^{31}-1)$ 内。

（1）语法格式：

```
op{cond} {Rd} ,Rm,Rn
```

其中：

- op 是 QADD、QSUB、QDADD、QDSUB 之一。
- cond 是一个可选的条件代码。
- Rd 是目标寄存器。
- Rm，Rn 是存放操作数的寄存器（注：不要将 r15 用做 Rd,Rm 或 Rn）。

（2）用法如下：

- QADD 指令可将 Rm 和 Rn 中的值相加。
- QSUB 指令可以从 Rm 中的值减去 Rn 中的值。
- QDADD/QDSUB 指令涉及并行指令，因此这里不多做讨论。

（3）条件标记：如果发生饱和，则这些指令设置 Q 标记，若要读取 Q 标记的状态，需要使用 MRS 指令。

（4）体系结构：该指令可用于 v5T-E 及 v6 或者更高版本的体系中。

（5）示例如下：

```
QADD r0 ,r1,r9
QSUBLT r9,r0,r1
```

3.3 本章小结

本章在第 2 章的基础上，介绍了 ARM 处理器的寻址方式及 ARM 处理器的指令集。ARM 处理器的寻址方式包括：数据处理指令寻址方式和内存访问指令寻址方式；ARM 处理器的指令集包括：数据操作指令、乘法指令、load/store 指令、跳转指令、状态操作指令、协处理器指令和异常产生指令。

3.4 练习题

1. 用 ARM 汇编实现下面列出的操作：
    a. r0=15
    b. r0=r1/16（有符号数）
    c. r1=r2*3
    d. r0=-r0
2. BIC 指令的作用是什么？
3. 执行 SWI 指令时会发生什么？
4. B、BL、BX 指令的区别是什么？
5. 下面哪个数据可以作为数据操作指令的有效立即数：
    a. 0x101 b. 0x1f8 c. 0xf000000f d. 0x08000012 e. 0x104
6. ARM 在哪些工作模式下可以修改 CPSR 寄存器？
7. 写一个程序，判断 R0 的值，大于 0x50，则将 R1 的值减去 0x10，并把结果送给 R0。
8. 编写一段 ARM 汇编程序，实现数据块复制，将 R0 指向的 8 个字的连续数据保存到 R1 指向的一段连续的内存单元中。

第4章 ARM 汇编语言程序设计

在第 2、3 章中阐述的体系结构及指令集理论的基础上，本章主要介绍利用 ARM 汇编语言进行编程。ARM 编译器可以支持汇编语言、C/C++、汇编语言与 C/C++的混合编程等，本章将介绍汇编、C 相关的编程方法。本章主要内容：

❑ GNU ARM 汇编伪操作。
❑ GNU ARM 汇编支持的伪指令。
❑ 汇编语言与 C 的混合编程。

4.1 GNU ARM 汇编器支持的伪操作

4.1.1 伪操作概述

在 ARM 汇编语言程序中，有一些特殊指令助记符，这些助记符与指令系统的助记符不同，没有相对应的操作码，通常称这些特殊指令助记符为伪操作标识符（directive），它们所完成的操作称为伪操作。伪操作在源程序中的作用是为了协助汇编程序做各种准备工作的，这些伪操作仅在汇编过程中起作用，一旦汇编结束，伪操作的使命就完成。

在 ARM 的汇编程序中，伪操作主要有符号定义伪操作、数据定义伪操作、汇编控制伪操作及杂项伪操作等。

4.1.2 数据定义（Data Definition）伪操作

数据定义伪操作一般用于为特定的数据分配存储单元，同时可完成已分配存储单元的初始化。常见的数据定义伪操作有 .byte、.short、.long、.quad、.float、.string、.asciz、.ascii 和 .rept。具体用途、用法如下。

（1）伪指令名：

.byte

用途：单字节定义。

用法：

.byte 1,2,0b01,0x34,072,'s' ;

（2）伪指令名：

.short

用途：定义双字节数据。

用法：

.short 0x1234,60000 ;

（3）伪指令名：

.long

用途：定义 4 字节数据。

用法：

.long 0x12345678,23876565

(4) 伪指令名：

.quad:

用途：定义 8 字节数据。
用法：

.quad 0x1234567890abcd

(5) 伪指令名：

.float

用途：定义浮点数。
用法：

.float 0f311971.693993751E-40

(6) 伪指令名：

.string/.asciz/.ascii:

用途：定义多个字符串。
用法：

```
.string "abcd", "efgh", "hello!"
.asciz "qwer", "sun", "world!"
.ascii "welcome\0"
```
（需要注意的是：.ascii 伪操作定义的字符串需要在每行末尾添加结尾字符'\0'）

(7) 伪指令名：

.rept/.endr

用途：重复定义伪操作。
用法：

```
.rept 3
.byte 0x23
.endr
```

(8) 伪指令名：

.equ/.set

用途：变量赋值语句。
用法：

.equ abc 3 @ abc=3

4.1.3 汇编控制伪操作

汇编控制伪操作用于控制汇编程序的执行流程，常用的汇编控制伪操作包括以下几条。

ARM 汇编语言程序设计

1. .if、.else、.endif

1）语法格式

.if、.else、.endif 伪操作能根据条件的成立与否决定是否执行某个指令序列。当.if 后面的逻辑表达式为真时，则执行.if 后的指令序列，否则执行.else 后的指令序列。其中，.else 及其后指令序列可以没有，此时，当.if 后面的逻辑表达式为真，则执行指令序列，否则继续执行后面的指令。

提示：
.if、.else、.endif 伪指令可以嵌套使用。

语法格式如下：

```
.if logical-expressing
...
{.else
...}
.endif logical-expression:
```

用于决定指令执行流程的逻辑表达式。

2）使用说明

当程序中有一段指令需要在满足一定条件时才能执行时，则使用该指令。该操作还有另一种形式。

```
.if logical-expression
    Instruction
.elseif logical-expression2
    Instructions
.endif
```

该形式避免了 if-else 形式的嵌套，使程序结构更加清晰、易读。

2. .macro、.endm

1）语法格式

.macro 伪操作可以将一段代码定义为一个整体，称为宏指令，然后就可以在程序中通过宏指令多次调用该段代码。其中，$标号在宏指令被展开时，标号会被替换为用户定义的符号。

宏操作可以使用一个或多个参数，当宏操作被展开时，这些参数被相应的值替换。

宏操作的使用方式和功能与子程序有些相似，子程序可以提供模块化的程序设计、节省存储空间并提高运行速度。但在使用子程序结构时需要保护现场，从而增加了系统的开销，因此，在代码较短且需要传递的参数较多时，可以使用宏操作代替子程序。

包含在.macro 和.endm 之间的指令序列称为宏定义体，在宏定义体的第一行应该声明宏的原型（包含宏名、所需的参数），然后就可以在汇编程序中通过宏名来调用该指令

95

序列。在源程序被编译时,汇编器将宏调用展开,用宏定义中的指令序列代替程序中的宏调用,并将实际参数的值传递给宏定义中的形式参数。

提示:

.macro、.endm 伪操作可以嵌套使用。

语法格式如下:

```
  .macro
{$label} macroname {$parameter{,$parameter}…}
  ;code
  .endm
```

(1){$label}。

(2)$标号在宏指令被展开时,标号会被替换为用户定义的符号。通常,在一个符号前使用"$"表示该符号被汇编器编译时,使用相应的值代替该符号。

(3)Macroname:所定义的宏的名称。

(4)Parameter:宏指令的参数。当宏指令被展开时将被替换成相应的值,类似于函数中的参数。

2)使用说明

在子程序代码比较短而需要传递的参数比较多的情况下,可以使用宏汇编技术。

首先通过.macro 和.endm 伪操作定义宏,包括宏定义体代码。在.macro 伪操作之后的第一行声明宏的原型,其中包含该宏定义的名称及需要的参数。在汇编中可以通过该宏定义的名称来调用它。当源程序被编译时,汇编器将展开每个宏调用,用宏定义体代替源程序中宏定义的名称,并用实际参数值代替宏定义时的形式参数。

3)示例

示例如下:

```
.macro SHIFTLEFT a, b
.if \b < 0
MOV \a, \a, ASR #-\b
.exitm
.endif
MOV \a, \a, LSL #\b
.endm
```

3. .mexit

1)语法格式

.mexit 用于从宏定义中跳转出去。

2)用法

只需要在宏定义的代码中插入该指令即可。

```
  .macro SHIFTLEFT a, b
```

ARM 汇编语言程序设计

```
 .if \b < 0
  mov \a, \a, ASR #-\b
 .exitm
  endif
  mov \a, \a, LSL #\b
 .endm
```

4.1.4 杂项伪操作

ARM 汇编中还有一些其他的伪操作，在汇编程序中经常会被使用，包括以下几条。

```
.arm           .arm                    @ 定义以下代码使用 ARM 指令集编译
.code 32       .code 32                @作用同.arm
.code 16       .code 16                @作用同.thumb
.thumb         .thumb                  @定义以下代码使用 Thumb 指令集编译
.section       .section expr           @定义域中包含的段。expr 可以使.text,.data.,.bss
.text          .text {subsection}      @将定义符开始的代码编译到代码段或代码子段（subsection）
.data          .data {subsection}      @将定义符开始的代码编译到数据段或数据子段（subsection）
.bss           .bss {subsection}       @将变量存放到.bss 段或.bss 的子段（subsection）
.align         .align{alignment}{,fill}{,max}
                                       @通过用零或指定的数据进行填充来使当前位置与指定边界对齐
.org           .org offset{,expr}      @指定从当前地址加上 offset 开始存放代码，并且从当前地址到
                                        当前地址加上 offset 之间的内存单元，用零或指定的数据进行
                                        填充
```

 ## 4.2 ARM 汇编器支持的伪指令

ARM 汇编器支持 ARM 伪指令，这些伪指令在汇编阶段被翻译成 ARM 或者 Thumb（或 Thumb-2）指令（或指令序列）。ARM 伪指令包含 ADR、ADRL、LDR 等。

4.2.1 ADR 伪指令

1. 语法格式

ADR 伪指令为小范围地址读取伪指令。ADR 伪指令将基于 PC 相对偏移地址或基于寄存器相对偏移地址值读取到寄存器中，当地址值是字节对齐时，取值范围为-255～255，当地址值是字对齐时，取值范围为-1020～1020。当地址值是 16 字节对齐时，其取值范围更大。

语法格式如下：

ADR{cond}{.W} register,label

1）cond
可选的指令执行条件。

2).W

可选项。指定指令宽度（Thumb-2 指令集支持）。

3）register

目标寄存器。

4）label

基于 PC 或具有寄存器的表达式。

2．使用说明

ADR 伪指令被汇编器编译成一条指令。汇编器通常使用 ADD 指令或 SUB 指令来实现伪操作的地址装载功能。如果不能用一条指令来实现 ADR 伪指令的功能，汇编器将报告错误。

3．示例

示例如下：

```
        LDR     R4,=data+4*n        ;n 是汇编时产生的变量
        ; code
        MOV     pc,lr
data    .word       value0
        ; n-1 条 DCD 伪操作
        .word       valuen          ;所要装载入 R4 的值
        ;更多 DCD 伪操作
```

4.2.2 ADRL 伪指令

1．语法格式

ADRL 伪指令为中等范围地址读取伪指令。ADRL 伪指令将基于 PC 相对偏移的地址或基于寄存器相对偏移的地址值读取到寄存器中，当地址值是字节对齐时，取值范围为−64～64KB；当地址值是字对齐时，取值范围为−256～256KB。当地址值是 16 字节对齐时，其取值范围更大。在 32 位的 Thumb-2 指令中，地址取值范围达−1～1MB。

语法格式如下：

```
ADRL{cond}  register,label
```

1）cond

可选的指令执行条件。

2）register

目标寄存器。

3）label

基于 PC 或具体寄存器的表达式。

ARM 汇编语言程序设计

2. 使用说明

ADRL 伪指令与 ADR 伪指令相似，用于将基于 PC 相对偏移的地址或基于寄存器相对偏移的地址值读取到寄存器中。所不同的是，ADRL 伪指令比 ADR 伪指令可以读取更大范围的地址。这是因为在编译阶段，ADRL 伪指令被编译器换成两条指令。即使一条指令可以完成该操作，编译器也将产生两条指令，其中一条为多余指令。如果汇编器不能在两条指令内完成操作，将报告错误，中止编译。

4.2.3 LDR 伪指令

1. 语法格式

LDR 伪指令装载一个 32 位的常数和一个地址到寄存器。
语法格式如下：

```
LDR{cond}{.W}  register,=[expr|label-expr]
```

1）cond
可选的指令执行条件。
2）.W
可选项。指定指令宽度（Thumb-2 指令集支持）。
3）register
目标寄存器。
4）expr
32 位常量表达式。汇编器根据 expr 的取值情况，对 LDR 伪指令做如下处理。
① 当 expr 表示的地址值没有超过 MOV 指令或 MVN 指令的地址取值范围时，汇编器用一对 MOV 和 MVN 指令代替 LDR 指令。
② 当 expr 表示的指令地址值超过了 MOV 指令或 MVN 指令的地址范围时，汇编器将常数放入数据缓存池，同时用一条基于 PC 的 LDR 指令读取该常数。
5）label-expr
一个程序相关或声明为外部的表达式。汇编器将 label-expr 表达式的值放入数据缓存池，使用一条程序相关 LDR 指令将该值取出放入寄存器。
当 label-expr 被声明为外部的表达式时，汇编器将在目标文件中插入链接重定位伪操作，由链接器在链接时生成该地址。

2. 使用说明

当要装载的常量超出了 MOV 指令或 MVN 指令的范围时，使用 LDR 指令。
由 LDR 指令装载的地址是绝对地址，即 PC 相关地址。
当要装载的数据不能由 MOV 指令或 MVN 指令直接装载时，该值要先放入数据缓存池，此时 LDR 伪指令处的 PC 值到数据缓存池中目标数据所在地址的偏移量有一定限制。ARM 或 32 位的 Thumb-2 指令中该范围是 −4～4KB，Thumb 或 16 位的 Thumb-2 指令中该范围是 0～1KB。

3．示例

1）将常数 0xff0 读到 R1 中。

```
LDR R3,=0xff0 ;
```

相当于下面的 ARM 指令：

```
MOV R3,#0xff0
```

2）将常数 0xfff 读到 R1 中。

```
LDR R1,=0xfff ;
```

相当于下面的 ARM 指令：

```
LDR R1,[pc,offset_to_litpool]
…
litpool .word 0xfff
```

3）将 place 标号地址读入 R1 中。

```
LDR R2,=place ;
```

相当于下面的 ARM 指令：

```
LDR R2,[pc,offset_to_litpool]
…
litpool .word place
```

4.3　GNU ARM 汇编语言的语句格式

在汇编语言程序设计中，经常使用各种符号代替地址（addresses）、变量（variables）和常量（constants）等，以增加程序的灵活性和可读性。符号的命名由编程者决定，但并不是任意的，必须遵循以下的约定。

（1）符号区分大小写，同名的大、小写符号会被编译器认为是两个不同的符号。

（2）符号在其作用范围内必须唯一。

（3）自定义的符号名不能与系统的保留字相同。其中保留字包括系统内部变量（built in variable）和系统预定义（predefined symbol）的符号。

（4）符号名不应与指令或伪指令同名。如果要使用和指令或伪指令同名的符号要用双斜杠"//"将其括起来，如"//SSERT//"。

ARM 汇编语言程序设计

注意：
虽然符号被双斜杠括起来，但双斜杠并非符号名的一部分。

（5）局部标号以数字开头，其他的符号都不能以数字开头。

1．变量（variable）

程序中的变量是指其值在程序的运行过程中可以改变的量。ARM（Thumb）汇编程序所支持的变量有 3 种。

- 数字变量（numeric）。
- 逻辑变量（logical）。
- 字符串变量（string）。

数字变量用于在程序的运行中保存数字值，但注意数字值的大小不应超出数字变量所能表示的范围。

逻辑变量用于在程序的运行中保存逻辑值，逻辑值只有两种取值情况：真（{TURE}）和假（{FALSE}）。

字符串变量用于在程序的运行中保存一个字符串，注意字符串的长度不应超出字符串变量所能表示的范围。

在 ARM（Thumb）汇编语言程序设计中，可使用 GBLA、GBLL、GBLS 伪指令声明全局变量，使用 LCLA、LCLL、LCLS 伪指令声明局部变量，可使用 SETA、SETL、SETS 对其进行初始化。

2．常量（constants）

程序中的常量是指其值在程序的运行过程中不能被改变的量。ARM（Thumb）汇编程序所支持的常量有数字常量、逻辑常量和字符串常量。

数字常量一般为 32 位的整数，当作为无符号数时，其取值范围为 $0\sim 2^{32}-1$，当作为有符号数时，其取值范围为 $-2^{31}\sim 2^{31}-1$。汇编器认为 $-n$ 和 $2^{32}-n$ 是相等的。对于关系操作，如比较两个数的大小，汇编器将其操作数看做无符号的数，也就是说"0>-1"对汇编器来说取值为"假（{FLASE}）"。

逻辑常量只有两种取值情况，真或假。

字符串常量为一个固定的字符串，一般用于程序运行时的信息提示。

3．程序中的变量代换

汇编语言中的变量可以作为一整行出现在汇编程序中，也可以作为行的一部分使用。如果在数字变量前面有一个代换操作符"$"，编译器会将该数字变量的值转换为十六进制的字符串，并将该十六进制的字符串代换"$"后的数字变量。

如果在逻辑变量前面有一个代换操作符"$"，编译器会将该逻辑变量代换为它的取值（真或假）。如果在字符串变量前面有一个代换操作符"$"，编译器会将该字符串变量的值代换"$"后的字符串变量。如果程序中需要字符"$"，则可以用"$$"来表示。汇编器将不进行变量替换，而是将"$$"作为"$"进行处理。

4．程序标号（label）

在 ARM 汇编中，标号代表一个地址，段内标号的地址在汇编时确定，而段外标号地址值在链接时确定。根据标号的生成方式，程序标号分为以下 3 种。

- 程序相关标号（Program-relative labels）。
- 寄存器相关标号（Register-relative labels）。
- 绝对地址（Absolute address）。

1）程序相关标号

程序相关标号指位于目标指令前的标号或程序中的数据定义伪操作前的标号。这种标号在汇编时将被处理成 PC 值加上或减去一个数字常量。它常用于表示跳转指令的目标地址或代码段中所嵌入的少量数据。

2）寄存器相关地址

这种标号在汇编时将被处理成寄存器的值加上或减去一个数字常量。它常被用于访问数据段中的数据。这种基于寄存器的标号通常用 MAP 和 FIELD 伪操作定义，也可以用 EQU 伪操作定义。

3）绝对地址

绝对地址是一个 32 位的数字量，使用它可以直接寻址整个内存空间。

5．局部标号

局部标号是一个 0～99 之间的十进制数字，可重复定义。局部标号后面可以紧接一个表示该局部变量作用范围的符号。局部变量的作用范围为当前段，也可以用伪操作 ROUT 来定义局部标号的作用范围。

局部标号在子程序或程序循环中常被用到，也可以配合宏定义伪操作（.MACRO 和.MEND）来使程序结构更加合理。在同一个段中，可以使用相同的数字命名不同的局部变量。默认情况下，汇编器会寻址最近的变量。也可以通过汇编器命令选项来改变搜索顺序。

4.4　ARM 汇编语言的程序结构

4.4.1　汇编语言的程序格式

在 ARM（Thumb）汇编语言程序中可以使用.section 来进行分段，其中每一个段用

ARM 汇编语言程序设计

段名或者文件结尾为结束，这些段使用默认的标志，如 a 为允许段，w 为可写段，x 为执行段。

在一个段中，我们可以定义下列的字段：

- .text
- .data
- .bss
- .sdata
- .sbss

由此我们可知道，段可以分为代码段、数据段及其他存储用的段，.text（正文段）包含程序的指令代码；.data(数据段)包含固定的数据，如常量、字符串；.bss（未初始化数据段）包含未初始化的变量、数组等，当程序较长时，可以分割为多个代码段和数据段，多个段在程序编译链接时最终形成一个可执行的映像文件。

```
.section .data
< initialized data here>
.section .bss
< uninitialized data here>
.section .text
.globl _start
_start:
<instruction code goes here>
```

4.4.2 汇编语言子程序调用

在 ARM 汇编语言程序中，子程序的调用一般是通过 BL 指令来实现的。在程序中，使用指令"BL 子程序"名即可完成子程序的调用。

该指令在执行时完成如下操作：将子程序的返回地址存放在连接寄存器 LR 中，同时将程序计数器 PC 指向子程序的入口点。当子程序执行完毕需要返回调用处时，只需要将存放在 LR 中的返回地址重新复制给程序计数器 PC 即可。在调用子程序的同时，也可以完成参数的传递和从子程序返回运算的结果，通常可以使用寄存器 R0～R3 完成。

 注意：

同编译器编译的代码间的相互调用，要遵循 AAPCS（ARM Architecture）。详见 ARM 编译工具手册。

以下是使用 BL 指令调用子程序的汇编语言源程序的基本结构：

```
.text
.global _start
_start:
LDR      R0,=0x3FF5000
LDR      R1, 0xFF
```

```
        STR     R1, [R0]
        LDR     R0, =0x3FF5008
        LDR     R1, 0x01
        STR     R1, [R0]
        BL      PRINT_TEXT
        ...
PRINT_TEXT:
        ...
        MOV             PC, BL
        ...
```

4.4.3 过程调用标准 AAPCS

为了使不同编译器编译的程序之间能够相互调用，必须为子程序间的调用规定一定的规则。AAPCS 就是这样一个标准。所谓 AAPCS，其英文全称为 ARM Architecture（AAPCS），即 ARM 体系结构过程调用标准。它是 ABI（Application Binary Interface（ABI）for the ARM Architecture (base standard) [BSABI]）标准的一部分。

可以使用 "--apcs" 选项告诉编译器将源代码编译成符合 AAPCS 调用标准的目标代码。

注意：

使用 "--apcs" 选项并不影响代码的产生，编译器只是在各段中放置相应的属性，标识用户选定的 AAPCS 属性。

1. AAPCS 相关的编译/汇编选项

- none：指定输入文件不使用 AAPCS 规则。
- /interwork：指定输入文件符合 ARM/Thumb 交互标准。
- /nointerwork：指定输入文件不能使用 ARM/Thumb 交互。这是编译器默认选项。
- /ropi：指定输入文件是位置无关只读文件。
- /noropi：指定输入文件是非位置无关只读文件。这是编译器默认选项。
- /pic：同/ropi。
- /nopic：同/noropi。
- /rwpi：指定输入文件是位置无关可读可写文件。
- /norwpi：指定输入文件是非位置无关可读可写文件。
- /pid：同/rwpi。
- /nopid：同/norwpi。
- /fpic：指定输入文件编译成位置无关只读代码。代码中地址是 FPIC 地址。
- /swstackcheck：编译过程中对输入文件使用堆栈检测。
- /noswstackcheck：编译过程中对输入文件不使用堆栈检测。这是编译器默认选项。

- /swstna：如果汇编程序对于是否进行数据栈检查无所谓，而与该汇编程序连接的其他程序指定了选项/swst 或选项/noswst，这时该汇编程序使用选项/swstna。

2．ARM 寄存器使用规则

AAPCS 中定义了 ARM 寄存器的使用规则，具体如下：

子程序间通过寄存器 R0、R1、R2、 R3 来传递参数。如果参数多于 4 个，则多出的部分用堆栈传递。被调用的子程序在返回前无须恢复寄存器 R0-R3 的内容。

在子程序中，使用寄存器 R4-R11 来保存局部变量。如果在子程序中使用到了寄存器 R4-R11 中的某些寄存器，子程序进入时必须保存这些寄存器的值，在返回前必须恢复这些寄存器的值；对于子程序中没有用到的寄存器则不必进行这些操作。在 Thumb 程序中，通常只能使用寄存器 R4-R7 来保存局部变量。

寄存器 R12 用做子程序间 scratch 寄存器（用于保存 SP，在函数返回时使用该寄存器出栈），记作 ip。在子程序间的连接代码段中常有这种使用规则。

寄存器 R13 用做数据栈指针，记作 sp。在子程序中寄存器 R13 不能用做其他用途。寄存器 sp 在进入子程序时的值和退出子程序时的值必须相等。

寄存器 R14 称为连接寄存器，记作 lr。它用于保存子程序的返回地址。如果在子程序中保存了返回地址，寄存器 R14 则可以用做其他用途。

寄存器 R15 是程序计数器，记作 pc。它不能用做其他用途。

ARM 寄存器在函数调用过程中的保护规则，如图 4-1 所示。

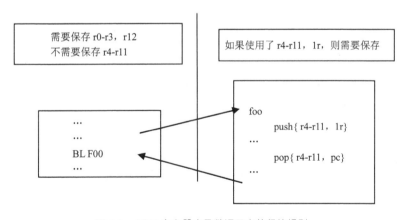

图 4-1　ARM 寄存器在函数调用中的保护规则

4.4.4　汇编语言程序设计举例

通过组合使用条件执行和条件标志设置，可简单地实现分支语句，不需要任何分支指令。由于分支指令会占用较多的周期数，所以这样做不仅可以改善性能、而且可以减小代码尺寸，提高代码密度。

下面是一段 C 语言程序，该程序实现了著名的 Euclid 最大公约数算法：

```
int gcd(int a, int b)
{
    while (a != b)
      {
        if (a > b)
            a = a - b;
        else
            b = b - a;
      }
    return a;
}
```

用 ARM 汇编语言重新来写这个例子，得到 Code1，如下所示。

```
Code1:
Gcd:
    CMP     r0, r1
    BEQ     end
    BLT     less
    SUB     r0, r0, r1
    B       gcd
Less:
    SUB     r1, r1, r0
    B       gcd
```

充分地利用条件执行修改上面的例子，得到 Code2，如下所示。

```
Code2:
Gcd:
    CMP     r0, r1
    SUBGT   r0, r0, r1
    SUBLT   r1, r1, r0
    BNE     gcd
```

两段代码的比较如下。
- Code1：仅使用了分支指令。
- Code2：充分利用了 ARM 指令条件执行的特点，仅使用了 4 条指令就完成了全部算法。这对提供程序的代码密度和执行速度十分有帮助。

事实上，分支指令十分影响处理器的速度。每次执行分支指令，处理器都会排空流水线，重新装载指令。

4.5 汇编语言与 C 语言的混合编程

在 C 代码中实现汇编语言的方法有内联汇编和内嵌汇编两种，使用它们可以在 C 程序中实现 C 语言不能完成的一些工作。例如，在下面几种情况中必须使用内联汇编或嵌入型汇编。

4.5.1 GNU ARM 内联汇编

1. 内联汇编语法

本小节简单介绍 GNU 风格的 ARM 内联汇编语法要点:
(1) 格式
格式如下:

```
asm volatile ("asm code": output: input: changed);
```

必须以";"结尾,不管有多长对 C 都只是一条语句。
(2) asm 内嵌汇编关键字
volatile: 告诉编译器不要优化内嵌汇编,如果想优化可以不加。
(3) ANSI C 规范的关键字
ANSI C 规范的关键字,如下所示。

```
__asm__
__volatile__        //前面和后面都有两个下画线,它们之间没有空格
```

如果后面部分没有内容,":"可以省略,前面或中间的不能省略":",没有 asm code 也不可以省略"""",没有 changed 必须省略":"。

2. 汇编代码

汇编必须放在一个字符串内,但是字符串中间是不能直接按回车键换行的,可以写成多个字符串,只要字符串之间不加任何符号编译完后就会变成一个字符串:

```
    "mov r0,r0\n\t"         //指令之间必须要换行,\t 可以不加,只是为了在汇编文件中的指令格式对齐
    "mov r1,r1\n\t"
    "mov r2,r2"
```

字符串内不仅可以放指令,还可以放一些标签、变量、循环、宏等,甚至可以把内嵌汇编放在 C 函数外面,用内嵌汇编定义函数、变量、段等,总之就跟直接在写汇编文件一样,在 C 函数外面定义内嵌汇编时不能加 volatile、output、input、changed。

注意:

编译器不检查 asm code 的内容是否合法,直接交给汇编器。

3. output(ASM --> C)和 input(C --> ASM)

(1) 指定输出值:

```
__asm__ __volatile__ (
    "asm code"
```

```
        : "constraint" (variable)
);
```

① constraint 定义 variable 的存放位置：

```
r   :      使用任何可用的通用寄存器
m   :      使用变量的内存地址
```

② output 修饰符：

```
+   :      可读可写
=   :      只写
&   :      该输出操作数不能使用输入部分使用过的寄存器，只能 +& 或 =& 方式使用
```

（2）指定输入值：

```
__asm__ __volatile__ (
        "asm code"
        :
        : "constraint" (variable / immediate)
);
constraint 定义 variable / immediate 的存放位置：
r   :      使用任何可用的通用寄存器（变量和立即数都可以）
m   :      使用变量的内存地址（不能用立即数）
i   :      使用立即数（不能用变量）
```

（3）使用占位符：

```
int a = 100,b = 200;
int result;
__asm__ __volatile__ (
        "mov    %0,%3\n\t"      //mov    r3,#123    %0 代表 result，%3 代表 123（编译器会自动加 # 号）
        "ldr    r0,%1\n\t"      //ldr    r0,[fp, #-12]           %1 代表 a 的地址
        "ldr    r1,%2\n\t"      //ldr    r1,[fp, #-16]           %2 代表 b 的地址
        "str    r0,%2\n\t"  /*str    r0,[fp, #-16]因为%1 和%2 是地址所以只能用 ldr 或 str 指令*/
        "str    r1,%1\n\t"  /*str    r1,[fp, #-12]如果用错指令编译时不会报错，要到汇编时才会报错*/
        : "=r" (result), "+m" (a), "+m" (b)  /*out1 是%0, out2 是%1, ..., outN 是%N-1*/
        : "i" (123)                          /*in1 是%N, in2 是%N+1, ...*/
);
```

（4）引用占位符：

```
int num = 100;
__asm__ __volatile__ (
        "add    %0,%1,#100\n\t"
        : "=r"(a)
        : "0"(a)          //"0"是零，即%0, 引用时不可以加 %, 只能 input 引用 output
);                         //引用是为了更能分清输出输入部分
```

（5）& 修饰符：

```
int num;
__asm__ __volatile__ (          //mov    r3, #123       //编译器自动加的指令
```

```
            "mov    %0,%1\n\t"           //mov     r3,r3    //输入和输出使用相同的寄存器
            : "=r"(num)
            : "r"(123)
);
int num;
__asm__ __volatile__ (
    //mov    r3, #123
    "mov    %0,%1\n\t"           //mov     r2,r3    //加了&后输入和输出的寄存器不一样了
    : "=&r"(num)                 //mov     r3, r2   //编译器自动加的指令
    : "r"(123)
);
```

4. 内联汇编示例

下面通过一个例子来进一步了解内联汇编的语法,该例子实现了位交换。

```
#include <stdio.h>
unsigned long ByteSwap(unsigned long val)
{
    int ch;
asm volatile (
  "eor r3, %1, %1, ror #16\n\t"
  "bic r3, r3, #0x00FF0000\n\t"
  "mov %0, %1, ror #8\n\t"
  "eor %0, %0, r3, lsr #8"
  : "=r" (val)
  : "0"(val)
  : "r3"
);
}
int main(void)
{
    unsigned long test_a = 0x1234,result;
    result = ByteSwap(test_a);
    printf("Result:%d\r\n", result);
    return 0;
}
```

4.5.2 混合编程调用举例

汇编程序、C 程序相互调用时,要特别注意遵守相应的 AAPCS 规则。下面的一些例子具体说明了在这些混合调用中应注意遵守的 AAPCS 规则。

1. 从 C 程序调用汇编语言

下面的程序显示了如何在 C 程序中调用汇编语言子程序,该段代码实现了将一个字符串复制到另一个字符串的功能。

```
#include <stdio.h>
extern void strcopy(char *d, const char *s);
int main()
{
 const char *srcstr = "First string - source ";
```

```
    char dststr[] = "Second string - destination ";
/* 下面将dststr作为数组进行操作 */
    printf("Before copying:\n");
    printf(" %s\n %s\n",srcstr,dststr);
    strcopy(dststr,srcstr);
    printf("After copying:\n");
    printf(" %s\n %s\n",srcstr,dststr);
    return(0);
}
```

下面为调用的汇编程序。

```
.global strcopy
strcopy:                    ;R0 指向目的字符串
                            ;R1 指向源字符串
    LDRB R2, [R1],#1        ;加载字节并更新源字符串指针地址
    STRB R2, [R0],#1        ;存储字节并更新目的字符串指针地址
    CMP R2, #0              ;判断是否为字符串结尾
    BNE strcopy             ;如果不是，程序跳转到strcopy继续复制
    MOV pc,lr               ;程序返回
```

2. 从汇编语言调用 C 程序

下面的例子显示了如何从汇编语言调用 C 程序。

下面的子程序段定义了 C 语言函数。

```
int g(int a, int b, int c, int d, int e)
{
    return a + b + c + d + e;
}
```

下面的程序段显示了汇编语言调用。假设程序进入 f 时，R0 中的值为 i。

```
; int f(int i) { return g(i, 2*i, 3*i, 4*i, 5*i); }
.text
.global _start
_start:
    STR lr, [sp, #-4]!      // 保存返回地址 lr
    ADD R1, R0, R0          // 计算2*i(第2个参数)
    ADD R2, R1, R0          // 计算3*i(第3个参数)
    ADD R3, R1, R2          // 计算5*i
    STR R3, [sp, #-4]!      // 第5个参数通过堆栈传递
    ADD R3, R1, R1          // 计算4*i(第4个参数)
    BL g                    // 调用C程序
    ADD sp, sp, #4          // 从堆栈中删除第5个参数
    LDR pc, [sp], #4        // 返回
```

ARM 汇编语言程序设计

4.6 本章小结

本章介绍了 ARM 程序设计的过程与方法，包括汇编语言编程、伪指令的使用、汇编器的使用、汇编语言和 C 语言混合编程等内容。这些内容是嵌入式编程的基础，希望读者掌握。

4.7 练习题

1. 在 GNU 风格的 ARM 汇编中如何定义一个全局的数字变量？
2. AAPCS 中规定的 ARM 寄存器的使用规则是什么？
3. 什么是内联汇编？什么是嵌入型汇编？两者之间的区别是什么？
4. 汇编代码中如何调用 C 代码中定义的函数？
5. 请使用 GNU-ARM 与 C 混合编程，实现一个打印语句的例子。

第 5 章 ARM 开发及环境搭建

学习 ARM 汇编的第一件事就是搭建编程环境，如今有非常多的 IDE 及调试软件/仿真硬件，因此在这里笔者将提供一些方案给予学习者。大家都知道，ARM 公司在前一个开发环境 ADS5.2（不再提供升级）后，推出了 Realview 系列开发环境。其中 Realview MDK 环境以其优越的性价比得到了快速的推广。但本书以 GNU-ARM 汇编风格作为基础，所以会主要介绍在 GNU-ARM 下如何编写 ARM 汇编程序并进行调试。本章主要介绍它的使用、配置方法，内容主要有：

❏ 仿真器简介。
❏ 主流编程环境介绍（Eclipse、MDK）。
❏ FS-JTAG 的使用方法。

ARM 开发及环境搭建

5.1 仿真器简介

5.1.1 FS-JTAG 仿真器介绍

了解行业和相关技术的人都知道，功能完善的 ARM 仿真器和软件调试环境对于学习 ARM 处理器的工作原理和核心知识来说至关重要。由于之前多年的技术发展和行业实践，针对 Cortex-Mx、ARM7、ARM9 及 ARM11 系列处理器，市场上都已经有很多成熟的、价廉物美的仿真器可供选择。而对于目前最新流行的 ARM 应用处理器 Cortex-A9 系列来说，业内的技术工程师们却很难找到价格合适、功能完善的仿真器。国外动辄几千甚至上万美元的价格，无疑阻碍了广大学习者的积极性，为此，华清远见研发中心为了推进 Cortex-A9 ARM 处理器的教学，提高合作企业及合作院校的广大技术爱好者和培训学员的学习效率，最新生产研发出 FS-JTAG 仿真器，该款仿真器可以仿真 Cortex-M3、ARM7、ARM9、ARM11、Cortex-A8、Cortex-A9 等多个 ARM 处理器系列。

如果需要专业一些的调试，则应该选择 ULINK、TRACE 32 这类专业级的仿真器，其操作简单，调试功能强大，但价格昂贵。

下面逐一介绍一些常用的仿真器：

（1）FS-JTAG 仿真器（如图 5-1 所示）是一款基于开源的 OpenOcd 接口的仿真器，外观和 JLINK 相同，有着很全的调试功能，再加上 Eclipse 这样强大的集成开发环境，使得它同样能成为工程师的首选，它有着如下的硬件特点：

图 5-1 FS-JTAG 仿真器

① USB 特性：USB2.0 全速接口、USB 电源供电。
② JTAG 特性：IEEE 1149.1 标准。

（2）配套的软件有如下特点：

① Eclipse 集成开发环境：提供实时调试功能，如单步、全速运行、复位、软/硬断点、跳转动态查看寄存器和存储器、变量观察。

② 源码级别调试器 OpenOcd，开源并且提供良好的交互界面。

③ 支持烧写 nor/nand Flash。

5.1.2 ULINK 介绍

ULINK 是 Keil 公司提供的 USB-JTAG 接口仿真器，目前最新的版本是 2.0。它支持诸多芯片厂商的 8051、ARM7、ARM9、Cortex-M3、Infineon C16x、Infineon XC16x、Infineon XC8xx、STMicroelectronics μPSD 等多个系列的处理器。ULINK2 仿真器如图 5-2 所示，由 PC 的 USB 接口提供电源。ULINK2 不仅包含了 ULINK USB-JTAG 适配器具有的所有特点，还增加了串行线调试（SWD）支持，以及返回时钟支持和实时代理功能。

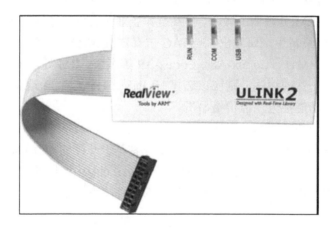

图 5-2　ULINK2 仿真器

ULINK2 的主要功能如下：
- 下载目标程序。
- 检查内存和寄存器。
- 片上调试，整个程序的单步执行。
- 插入多个断点。
- 运行实时程序。
- 对 Flash 存储器进行编程。

ULINK2 的新特点包括：
- 标准 Windows USB 驱动支持，也就是 ULINK2 可即插即用。
- 支持基于 ARM Cortex-M3 的串行线调试。
- 支持程序运行期间的存储器读/写、终端仿真和串行调试输出。
- 支持 10/20 针连接器。

ARM 开发及环境搭建

本书将使用 Eclipse 与 FS-JTAG 的搭配方式,所以此处不详细介绍 ULINK2 的使用方法。

5.2 开发环境搭建

Eclipse for ARM 是借用开源软件 Eclipse 的工程管理工具,嵌入 GNU 工具集,使之能够开发 ARM 公司 Cortex-A 系列的 CPU,这里使用 Eclipse for ARM 作为开发软件。在开发箱中的配套光盘中,打开 FS-JTAG 这个目录,可以看到如图 5-3 所示的光盘资料。

Eclipse for ARM 开发工具所在光盘路径:华清远见-CORTEXA9 资料 1\工具软件\Windows\FS-JTAG。

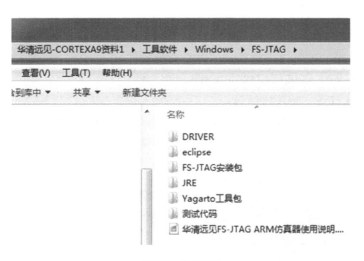

图 5-3 光盘资料

5.2.1 XP 环境安装 FS-JTAG 工具

进入 FS-JTAG 安装包,可以看到如图 5-4 所示的安装软件及 USB 驱动,后面的安装步骤中所用到的软件都在这个目录下。

进入 Yagarto 工具包目录,安装以下软件:
- 安装 gcc 编译工具:yagarto-bu-2.21_gcc-4.6.2-c-c++_nl-1.19.0_gdb-7.3.1_eabi_20111119.exe。
- 安装 tools 工具:yagarto-tools-20100703-setup.exe。

进入 FS-JTAG 安装包目录,安装以下软件(请关掉杀毒软件):
- 安装 FS-JTAG 工具:setup.exe。

ARM 处理器开发详解：基于 ARM Cortex-A9 处理器的开发设计

图 5-4　FS-JTAG 安装包

进入 JRE 目录，安装以下软件（请关掉杀毒软件）：
- 安装 jre-6u7-windows-i586-p-s.exe。

进入 Eclipse 目录，解压压缩包：
- 解压 Eclipse 压缩包（05.eclipse-cpp-helios-SR1-win32.zip）。
- 安装 FS-JTAG 驱动：把 FS-JTAG 接入计算机的 USB 接口，会提示发现新硬件，如图 5-5 所示。

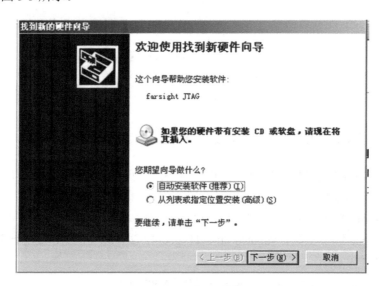

图 5-5　安装驱动界面

选择"从列表或指定位置安装（高级）"，然后单击"下一步"按钮。单击"下一步"按钮后会出现选择驱动安装目录（如图 5-6 所示），单击"浏览"按钮找到 DRIVER 所

ARM 开发及环境搭建

在的目录，如图 5-7 所示。

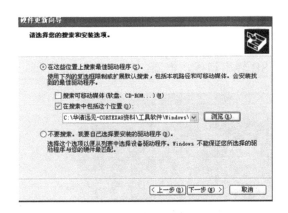

图 5-6　硬件向导　　　　　　　　　　　　图 5-7　选择驱动文件目录

选择好安装目录后，单击"下一步"按钮，会提示没有通过微软认证，单击"仍然继续"按钮，如图 5-8 所示。

在安装的过程中，会提示需要 ftdibus.sys 文件，单击"浏览"按钮，在 DRIVER 所在目录找到所需要的文件（如图 5-9 和图 5-10 所示），然后安装即可。

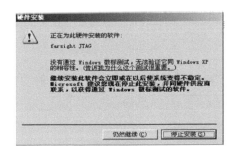
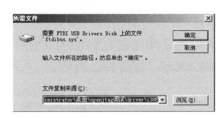

图 5-8　提示信息　　　　　　　　　　　　图 5-9　找到 ftdibus.sys 文件

图 5-10　找到 USB 目录

注意：XP-32 位系统，驱动路径为：华清远见-CORTEXA9 资料 1\工具软件\Windows\FS-JTAG\DRIVER\Windows\i386（64 位的在 amd64 目录里）。

5.2.2 开发板硬件连接

按下图 5-11 所示，连接仿真器、USB 转串口线、电源。

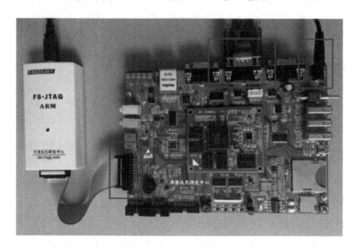

图 5-11　开发板硬件连接图

5.2.3 USB 转串口驱动安装

如果用的是华清远见标配的 CH340，运行"工具软件\USB 串口驱动\CH340\CH341SER.EXE"，如图 5-12 所示。

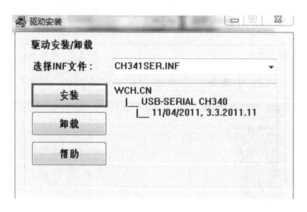

图 5-12　USB 转串口驱动安装

等待 20 秒左右，系统会提示安装完成。可以在设备管理器中查看串口的信息，从而确定串口号，如图 5-13 所示：当前串口号为 COM7。

ARM 开发及环境搭建

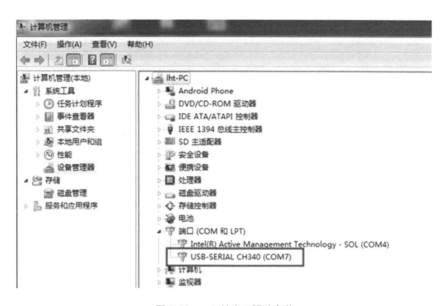

图 5-13 usb 转串口驱动安装

5.2.4 Putty 串口终端配置

运行"工具软件\PUTTY.EXE"。在 Putty 设置界面下，选择"Serial"，如图 5-14 所示。

图 5-14 Putty 选择串口功能

在右边栏选择 Serial，设置串口参数，设置串口号为 COM7、波特率为 115200、数据位 8 位、停止位 1 位、无校验、无硬件流控。设置结果如图 5-15 所示。

ARM 处理器开发详解：基于 ARM Cortex-A9 处理器的开发设计

图 5-15 Putty 选择串口参数设置

COM7 是串口号，不同机器、不同接口都有差异，请查看设备管理器中的信息。最后点击"Open"按钮，打开串口。给开发板上电，此时串口终端显示的信息如图 5-16 所示。

图 5-16 开发板上电串口打印信息

在图 5-16 里的倒计时为 0 前，按空格键，让系统停留在下图 5-17 状态。

（注意：以后每次连接仿真器前，都需要确定处于此状态，保证不要启动到 Linux，因为启动到 Linux 后，MMU 功能会被打开，导致仿真器无法正常使用。）

ARM 开发及环境搭建

图 5-17 开发板调试状态

5.3 Eclipse for ARM 使用

Eclipse for ARM 工具路径：工具软件\FS-JTAG\eclipse\eclipse-cpp-helios-SR1-win32.zip。Eclipse 是绿色软件，不需要安装，解压文件后，直接运行 eclipse.exe 文件。

1. 指定一个工程存放目录

Eclipse for ARM 是一个标准的窗口应用程序，可以单击程序按钮开始运行。打开后必须先指定一个工程存放路径，如图 5-18 所示。

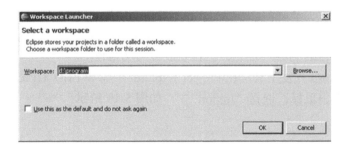

图 5-18 工程路径选择

2. 创建一个工程

进入主界面后，选择"File→New→C Project"命令，Eclipse 将打开一个标准对话框，输入希望新建工程的名字并单击"Finish"按钮即可创建一个新的工程，建议对每个新建工程使用独立的文件夹。

3．新建一个 MakeFile 文件

在创建一个新的工程后，选择"File→New→Other"命令，在弹出的对话框中的 General 下单击"File"按钮，然后单击"Next"按钮；然后选择所要指定的工程后，在文件名文本框中输入文件名 MakeFile，单击"Finish"按钮。

4．新建一个脚本文件

选择"File →New→Other"命令，在弹出的对话框中的 General 下单击"File"，然后单击"Next"按钮；然后选择所要指定的工程后，在文件名文本框中输入文件名 s5pc210.init，单击"Finish"按钮。

5．新建一个连接脚本文件

选择"File→New→Other"命令，在弹出的对话框中的 General 下单击"File"按钮，然后单击"Next"按钮；然后选择所要指定的工程后，在文件名文本框中输入文件名 map.lds，单击"Finish"按钮。

6．新建一个汇编源文件

选择"File→New→Other"命令，在弹出的对话框中的 General 下单击"File"按钮，然后单击"Next"按钮；然后选择所要指定的工程后，在文件名文本框中输入文件名 start.s，单击"Finish"按钮。

5.4 在开发环境中添加 FS4412 工程

在开发环境中添加 FS4412 工程，我们以添加 LED_GPIO 工程为例，步骤如下：

（1）拷贝 LED_GPIO 工程源代码"实验代码\1.LED_GPIO"到 Eclipse 工作目录下。如：D:\eclipse_projects 目录（注意：工程要放在英文路径下）。

（2）打开 Eclipse 开发工具，在 Project Explorer 中添加 LED_GPIO 工程，在 Project Explorer 窗口中右击鼠标，选择"Import…"，如图 5-19 所示：

ARM 开发及环境搭建

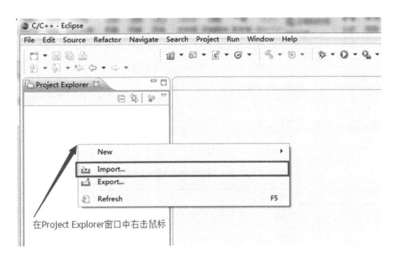

图 5-19

选择"Import…"后,出现如下图 5-20 所示的窗口,选中"Existing Projects into Workspace"然后点击"Next"按钮,如图 5-20 所示。

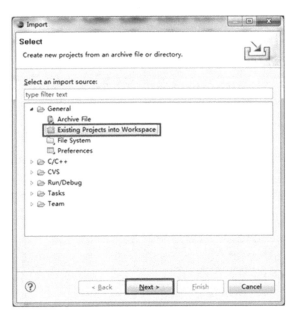

图 5-20

选择"Next"后出现如图 5-21 所示的窗口,点击"Browse…"按钮,弹出出现"浏览文件夹"窗口,在"浏览文件夹"窗口中选中实验"1.LED_GPIO"后点击"确定"按钮,如图 5-21 所示。

ARM 处理器开发详解：基于 ARM Cortex-A9 处理器的开发设计

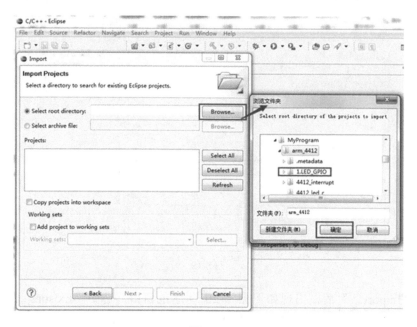

图 5-21

点击"确定"按钮后出现如下图 5-22 所示的窗口，直接点击"Finish"按钮即可，如图 5-22 所示。

图 5-22

添加成功后可以在"Project Explorer"中看到"1.LED_GPIO"工程成功导入，如图 5-23 所示。

ARM 开发及环境搭建

图 5-23

5.5 编译工程

工程导入成功后,可以点击如下图 5-24 所示的编译图标(或者按快捷键"Ctrl + B")。

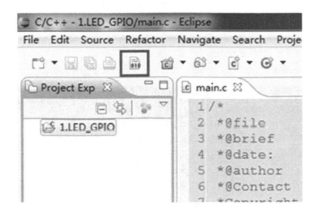

图 5-24

编译成功后,界面如下图 5-25 所示。

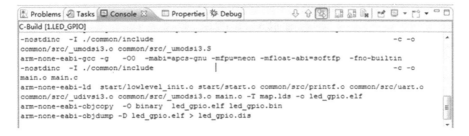

图 5-25

5.6 调试工程

5.6.1 配置 FS-JTAG 调试工具

打开 FS-JTAG 软件后，在 Target 选项中选择"exynos4412"，通信速率（Speed）设置 200kHZ。单击"Connect"按钮后，该按钮会变为"Disconnect"，如图 5-26 所示，即表示已经连接目标板。由于当前开发板还没有运行程序，仿真器无法获取相关信息，所以显示错误报告，是正常现象。

图 5-26 FS-JTAG 工具

5.6.2 配置调试工具

在 Eclips 的菜单中选择"Run→Debug Configurations"按钮，弹出如图 5-27 所示的对话框。

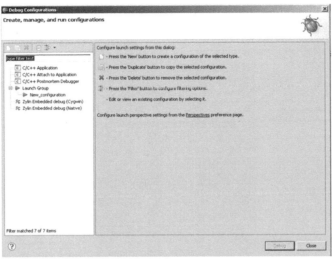

图 5-27 "Debug Configuration"对话框

选择"Zyin Embedded debug(Native)"选项,然后单击鼠标右键,在弹出的快捷菜单中选择"New"命令;在 Main 选项卡中的 Project 框中,单击"Browse"按钮选择"led";在 C/C++ Application 中单击"Browse"按钮找到工程目录下的"led_gpio.elf"文件,如图 5-28 所示。

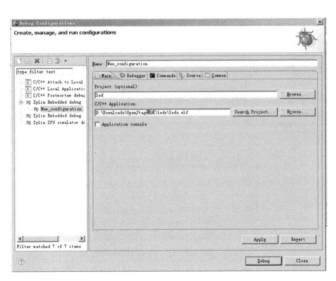

图 5-28 Main 选项卡

在 Debugger 选项卡中的 Main 子选项卡中的 GDB debugger 的框中填写"arm-none-eabi-gdb",在 GDB Command file 中选择自己工程目录下的"Exynos4412.init"文件,如图 5-29 所示。

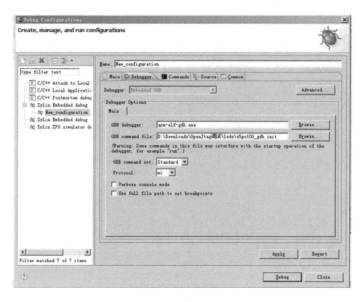

图 5-29 Debugger 选项

在 Command 选项卡中输入如下内容,如图 5-30 所示。

```
load
break _start
c
```

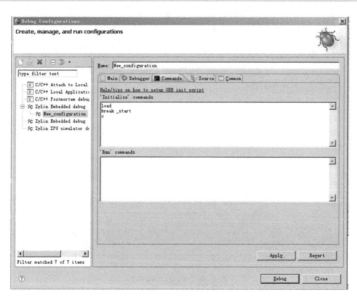

图 5-30 Command 选项卡

单击"Apply"按钮后,再单击"Debug"按钮开始调试运行,会出现调试主界面,如图 5-31 所示。

ARM 开发及环境搭建

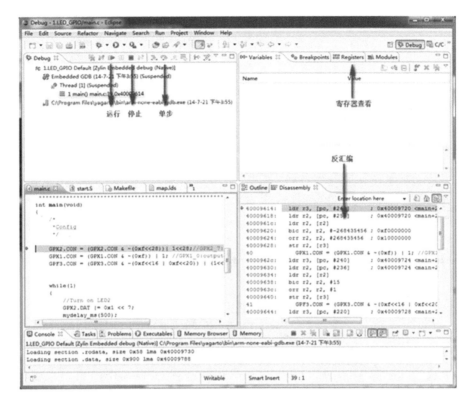

图 5-31 调试主界面

程序会在断点处停下，然后使用单步和全速等工具调试运行程序，单击全速运行，会出现 LED1 闪亮。

从图中可以看出一个大概的调试界面，如图 5-32 所示的按钮是和调试有关的，有单步、step over 和 step in 方式。还有 Eclipse 自带的挂起、中断连接功能。下面简单介绍一下各个窗口的用途。

图 5-32 调试按钮

如图 5-33 所示的窗口是用来查看函数变量的，可以看到当前 i,j 的值。

如图 5-34 所示的窗口是用来查看 ARM 寄存器的，r0～r12 通用寄存器的值可以被很清楚地观察到，并且还可以观察到 CPSR 当前状态寄存器的值。

ARM 处理器开发详解：基于 ARM Cortex-A9 处理器的开发设计

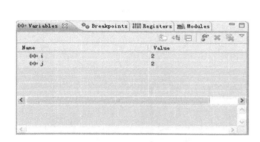

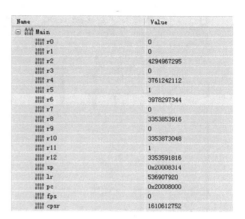

图 5-33　查看变量　　　　　　　　　　　图 5-34　查看寄存器

双击代码行行首，可在该行设置或取消断点，如图 5-35 所示：

图 5-35　设置或取消断点

查看内存单元内容：

选择调试界面 Windows 菜单-- Show View 菜单 -- Memory Browser 选项，激活内存浏览选项，在调试界面里就会添加内存浏览标签，如图 5-36 所示。

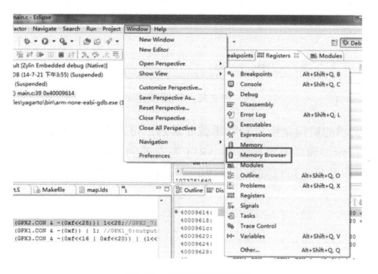

图 5-36　激活内存浏览选项

在内存单元查看便签内填写要查看的内存地址，如图 5-37 所示：

图 5-37 填写内存地址

本章小结

本章主要介绍了如何编写 GNU-ARM 汇编风格的程序，以及如何基于 FS4412 在 Eclipse 下进行调试，并且介绍了 FS-JTAG 的详细用法。本书后面章节的大部分实验都是基于这个环境的。工欲善其事，必先利其器，所以必须熟练掌握环境的使用。

练习题

1. 熟悉 Eclipse 开发环境。
2. 新建一个工程，编写一个汇编程序实现 3+13=16 的操作。
3. 在 5-2 节的基础上，使用 FS-JTAG 进行调试。

第6章 GPIO

GPIO 控制技术是接口技术中最简单的一种。本章通过介绍 Exynos4412 芯片的 GPIO 控制方法，让读者初步掌握控制硬件接口的方法。本章的主要内容：
- GPIO 功能介绍。
- Exynos4412 芯片的 GPIO 控制器详解。
- Exynos4412 芯片的 GPIO 应用。

GPIO

6.1 GPIO 功能介绍

首先应该理解什么是 GPIO。GPIO 的英文全称为 General-Purpose IO ports，也就是通用 IO 接口。在嵌入式系统中常常有数量众多，但是结构却比较简单的外部设备/电路，对这些设备/电路，有的需要 CPU 为之提供控制手段，有的则需要被 CPU 用做输入信号。而且，许多这样的设备/电路只要求一位，即只要有开/关两种状态就够了。比如，控制某个 LED 灯亮与灭，或者通过获取某个引脚的电平属性来判断外围设备的状态。对这些设备/电路的控制，使用传统的串行口或并行口都不合适。所以在微控制器芯片上一般都会提供一个"通用可编程 IO 接口"，即 GPIO。接口至少有两个寄存器，即"通用 IO 控制寄存器"与"通用 IO 数据寄存器"。数据寄存器的各位都直接引到芯片外部，而对这种寄存器中每一位的作用，即每一位的信号流通方向，则可以通过控制寄存器中对应位独立地加以设置。比如，可以设置某个引脚的属性为输入、输出或其他特殊功能。

在实际的 MCU 中，GPIO 是有多种形式的。比如，有的数据寄存器可以按照位寻址，有些却不能按照位寻址，这在编程时就要区分了。比如，传统的 8051 系列，就区分成可位寻址和不可位寻址两种寄存器。另外，为了使用的方便，很多 MCU 的 GPIO 接口除必须具备两个标准寄存器外，还提供上拉寄存器，可以设置 IO 的输出模式是高阻，还是带上拉的电平输出，或者不带上拉的电平输出。这在电路设计中，外围电路就可以简化不少。

6.2 Exynos4412–GPIO 控制器详解

6.2.1 GPIO 功能描述

GPIO 功能概括图，如图 6-1 所示。

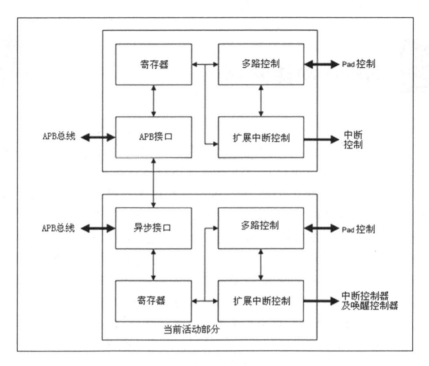

图 6-1　GPIO 功能概括图

6.2.2　GPIO 特性

Exynos4412 芯片的 GPIO 特性包括如下几点：
- 146 个可中断通用控制 I/O
- 172 个外部中断
- 32 个外部可唤醒中断
- 252 个多路复用 I/O 口
- 睡眠模式引脚状态可控（除了 GPX0、GPX1、GPH2 和 GPH3）。

6.2.3　GPIO 分组

- GPA0, GPA1: 14 in/out ports-3xUART 带控制流、UART 不带控制流，或 2xI2C 接口。
- GPB: 8 in/out ports-2xSPI 接口，或 2xI2C 接口，或 IEM 接口
- GPC0, GPC1: 10 in/out ports-2xI2S 接口，或 2xPCM 接口，或 AC97 接口、SPDIF 接口、I2C 接口，或 SPI 接口
- GPD0, GPD1: 8 in/out ports-PWM 接口、2xI2C 接口、LCD I/F 接口、MIPI 接口
- GPM0, GPM1, GPM2, GPM3, GPM4: 35 in/out ports-CAM I/F 接口，或 TS I/F 接口、HIS 接口，或 Trace I/F 接口

- GPF0, GPF1, GPF2, GPF3: 30 in/out ports-LCD I/F 接口
- GPJ0, GPJ1: 13 in/out ports-CAM I/F 接口
- GPK0, GPK1, GPK2, GPK3: 28 in/out ports-4xMMC (4-bit MMC)接口，或 2xMMC (8-bit MMC))接口，或 GPS debugging I/F 接口
- GPL0, GPL1: 11 in/out ports-GPS I/F 接口
- GPL2: 8 in/out ports-GPS debugging I/F 接口，或键盘 I/F 接口
- GPX0, GPX1, GPX2, GPX3: 32 in/out ports-外部可唤醒中断，或键盘 I/F 接口

6.2.4 GPIO 常用寄存器分类

1．引脚控制寄存器（GPxCON　x=A0~V4）

在 Exynos4412 中，大多数的引脚都是功能复用型，所以必须对每个引脚进行配置。引脚控制寄存器（GPxCON）用来配置每个引脚的功能。

2．引脚数据寄存器（GPxDAT　x=A0~V4）

如果引脚功能被配置成了输出功能，可以通过向 GPnDAT 寄存器对应位写入数据，控制引脚输出相应电平。如果引脚被配置为输入共功能，可以从 GPxDAT 寄存器对应位读出数据，读回的数据就是当前引脚的电平状态。

3．引脚上下拉设置寄存器（GPxPUD　x=A0~V4）

Exynos4412 芯片的内部给引脚设置了上拉电路和下拉电路，通过引脚上下拉设置寄存器控制引脚上拉电阻和下拉电阻的使能和禁止。如果引脚的上拉电阻被使能，无论在哪种状态（输入、输出、DATAn、EINTn 等其他功能）下，上拉电阻都起作用。

4．引脚驱动能力寄存器（GPxDRV　x=A0~V4）

根据和引脚连接的外设电器特性，设置引脚合适的驱动电流，达到既能满足正常驱动，也不浪费功耗的需求。

5．低功耗模式引脚功能控制寄存器（GPxCONPDn　x=A0~V4）

该寄存器用来控制 Exynos4412 芯片在低功耗模式下的引脚功能，类似 GPxCON 寄存器，部分引脚没有这个功能。

6．低功耗引脚上下拉设置寄存器（GPxPUDPDN　x=A0~V4）

该寄存器用来控制 Exynos4412 芯片在低功耗模式下的引脚上拉和下拉功能的使能和禁止，类似 GPxPUDPDN 寄存器，部分引脚没有这个功能。

6.2.5 GPIO 寄存器详解

提示：

GPxCON、GPxDAT、GPxPUD 和 GPxDRV 工作在普通模式，GPxPDNCON、GPxPDNPULL 工作在低功耗模式。

对于 GPIO 控制寄存器，考虑到 GPIO 的寄存器很多，这里只列出与后面 GPIO 应用实例有关的寄存器。

1. GPIO 引脚控制寄存器（GPX2CON）

GPIO 引脚控制寄存器，如表 6-1 所示。

表 6-1　GPX2CON 寄存器 (地址=0x114001E0)

GPX2CON	位	描 述	初始状态
GPX2CON [7]	[31:28]	0x0 = 输入、0x1 = 输出、0x2 = 保留 0x3 = KP_ROW[7]、0x4 = 保留、0x5 = ALV_DBG[19] 0x6 to 0xE = 保留，0xF = WAKEUP_INT2[7]	0
GPX2CON [6]	[27:24]	0x0 = 输入、0x1 = 输出、0x2 = 保留 0x3 = KP_ROW[6]、0x4 = 保留、0x5 = ALV_DBG[18] 0x6 to 0xE = 保留，0xF = WAKEUP_INT2[6]	0
GPX2CON [5]	[23:20]	0x0 = 输入、0x1 = 输出、0x2 = 保留 0x3 = KP_ROW[5]、0x4 = 保留、0x5 = ALV_DBG[17] 0x6 to 0xE = 保留，0xF = WAKEUP_INT2[5]	0
GPX2CON [4]	[19:16]	0x0 = 输入、0x1 = 输出、0x2 = 保留 0x3 = KP_ROW[4]、0x4 = 保留、0x5 = ALV_DBG[16] 0x6 to 0xE = 保留，0xF = WAKEUP_INT2[4]	0
GPX2CON [3]	[15:12]	0x0 = 输入、0x1 = 输出、0x2 = 保留 0x3 = KP_ROW[3]、0x4 = 保留、0x5 = ALV_DBG[15] 0x6 to 0xE = 保留，0xF = WAKEUP_INT2[3]	0
GPX2CON [2]	[11:8]	0x0 = 输入、0x1 = 输出、0x2 = 保留 0x3 = KP_ROW[2]、0x4 = 保留、0x5 = ALV_DBG[14] 0x6 to 0xE = 保留，0xF = WAKEUP_INT2[2]	0
GPX2CON [1]	[7:4]	0x0 = 输入、0x1 = 输出、0x2 = 保留 0x3 = KP_ROW[1]、0x4 = 保留、0x5 = ALV_DBG[13] 0x6 to 0xE = 保留，0xF = WAKEUP_INT2[1]	0
GPX2CON [0]	[3:0]	0x0 = 输入、0x1 = 输出、0x2 = 保留 0x3 = KP_ROW[0]、0x4 = 保留、0x5 = ALV_DBG[12] 0x6 to 0xE = 保留，0xF = WAKEUP_INT2[0]	0

2. GPIO 引脚数据寄存器（GPX2DAT）

GPIO 引脚数据寄存器，如表 6-2 所示。

表 6-2 GPX2DAT 寄存器（地址=0x11400c44）

GPX2DAT	位	描述	初始状态
GPX2DAT[7:0]	[7:0]	设定为输出功能：对应位决定了引脚的电平 设定为输出功能：对应位反映了引脚的电平 设置为其他功能：读取时电平不确定	0

3. GPIO 引脚上/下拉设置寄存器（GPX2PUD）

GPIO 引脚上/下拉设置寄存器，如表 6-3 所示。

表 6-3 GPX2PUD 寄存器（地址=0x11400c48）

GPX2PUD	位	描述	初始状态
GPX2PUD [n] n = 0~7	[2n + 1:2n]	0x0 = 禁止上拉和下拉 0x1 = 使能下拉 0x2 = 保留 0x3 = 使能上拉	0x5555

6.2.6　GPIO 寄存器封装

特殊功能寄存器英文缩写为 SFR，是 Special Function Register 的缩写。特殊功能寄存器是芯片功能实现的载体，可以理解为芯片厂商留给嵌入式开发人员的控制接口，用于控制片内外设，比如 GPIO、UART、ADC 等。每个片内外设都有对应的特殊寄存器，用于存放相应功能部件的控制命令、数据或者状态。对于特殊功能寄存器的封装是每个嵌入式工程师都应该掌握的。

1. 查看 Exynos4412 芯片的地址映射表

查看 Exynos4412 芯片手册的第二章 Memory Map 地址映射表，如图 6-2 所示。我们可以看到 Exynos4412 的特殊功能寄存器绝大部分都放到了 0x1000_0000 到 0x1400_0000 的地址空间内。

ARM 处理器开发详解：基于 ARM Cortex-A9 处理器的开发设计

This section describes the base address of region.

Base Address	Limit Address	Size	Description
0x0000_0000	0x0001_0000	64 KB	iROM
0x0200_0000	0x0201_0000	64 KB	iROM (mirror of 0x0 to 0x10000)
0x0202_0000	0x0206_0000	256 KB	iRAM
0x0300_0000	0x0302_0000	128 KB	Data memory or general purpose of Samsung Reconfigurable Processor SRP.
0x0302_0000	0x0303_0000	64 KB	I-cache or general purpose of SRP.
0x0303_0000	0x0303_9000	36 KB	Configuration memory (write only) of SRP
0x0381_0000	0x0383_0000	–	AudioSS's SFR region
0x0400_0000	0x0500_0000	16 MB	Bank0 of Static Read Only Memory Controller (SMC) (16-bit only)
0x0500_0000	0x0600_0000	16 MB	Bank1 of SMC
0x0600_0000	0x0700_0000	16 MB	Bank2 of SMC
0x0700_0000	0x0800_0000	16 MB	Bank3 of SMC
0x0800_0000	0x0C00_0000	64 MB	Reserved
0x0C00_0000	0x0CD0_0000	–	Reserved
0x0CE0_0000	0x0D00_0000	–	SFR region of Nand Flash Controller (NFCON)
0x1000_0000	0x1400_0000	–	SFR region
0x4000_0000	0xA000_0000	1.5 GB	Memory of Dynamic Memory Controller (DMC)-0
0xA000_0000	0x0000_0000	1.5 GB	Memory of DMC-1

图 6-2　Exynos4412 地址映射表

2. 查看 GPIO 模块的寄存器描述表

查看 GPIO 模块的寄存器描述表。我们可以得到 GPIO 模块的基地址和每个寄存器相对基地址的偏移量，我们以 GPA0CON 寄存器为例，如图 6-3 所示。

GPIO 模块的基地址是:0x1140_0000

GPA0 组的配置寄存器 GPA0CON 的地址是：基地址+偏移量

$$0x11400000 + 0x0000 = 0x11400000$$

4.3 Register Description

4.3.1 Registers Summary

- Base Address: 0x1140_0000   GPIO模块的基地址　　　每个寄存器基于基地址的偏移量

Register	Offset	Description	Reset Value
GPA0CON	0x0000	Port group GPA0 configuration register	0x0000_0000
GPA0DAT	0x0004	Port group GPA0 data register	0x00
GPA0PUD	0x0008	Port group GPA0 pull-up/pull-down register	0x5555
GPA0DRV	0x000C	Port group GPA0 drive strength control register	0x00_0000
GPA0CONPDN	0x0010	Port group GPA0 power down mode configuration register	0x0000

图 6-3　GPA0CON 寄存器

3. 封装寄存器的第一种方式是直接一对一封装

例如：

```
#define GPA0CON    (*(volatile unsigned int *)0x11400000)
```

GPIO

这里定义了一个宏，宏定义在预处理阶段进行直接替换，为了方便理解，我们可以先把 volatile 去掉，关键是理解（*（unsigned int   *）0x11400000）。

0x11400000 是一个 16 进制的数据，前面用（unsigned int *）修饰，表示把 0x11400000 强制转换成了一个指向 unsigned int 型变量的指针。简单地说，（unsigned int   *）0x11400000 指向了内存中从 0x11400000 开始的连续的 4 个字节空间（0x11400000—0x11400003）。（*（unsigned int   *）0x11400000）是在（unsigned int   *）0x11400000 又加了一个指针运算符*，表示取内存单元里的数据。

volatile 是 C 语言的 32 个关键字之一，是一种类型修饰符，用它声明的类型变量表示可以被某些编译器未知的因素更改，比如：操作系统、硬件中断或者线程等。遇到这个关键字声明的变量，编译器对访问该变量的代码就不再进行优化，每次读取这个变量的值都是要从内存单元里读取，而不是直接使用放在高速缓存或寄存器里的备份，从而可以提供对特殊地址的稳定访问。

我们可以像 unsigned int 变量一样访问特殊功能寄存器。

```
GPA0CON = (GPA0CON & ~(0xf<<4))| 1<<4; //将GPA0_1 引脚设置为输出功能
```

4．封装寄存器的第二种方式是结构体封装

```
/* GPA0 */
typedef struct {
                unsigned int CON;
                unsigned int DAT;
                unsigned int PUD;
                unsigned int DRV;
                unsigned int CONPDN;
                unsigned int PUDPDN;
}gpa0;

#define GPA0 (* (volatile gpa0 *)0x11400000)
```

typedef 关键字声明了名为 gpa0 的结构体类型，结构体内又定义了 6 个 unsigned int 类型的变量。unsigned int 类型变量为 32 位，在内存空间中占 4 个字节。

#define GPA0   (* (volatile gpa0 *)0x11400000)声明了一个 gpa0 类型结构体的宏，结构体名是结构体首成员的地址，GPA0 这个结构体的首成员 CON 地址为 0x11400000，占 4 个字节，在 c 语言中结构体内的成员变量是连续的，那么 GPA0 结构体的第二个成员 DAT 得地址为：0x11400000+0x04 = 0x11400004。这个 0x04 偏移量，正是 GPA0DAT 寄存器相对于 GPIO 基地址的偏移地址。

结构体内其他成员的偏移量，也和相应的寄存器偏移地址相符。因此，我们匹配了结构体的首地址，就可以确定各寄存器的具体地址了。

我们用访问结构体变量成员的方式，访问寄存器。

```
GPA0.CON = (GPA0.CON & ~(0xf<<4))| 1<<4; //将GPA0_1 引脚设置为输出功能
```

5. 使用集成开发环境的芯片寄存器封装

嵌入式开发中我们把常用的寄存器写到一个头文件中，每次使用的时候直接包含就可以。也有很多集成开发环境会提供这样的芯片特殊寄存器头文件，比如在 keil 中创建 arm7 三星 s3c2410 芯片相关的工程，点击鼠标右键可以添加#include <S3C2410A.H>头文件，但不是所有芯片都支持。

6.3 GPIO 的应用实例

6.3.1 GPIO 实例内容和原理

通过 6.1 节、6.2 节的介绍，读者了解了 GPIO 的功能，以及 Exynos4412 芯片 GPIO 控制器的配置方法。本节通过一个简单示例说明 Exynos4412 的 GPIO 接口的应用。

利用 Exynos4412 的 GPX2_7 引脚控制发光二极管 LED2，使其有规律地闪烁。

6.3.2 GPIO 实例硬件连接

如图 6-4 所示，发光二极管 LED2 与 GPX2_7 相连，通过 GPX2_7 引脚的高低电平来控制三极管的导通性，从而控制 LED2 的亮灭。

通过分析电路图可知，当 GPX2_7 引脚输出高电平时发光二极管 LED2 点亮；反之，发光二极管 LED2 熄灭。

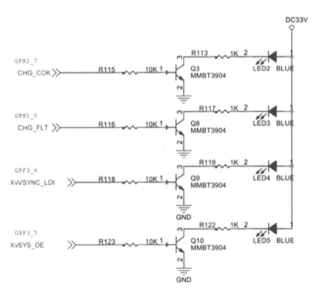

图 6-4　LED 接线原理图

6.3.3 GPIO 实例软件设计

为了实现控制发光二极管 LED2 的目的,需要通过配置 GPX2CON 寄存器将 GPX2_7 引脚设置为输出功能。通过配置 GPX2PUD 寄存器,禁止 GPX2_7 引脚的上拉电阻和下拉电阻。通过设置 GPX2DAT 寄存器实现点亮与熄灭 LED2。

6.3.4 GPIO 实例代码

GPIO 实例相关代码如下:

```c
#define GPX2CON (*(volatile unsigned int *)0x11000c40)   //封装寄存器 GPX2CON
#define GPX2DAT (*(volatile unsigned int *)0x11000c44)   //封装寄存器 GPX2DAT
#define GPX2PUD (*(volatile unsigned int *)0x11000c48)   //封装寄存器 GPX2PUD
/****************************************************************
 * 函数功能：延时函数
 ****************************************************************/
static void delay_ms(int ms)
{
    int i, j;
    while(ms--)
    {
        for (i = 0; i < 5; i++)
            for (j = 0; j < 514; j++);
    }
}

/****************************************************************
 * 函数功能：主函数
 ****************************************************************/
int main(void)
{
    GPX2PUD = GPX2PUD & (~(0x3<<14));                    //设置 GPX2_7 引脚禁止上下拉
    GPX2CON = GPX2CON & (~(0xf<<28)) |(0x1<<28);         //设置 GPX2_7 引脚为输出功能
    while(1)
    {
        GPX2DAT = GPX2DAT |(0x1<<7);       //设置 GPX2_7 引脚输出高电平 -- LED2 亮
        delay_ms(1000);                    //延时
        GPX2DAT = GPX2DAT & (~(0x1<<7));   //设置 GPX2_7 引脚输出高电平 -- LED2 亮
        delay_ms(1000);                    //延时
    }
    return 0;
}
```

6.3.5 GPIO 实例现象

用 FS-JTAG 仿真器仿真程序,可以看到 LED2 灯有规律地闪动。

注意：

如果使用 FS-JTAG 仿真环境，可以按第 5 章的说明调试程序。如果没有，可以通过 uboot 下载编译后的 bin 文件到内存中运行，通过串口打印语句调试。本书后面的实验方法相同。

6.4 本章小结

通过本章学习，需要理解 GPIO 的概念，掌握 Exynos4412 上的 GPIO 编程方法。

6.5 练习题

1. 什么是 GPIO？
2. Exynos 有几组 GPIO 端口？
3. 编程实现利用 Exynos4412 的 GPIO 控制 LED3 闪烁。

第 7 章 ARM 异常及中断处理

几乎每种处理器都支持特定异常处理。中断是异常中的一种。了解处理器的异常处理的相关知识，是学习处理器的重要环节。本章主要内容：
- ARM 异常中断处理概述。
- ARM 体系异常种类。
- ARM 异常的优先级。
- ARM 处理器模式和异常。
- ARM 异常响应和处理程序返回。
- ARM 应用系统中异常中断处理程序的安装。
- ARM 的 SWI 异常中断处理程序设计。

7.1 ARM 异常中断处理概述

1. 中断的概念

什么是中断，我们从一个生活中的例子引入。你正在家中看书，突然电话铃响了，你放下书本，去接电话，和来电话的人交谈，然后放下电话，回来继续看你的书。这就是生活中的"中断"现象，就是正常的工作过程被外部的事件打断了。

在处理器中，所谓中断，是一个过程，即 CPU 在正常执行程序的过程中，遇到外部／内部的紧急事件需要处理，暂时中断（中止）当前程序的执行，而转去为事件服务，待服务完毕，再返回到暂停处（断点）继续执行原来的程序。为事件服务的程序称为中断服务程序或中断处理程序。严格地说，上面的描述是针对硬件事件引起的中断而言的。用软件方法也可以引起中断，即事先在程序中安排特殊的指令，CPU 执行到该类指令时，转去执行相应的一段预先安排好的程序，然后再返回来执行原来的程序，这可称为软中断。把软中断考虑进去，可给中断再下一个定义：中断是一个过程，是 CPU 在执行当前程序过程中因硬件或软件的原因插入了另一段程序运行的过程。因硬件原因引起中断过程的出现是不可预测的，即随机的，而软中断是事先安排好的。

2. 中断源的概念

仔细研究一下生活中的中断，对于理解中断的概念也很有好处。生活中很多事件可以引起中断，如：（有人按门铃了，电话铃响了，你的闹钟响了，你烧的水开了……诸如此类的事件。我们把可以引起中断的信号源称为中断源。）

3. 中断优先级的概念

设想一下，我们正在看书，电话铃响了，同时又有人按了门铃，你该先做哪一个呢？如果你正在等一个很重要的电话，一般不会去理会门铃；反之，如果你正在等一位重要的客人，则可能就不会去理会电话了。如果不是这两者（既不等电话，也不等人上门），你可能会按你通常的习惯去处理。总之，这里存在一个优先级的问题，在处理器中也是如此，也有优先级的问题，即同时有多个中断源递交中断申请时的中断控制器对中断源的响应优先级别。需要注意的是，优先级的问题不仅仅发生在两个中断同时产生的情况下，也发生在一个中断已产生，又有一个中断产生的情况下。比如，你正接电话，有人按门铃的情况下，或你正开门与人交谈，又有电话响了的情况。这时也需要根据中断源的优先级来决定下一动作。

ARM 处理器中有 7 种类型的异常，按优先级从高到低的排列如下：复位异常（Reset）、数据异常（Data Abort）、快速中断异常（FIQ）、外部中断异常（IRQ）、预取异常（Prefetch Abort）、软中断异常（SWI）和未定义指令异常（Undefined interrupt）。

第 7 章 ARM 异常及中断处理

注意：
在 ARM 处理器中，异常（Exception）和中断（Interrupt）有些差别，异常主要是从处理器被动接受异常的角度出发，而中断带有向处理器主动申请的色彩。在本书中，对"异常"和"中断"不做严格区分，两者都是指请求处理器打断正常的程序执行流程，进入特定程序循环的一种机制。

7.2 ARM 体系异常种类

在 ARM 体系结构中，存在 7 种异常处理。当异常发生时，处理器会把 PC 设置为一个特定的存储器地址。这一地址放在被称为向量表（vector table）的特定地址范围内。向量表的入口是一些跳转指令，跳转到专门处理某个异常或中断的子程序。

存储器映射地址 0x00000000 是为向量表（一组 32 位字）保留的。在有些处理器中，向量表可以选择定位在存储空间的高地址（从偏移量 0xffff0000 开始）。一些嵌入式操作系统，如 Linux 和 Windows CE 就利用了这一特性。

注意：
Cortex-A8 系统中支持通过设置 CP15 的 C12 寄存器将异常向量表的首地址设置在任意地址。下文标记为 C12（CP15）。

如表 7-1 所示列出了 ARM 的 7 种异常类型。

表 7-1 ARM 的 7 种异常类型

异常类型	处理器模式	执行低地址	执行高地址
复位异常（Reset）	特权模式	0x00000000	0xFFFF0000
未定义指令异常（Undefined Interrupt）	未定义指令中止模式	0x00000004	0xFFFF0004
软中断异常（SWI）	特权模式	0x00000008	0xFFFF0008
预取异常（Prefetch Abort）	数据访问中止模式	0x0000000C	0xFFFF000C
数据异常（Data Abort）	数据访问中止模式	0x00000010	0xFFFF0010
外部中断异常（IRQ）	外部中断请求模式	0x00000018	0xFFFF0018
快速中断异常（FIQ）	快速中断请求模式	0x0000001C	0xFFFF001C

异常处理向量表，如图 7-1 所示。

ARM 处理器开发详解：基于 ARM Cortex-A9 处理器的开发设计

图 7-1 异常处理向量表

当异常发生时，分组寄存器 r14 和 SPSR 用于保存处理器状态，操作伪指令如下：

```
R14_<exception_mode> = return link
SPSR_<exception_mode> = CPSR
CPSR[4:0] = exception mode number
CPSR[5] = 0    /*进入 ARM 状态*/
If <exception_mode> == reset or FIQ then
    CPSR[6] = 1    /*屏蔽快速中断 FIQ*/
    CPSR[7] = 1    /*屏蔽外部中断 IRQ*/
    PC = exception vector address
```

异常返回时，SPSR 内容恢复到 CPSR，连接寄存器 r14 的内容恢复到程序计数器 PC。

1. 复位异常

当处理器的复位引脚有效时，系统产生复位异常中断，程序跳转到复位异常中断处理程序处执行。复位异常中断通常用于系统上电和系统复位两种情况。

当复位异常时，系统（处理器自动执行的，以下几个异常相同）执行下列伪操作。

```
R14_svc = UNPREDICTABLE value
SPSR_svc = UNPREDICTABLE value
CPSR[4:0] = 0b10011    /*进入特权模式*/
CPSR[5] = 0            /*处理器进入 ARM 状态*/
CPSR[6] = 1            /*禁止快速中断*/
CPSR[7] = 1            /*禁止外设中断*/
If high vectors configured then
    PC = 0xffff0000
```

```
Else
    PC = 0x00000000
```

复位异常中断处理程序将进行一些初始化工作，内容与具体系统相关。下面是复位异常中断处理程序的主要功能。

- 设置异常中断向量表。
- 初始化数据栈和寄存器。
- 初始化存储系统，如系统中的 MMU 等。
- 初始化关键的 I/O 设备。
- 使能中断。
- 处理器切换到合适的模式。
- 初始化 C 变量，跳转到应用程序执行。

2．未定义指令异常

当 ARM 处理器执行协处理器指令时，它必须等待一个外部协处理器应答后，才能真正执行这条指令。若协处理器没有响应，则发生未定义指令异常。未定义指令异常可用于在没有物理协处理器的系统上，对协处理器进行软件仿真，或通过软件仿真实现指令集扩展。例如，在一个不包含浮点运算的系统中，CPU 遇到浮点运算指令时，将发生未定义指令异常中断，在该未定义指令异常中断的处理程序中可以通过其他指令序列仿真浮点运算指令。

仿真功能可以通过下面的步骤来实现。

（1）将仿真程序入口地址链接到向量表中未定义指令异常中断入口处（0x00000004 或 0xffff0004），并保存原来的中断处理程序。

（2）读取该未定义指令的 bits[27:24]，判断其是否是一条协处理器指令。如果 bits[27:24]值为 0b1110 或 0b110x，则该指令是一条协处理器指令；否则，由软件仿真实现协处理器功能，可以通过 bits[11:8]来判断要仿真的协处理器功能（类似于 SWI 异常实现机制）。

（3）如果不仿真该未定义指令，程序跳转到原来的未定义指令异常中断的中断处理程序行。

当未定义指令异常发生时，系统执行下列伪操作。

```
r14_und = address of next instruction after the undefined instruction
SPSR_und = CPSR
CPSR[4:0] = 0b11011    /*进入未定义指令模式*/
CPSR[5] = 0            /*处理器进入 ARM 状态*/
/*CPSR[6]保持不变*/
CPSR[7] = 1            /*禁止外设中断*/
If high vectors configured then
    PC = 0xffff0004
Else
    PC = 0x00000004
```

3. 软中断异常

软中断异常发生时，处理器进入特权模式，执行一些特权模式下的操作系统功能。软中断异常发生时，处理器执行下列伪操作。

```
r14_svc = address of next instruction after the SWI instruction
SPSR_und = CPSR
CPSR[4：0] = 0b10011    /*进入特权模式*/
CPSR[5] = 0             /*处理器进入ARM状态*/
/*CPSR[6]保持不变*/
CPSR[7] = 1             /*禁止外设中断*/
If high vectors configured then
    PC = 0xffff0008
Else
    PC = 0x00000008
```

4. 预取异常

预取异常是由系统存储器报告的。当处理器试图去取一条被标记为预取无效的指令时，发生预取异常。

如果系统中不包含 MMU，指令预取异常中断处理程序只是简单地报告错误并退出；若包含 MMU，引起异常的指令的物理地址被存储到内存中。

预取异常发生时，处理器执行下列伪操作。

```
r14_svc = address of the aborted instruction + 4
SPSR_und = CPSR
CPSR[4：0] = 0b10111    /*进入特权模式*/
CPSR[5] = 0             /*处理器进入ARM状态*/
/*CPSR[6]保持不变*/
CPSR[7] = 1             /*禁止外设中断*/
If high vectors configured then
    PC = 0xffff000C
Else
    PC = 0x0000000C
```

5. 数据异常

数据异常时由存储器发出数据中止信号，数据中止信号由存储器访问指令 Load/Store 产生。当数据访问指令的目标地址不存在或者该地址不允许当前指令访问时，处理器产生数据访问中止异常。当数据异常发生时，处理器执行下列伪操作。

```
r14_abt = address of the aborted instruction + 8
SPSR_abt = CPSR
CPSR[4：0] = 0b10111
CPSR[5] = 0
/*CPSR[6]保持不变*/
CPSR[7] = 1             /*禁止外设中断*/
If high vectors configured then
    PC = 0xffff000C10
Else
    PC = 0x00000010
```

ARM 异常及中断处理

当数据访问中止异常发生时，寄存器的值将根据以下规则进行修改。
（1）返回地址寄存器 r14 的值只与发生数据异常的指令地址有关，与 PC 值无关。
（2）如果指令中没有指定基址寄存器回写，则基址寄存器的值不变。
（3）如果指令中指定了基址寄存器回写，则寄存器的值和具体芯片的 Abort Models 有关，由芯片的生产商指定。
（4）如果指令只加载一个通用寄存器的值，则通用寄存器的值不变。
（5）如果是批量加载指令，则寄存器中的值不可预知。
（6）如果指令加载协处理器寄存器的值，则被加载协处理器寄存器的值不可预知。

6. 外部中断异常

当处理器的外部中断请求引脚有效，而且 CPSR 寄存器的 I 控制位被清除时，处理器产生外部中断异常。系统中各外部设备通常通过该异常中断请求处理器服务。

当外部中断异常发生时，处理器执行下列伪操作。

```
r14_irq = address of next instruction to be executed + 4
SPSR_irq = CPSR
CPSR[4:0] = 0b10010      /*进入特权模式*/
CPSR[5] = 0              /*处理器进入ARM状态*/
/*CPSR[6]保持不变*/
CPSR[7] = 1              /*禁止外设中断*/
If high vectors configured then
    PC = 0xffff0018
Else
    PC = 0x00000018
```

7. 快速中断异常

当处理器的快速中断请求引脚有效且 CPSR 寄存器的 F 控制位被清除时，处理器产生快速中断异常。当快速中断异常发生时，处理器执行下列伪操作。

```
r14_fiq = address of next instruction to be executed + 4
SPSR_fiq = CPSR
CPSR[4:0] = 0b10001      /*进入FIQ模式*/
CPSR[5] = 0
CPSR[6] = 1
CPSR[7] = 1
If high vectors configured then
    PC= 0xffff001c
Else
    PC = 0x0000001c
```

7.3 ARM 异常的优先级

每一种异常均按如表 7-2 所示的设置的优先级得到处理。

表 7-2　异常优先级

优 先 级		异　　常
最高	1	复位异常
	2	数据异常
	3	快速中断异常
	4	外部中断异常
	5	预取异常
	6	软中断异常
最低	7	未定义指令异常

　　异常可以同时发生，此时处理器按表 7-2 中设置的优先级顺序处理异常。例如，处理器上电时发生复位异常，复位异常的优先级最高，所以当产生复位时，它将优先于其他异常得到处理。同样，当一个数据异常发生时，它将优先于除复位异常外的其他所有异常而得到处理。

　　优先级最低的两种异常是软件中断异常和未定义指令异常。因为正在执行的指令不可能既是一条软中断指令，又是一条未定义指令，所以软中断异常和未定义指令异常享有相同的优先级。

7.4　ARM 处理器模式和异常

　　每一种异常都会导致内核进入一种特定的模式。ARM 处理器异常及其对应的模式如表 7-3 所示。此外，也可以通过编程改变 CPSR，进入任何一种 ARM 处理器模式。

 注意： 用户模式和系统模式是仅有的不可通过异常进入的两种模式，也就是说，要进入这两种模式，必须通过编程改变 CPSR。

表 7-3　ARM 处理器异常及其对应模式

异　　常	模　　式	用　　途
快速中断异常	FIQ	进行快速中断请求处理
外部中断请求	IRQ	进行外部中断请求处理
软中断异常	SVC	进行操作系统的高级处理
复位异常	SVC	进行操作系统的高级处理
预取指令中止异常	Abort	虚存和存储器保护

ARM 异常及中断处理

续表

异　　常	模　　式	用　　途
数据中止异常	Abort	虚存和存储器保护
未定义指令异常	Undefined	软件模拟硬件协处理器

7.5 ARM 异常响应和处理程序返回

7.5.1 中断响应的概念

中断的响应过程：当有事件产生，进入中断之前我们必须先记住现在看到书的第几页了，或拿一个书签放在当前页的位置，然后去处理不同的事情（因为处理完了，我们还要回来继续看书），如电话铃响我们要到放电话的地方去，门铃响我们要到门那边去，也就是说不同的中断，我们要在不同的地点处理，而这个地点通常不是固定的。

通常，中断响应大致可以分为以下几个步骤。

（1）保护断点，即保存下一个将要执行的指令的地址，就是把这个地址送入堆栈。
（2）寻找中断入口，根据不同的中断源所产生的中断，查找不同的入口地址。
（3）执行中断处理程序。
（4）中断返回，执行完中断指令后，就从中断处返回到主程序，继续执行。

7.5.2 ARM 异常响应流程

1. 判断处理器状态

当异常发生时，处理器自动切换到 ARM 状态，所以在异常处理函数中要判断在异常发生前处理器是 ARM 状态还是 Thumb 状态。这可以通过检测 SPSR 的 T 位来判断。

通常情况下，只有在 SWI 处理函数中才需要知道异常发生前处理器的状态。所以在 Thumb 状态下，调用 SWI 软中断异常必须注意以下两点。

（1）发生异常的指令地址为（LR－2）而不是（LR－4）。
（2）Thumb 状态下的指令是 16 位的，在判断中断向量号时使用半字加载指令 LDRH。

2. 向量表

如前面介绍向量表时提到的，每一个异常发生时总是从异常向量表开始跳转。最简单的一种情况是向量表里面的每一条指令直接跳向对应的异常处理函数。其中快速中断处理函数 FIQ_Handler()可以直接从地址 0x1C 处开始，省下一条跳转指令，如图 7-2 所示。

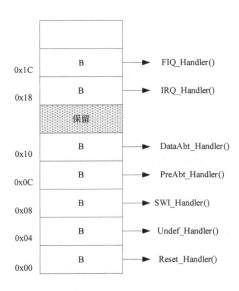

图 7-2 异常处理向量表

跳转指令 B 的跳转范围为±32MB，但很多情况下不能保证所有的异常处理函数都定位在向量的 32MB 范围内，很可能需要更大范围的跳转，而且由于向量表空间的限制，只能由一条指令完成。具体实现方法有下面两种。

（1）MOV　PC,＃imme_value。这种办法将目标地址直接赋值给 PC。但这种方法受格式限制不能处理任意立即数。这个立即数由一个 8 位数值循环右移偶数位得到。

（2）LDR　PC,[PC+offset]。把目标地址先存储在某一个合适的地址空间，然后把这个存储器单元的 32 位数据传送给 PC 来实现跳转。这种方法对目标地址值没有要求，但是存储目标地址的存储器单元必须在当前指令的±4KB 空间范围内。

注意：

在计算指令中引用 offset 数值时，要考虑处理器流水线中指令预取对 PC 值的影响。

7.5.3　从异常处理程序中返回

当一个 ARM 异常处理返回时，一共有 3 件事情需要处理：通用寄存器的恢复、状态寄存器的恢复及 PC 指针的恢复。通用寄存器的恢复采用一般的堆栈操作指令即可，下面重点介绍状态寄存器的恢复及 PC 指针的恢复。

1. 恢复被中断程序的处理器状态

PC 和 CPSR 的恢复可以通过一条指令来实现，下面是 3 个例子。

```
MOVS   PC,LR
SUBS   PC,LR,#4
LDMFD  SP!,{PC}^
```

ARM 异常及中断处理

这几条指令是普通的数据处理指令,特殊之处在于它们把程序计数器寄存器 PC 作为目标寄存器,并且带了特殊的后缀"S"或"^"。其中"S"或"^"的作用就是使指令在执行时,同时完成从 SPSR 到 CPSR 的复制,达到恢复状态寄存器的目的。

2. 异常的返回地址

异常返回时,另一个非常重要的问题就是返回地址的确定。前面提到过,处理器进入异常状态时会有一个保存 LR 的动作,但是该保持值并不一定是正确中断的返回地址。以一个简单的指令执行流水状态图来对此加以说明,如图 7-3 所示。

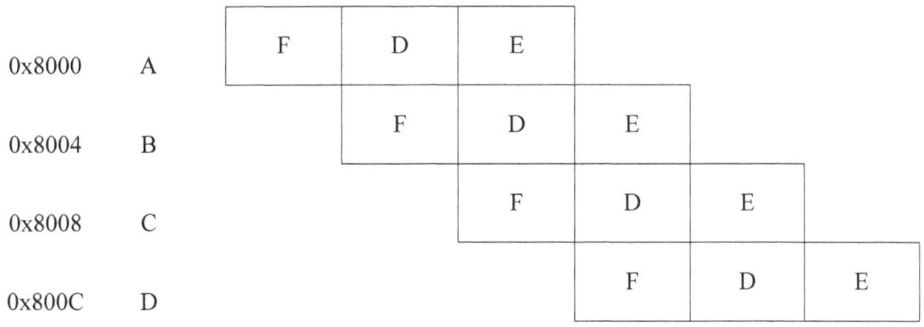

图 7-3　3 级流水线示例

在 ARM 指令集中 PC 值为当前执行指令地址加 8,Thumb 指令集中 PC 值为当前执行指令地址加 4,两种情况分析方法一致,后面以 ARM 指令集为例分析。在 ARM 指令集中,当执行指令 A(地址 0x8000)时,PC 等于 0x8000+8=0x8008,即等于指令 C 的地址。假设指令 A 是 BL 指令,则当执行 BL 指令时,PC 值(0x8008)将保存到 LR 寄存器中。但是,接下来处理器会对 LR 进行一次自动调整,即 LR=LR－0x4。所以,最终保存在 LR 里的是如图 7-3 所示的 B 指令地址。所以当 LR 从 BL 返回时,LR 里面正好是正确的返回地址。

同样的调整机制在所有的 LR 自动保存操作中都存在。当进入中断响应时,处理器对保存的 LR 也进行一次自动调整,并且调整动作也是 LR=LR－0x04。

假设在指令 B 处(0x8004)发生了异常,进入异常响应后,处理器将保存当前 PC 的值到相应模式的 LR 寄存器中,再将 PC 指向对应的异常向量表地址处,从异常模式返回时将 LR 保存的地址返回给 PC 即可,但是实际上返回地址对于不同异常中断是不同的,所以 LR 不一定都是正确的返回地址,也就是说保存的 PC 值会影响返回时的地址,下面详细介绍各种异常中断处理程序的返回方法。

(1) SWI 和未定义指令异常:如果指令 B 为 SWI 指令或者为一条未定义的指令,当执行 B 指令时会产生相应的异常,此时 PC 指向的是 D 指令(0x800C),LR 保存 PC 的值,经过处理器调整后 LR 的值为 C 指令(0x8008)的地址。从 SWI 中断返回后下一条执行指令就是 C,正好是 LR 寄存器保存的地址,所以直接把 LR(0x8008)恢复给 PC 即可。

(2) IRQ 或 FIQ 异常:如果发生的是 IRQ 或 FIQ 异常,处理器会执行完当前的指令

B 然后再处理相应的异常。注意当执行完 B 指令后，流水线的 PC 已经更新指向 0x8010 处，LR 保存 PC 的值，经过处理器调整后 LR 为 0x800C（D 指令地址），但是程序应该返回到 B 指令处（0x8004），所以在返回前要再次对 LR 进行处理，即 LR=LR－0x04=0x8004。

（3）指令预取中止异常：当预取 B 指令时，若目标地址是非法的，则 B 指令被标记成预取无效的指令，但是处理器依然继续执行 B 之前的指令。当处理器执行被标记为无效的 B 指令时，将产生指令预取中止异常，此时 PC 指向 D 指令（0x800C）。发生指令预取中止异常时，程序应该返回到 B 指令重新读取该指令，由于 LR 保存 PC（0x800C）的值，经过处理后 LR 为 0x8008（C 指令），所以要想返回到 B 指令则还需要对 LR 进行一次处理即 LR=LR－0x04=0x8008。

（4）数据中止异常：当 B 指令为数据访问指令，在数据访问时产生异常中断，此时 PC 已经更新并指向了 D 指令（0x8010），LR 保存的值为 0x8010，经过调整后为 0x800C。产生数据访问中止异常时，程序返回到产生该数据访问中止异常的指令处，即 B 指令（0x8004），所以在返回时对 LR 进行调整 LR=LR－0x800C=0x8004。

（5）复位异常中断不需要返回。

表 7-4 中总结了各类异常和返回地址的关系。

表 7-4 异常和返回地址

异　　常	返回地址	用　　途
复位	—	复位没有定义 LR
数据中止	LR-8	指向导致数据中止异常的指令
FIQ	LR-4	指向发生异常时正在执行的指令
IRQ	LR-4	指向发生异常时正在执行的指令
预取指令中止	LR-4	指向导致预取指令异常的那条指令
SWI	LR	执行 SWI 指令的下一条指令
未定义指令	LR	指向未定义指令的下一条指令

7.6 ARM 的 SWI 异常中断处理程序设计

本节主要介绍编写 SWI 处理程序时需要注意的几个问题，包括判断 SWI 中断号，使用 C 语言编写 SWI 异常处理函数，从应用程序中调用 SWI。

1. 判断 SWI 中断号

当发生 SWI 异常，进入异常处理程序时，异常处理程序必须提取 SWI 中断号，从而得到用户请求的特定 SWI 功能。

ARM 异常及中断处理

在 SWI 指令的编码格式中,后 24 位称为指令的"comment field"。该域保存的 24 位数,即为 SWI 指令的中断号,如图 7-4 所示。

图 7-4 SWI 指令编码格式

第一级的 SWI 处理函数通过 LR 寄存器内容得到 SWI 指令地址,并从存储器中得到 SWI 指令编码。通常这些工作通过汇编语言、内嵌汇编来完成。下面的例子显示了提取中断向量号的标准过程。

```
.SWI_Handler:
STMFD sp!,{r0-r12,lr}   ;保存寄存器
LDR r0,[lr,#-4]         ;计算 SWI 指令地址
BIC r0,r0,#0xff000000   ;提取指令编码的后 24 位
;
; 提取出的中断号放 r0 寄存器,函数返回
;
LDMFD sp!, {r0-r12,pc}^ ;恢复寄存器
```

在这个例子中,使用 LR-4 得到 SWI 指令的地址,再通过"BIC r0, r0, #0xff000000"指令提取 SWI 指令中断号。

2. 使用 C 语言编写 SWI 异常处理函数

虽然第一级 SWI 处理函数(完成中断向量号的提取)必须用汇编语言完成,但第二级中断处理函数(根据提取的中断向量号,跳转到具体处理函数)却可以使用 C 语言来完成。

因为第一级的中断处理函数已经将中断号提取到寄存器 r0 中,所以根据 AAPCS 函数调用规则,可以直接使用 BL 指令跳转到 C 语言函数,而且中断向量号作为第一个参数被传递到 C 函数。例如,汇编中使用了"BL C_SWI_Handler"跳转到 C 语言的第二级处理函数,而第二级的 C 语言函数示例如下。

```
voidC_SWI_handler (unsigned number)
{
switch (number)
    {
case 0 : /* SWI number 0 code */
break;
case 1 : /* SWI number 1 code */
break;
    ...
default : /* Unknown SWI - report error */
    }
```

```
          }
```

另外，如果需要传递的参数多于 1 个，那么可以使用堆栈，将堆栈指针作为函数的参数传递给 C 类型的二级中断处理程序，就可以实现在两级中断之间传递多个参数。

例如：

```
MOV r1, sp              ;将传递的第二个参数（堆栈指针）放到 r1 中
BL C_SWI_Handler        ;调用 C 函数
```

相应的 C 函数的入口变为：

```
voidC_SWI_handler(unsigned number, unsigned *reg)
```

同时，C 函数也可以通过堆栈返回操作的结果。

3. 从应用程序中调用 SWI

可以从汇编语言或 C/C++ 中调用 SWI。

从汇编语言程序中调用 SWI，只要遵循 AAPCS 标准即可。调用前，设定所有必需的值并发出相关的 SWI。例如：

```
MOV r0, #65             ;将软中断的子功能号放到 r0 中
SWI 0x0
```

注意：

SWI 指令和其他所有 ARM 指令一样，可以被条件执行。

 本章小结

本章讲解了 ARM 处理器的异常原理，以及各种异常的工作模式，读者需要结合第 8 章的内容和实验来加深对异常处理的理解。

 练习题

1. 异常向量表位于存储器的什么位置？
2. IRQ 或 FIQ 异常的返回指令是什么？
3. 什么类型的异常优先级最高？
4. 什么指令可以放在中断向量表？

第8章 FIQ 和 IRQ 中断

FIQ 和 IRQ 是开发者使用 ARM 处理器编程最常用的中断。ARM 处理器为了扩展和增强 FIQ 和 IRQ，设计了中断控制器。使用 FIQ 和 IRQ 需要对中断控制器有比较详尽的了解，由于中断控制器比较复杂，这块也是学习中的一个难点。

本章主要内容：

❏ ARM 中断控制器简介。
❏ ARM 通用中断控制器（GIC）。
❏ Exynos4412 中断源和相关寄存器。
❏ FIQ 和 IRQ 中断程序设计。

8.1 ARM 中断控制器简介

ARM 内核只有两个外部中断输入信号：nFIQ 和 nIRQ。但对于一个系统来说，中断源可能多达几十个。为此，在系统集成时，一般都会有一个中断控制器来处理异常信号，如图 8-1 所示。

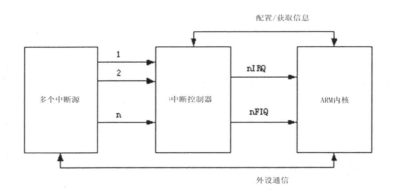

图 8-1　中断系统

这时候用户程序可能存在多个 IRQ/FIQ 的中断处理函数。为了使从向量表开始的跳转始终能找到正确的处理函数入口，需要设置处理机制和方法。不同的中断控制器，处理方法不同。

8.1.1 中断软件分支处理（NVIC 和 GIC）

在非向量中控制器 NVIC 和通用中断控制器 GIC 中采用的是使用软件来处理异常分支，因为软件可以通过读取中断控制器来获得中断源的信息，从而达到中断分支的目的，如图 8-2 所示。

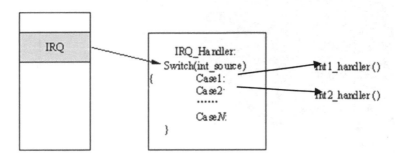

图 8-2　软件控制中断分支

FIQ 和 IRQ 中断

鉴于软件的灵活性可以设计出比图 8-2 更好的流程控制方法，如图 8-3 所示。

Int_vector_table 是用户自己开辟的一块存储器空间，里面按次序存放异常处理函数的地址。IRQ_Handler()从中断控制器获取中断源信息，然后再从 Int_vector_table 中的对应地址单元得到异常处理函数的入口地址，完成一次异常响应的跳转。这种方法的好处是用户程序在运行过程中，能够很方便地动态改变异常服务内容。

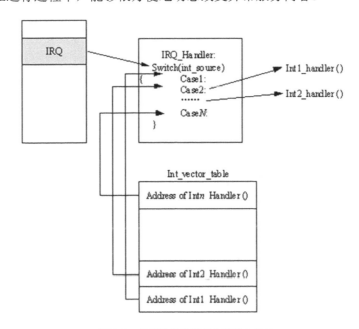

图 8-3　灵活的软件控制中断分支设计

进入异常处理程序后，用户可以完全按照自己的意愿来进行程序设计，包括调用 Thumb 状态的函数等。但对于绝大多数的系统来说，有两个步骤必须处理，一是现场保护，二是要把中断控制器中对应的中断状态标识清除，表明该中断请求已经得到响应。否则，中断函数退出以后，又会被再一次触发，从而进入周而复始的死循环。

8.1.2　硬件支持的分支处理（VIC）

在向量中控制器 VIC 采用的是使用硬件支持的分支处理，这种类型的中断控制早已出现在了 ARM 芯片中，比如基于 S5PV210 的 Cortex-A8 中，以集成 PL192 向量中断控制器。使用向量中断的优点在于，中断优先级仲裁及中断分支的处理递交给了控制器来处理，这样从获取中断源，再到中断 ISR 的处理，其性能相对于软件方式的实现有很大的提高。

当 S5PV210 收到来自片内外设和外部中断请求引脚的多个中断请求时，S5PV210 的中断控制器在中断仲裁过程后向 S5PV210 内核请求 FIQ 或 IRQ 中断。中断仲裁过程依靠处理器的硬件优先级逻辑，在处理器这边会跳转到中断异常处理例程中，执行异常处理程序，这个时候 VICADDRESS 寄存器的值就是仲裁后中断源对应的（ISR）中断处理程序的入口地址，如图 8-4 所示。

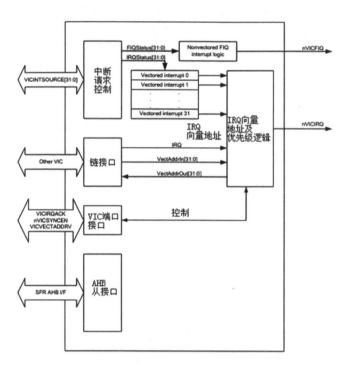

图 8-4　S5PV210 的中断控制器

　　S5PV210 的中断控制器的任务是在有多个中断发生时，选择其中一个中断通过 IRQ 或 FIQ 向 CPU 内核发出中断请求。实际上，最初 CPU 内核只有 FIQ（快速中断请求）和 IRQ（通用中断请求）两种中断，其他中断都是各个芯片厂家在设计芯片时，通过加入一个中断控制器来扩展定义的，这些中断根据中断的优先级高低来进行处理，更符合实际应用系统中要求提供多个中断源的要求，除此之外，向量中断控制器比以前的中断方式更加灵活和方便，把判断的任务留给了硬件，使得中断编程更为简洁。

　　S5PV210 默认情况的中断为非安全中断，在整个 S5PV210 的 4 个 VIC 控制器采用 ARM 的菊花链中断控制器，图 8-5 示意了 S5PC210 中的 VIC 中断控制器结构，每个 VIC 中断控制器都有 32 个中断源分别管理着不同的中断。所有的中断源产生的中断最终都由 VIC0 中断控制器提交给 S5PC210 内核。例如当 VIC3 中断控制器中某一中断源产生 IRQ 中断请求时会依次通过 VIC2、VIC1、VIC0，最终才会提交给处理器内核，所以在中断服务函数中做清除中断处理时，VICADDRESS 寄存器都要做写操作。

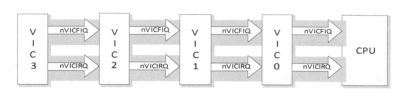

图 8-5　S5PV210 向量中断控制器

通用中断控制器（GIC）

Exynos4412 集成了通用中断控制器（GIC），采用的是 ARM 基于 PrimeCell 技术下的 PL390 核心。GIC 中断控制器系统框图，如图 8-6 所示。

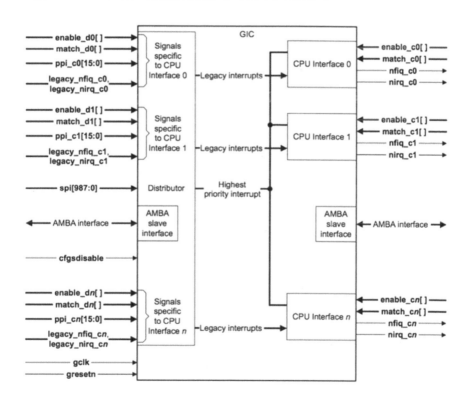

图 8-6　GIC 中断控制器框图

GIC 架构可以分为分配器（Distributor），CPU 接口（CPU interface）和虚拟 CPU 接口（Virtual CPU interface）三大部分。虚拟 CPU 接口只在支持 VirtualizationExtensions 的系统存在，不在我们讨论的范围。

8.2.1 GIC 功能模块

GIC 的两个主要功能模块：分配器和 CPU 接口。

1. 分配器

在系统中所有的中断源都被分配器控制。分配器有相应的寄存器控制每个中断优先级、状态、安全，路由信息的属性并启用状态。分配器确定哪些中断通过所连接的 CPU 接口转发到核心。分配器框图，如图 8-7 所示。

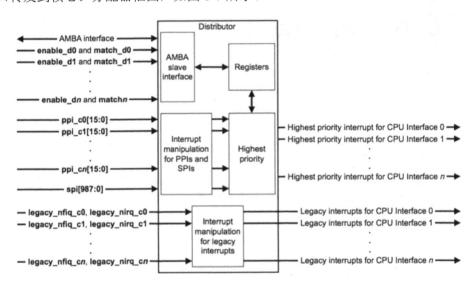

图 8-7 GI-分配器框图

分配器提供如下功能：
- 使能挂起中断是否传递到 CPU 接口
- 使能和禁用任意中断
- 设定任意中断优先级
- 设置任意目标处理器
- 设置中断为电平触发或者边沿触发
- 设置中断为组别
- 传递任意 SGI 到一个或者多个目标处理器
- 查看任意中断的状态
- 提供软件方式设置或清除任意中断的挂起状态
- 中断使用中断号来标识
- 每个 CPU 接口可以处理多达 1020 个中断

2. CPU 接口

通过这些核心收到中断。该 CPU 接口主机寄存器屏蔽，识别和控制中断转发到内核。每个核心都有一个单独的 CPU 系统接口。CPU 接口的框图，如图 8-8 所示。

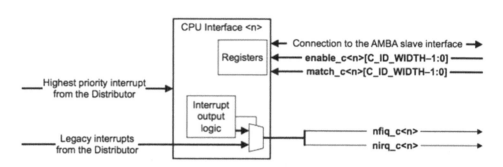

图 8-8　GIC-CPU 接口框图

每个 CPU 接口提供如下编程接口：
- 使能通知 ARM 核中断请求
- 应答中断
- 指示中断处理完成
- 设置处理器的中断优先级屏蔽
- 定义处理器中断抢占策略
- 为处理器决定最高优先级的挂起中断

8.2.2　GIC 中断控制器中断类型

GIC 中断控制器中断类型分为三种：

（1）软中断（SGI）

软件生成的中断，软中断的产生是通过软件写入到一个专门的寄存器：软中断产生中断寄存器（ICDSGIR）。它常用在核间通信。软中断能以所有核为目标或选定的一组系统中的核心为目标。中断号 0-15 为 SGI 保留。

（2）专用外设中断（PPI）

这是由外设产生的，是专由特定核心处理的中断。中断号码 16-31 为 PPI 保留。这些中断源对核心是私有的，并且独立于其他核上相同的中断源，例如每个核上的定时器中断源。

（3）共享外设中断（SPI）

这是由外设产生的可以发送给一个或多个核心处理的中断源。中断号 32-1020 用于共享外设中断。

8.2.3 GIC 中断控制器中断状态

GIC 中断在不同的状态间切换：

（1）Inactive（无效）

中断没有发生。

（2）Pending（待处理）

这意味着中断已经发生，但等待核心来处理。待处理中断都作为通过 CPU 接口发送到核心处理的候选者。

（3）Active（正在处理）

中断发送给了核心，目前正在进行中断处理。

（4）Active and pending（处理和待处理）

一个中断源正进行中断处理而 GIC 又接收到来自同一中断源的中断触发信号。

中断状态转移图，如图 8-9 所示。

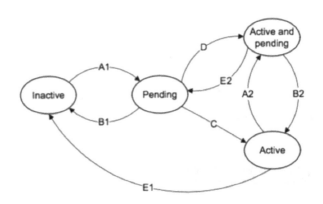

图 8-9　状态转移图

8.2.4 GIC 中断处理流程

当 ARM 核心接收到中断时，它会跳转到异常向量表中，PC 寄存器获得对应异常向量并开始执行中断处理函数。

在中断处理函数中，先读取 GIC 控制器 CPU 接口模块内的中断响应寄存器（ICCIAR），一方面获取需要处理的中断 ID 号，进行具体的中断处理，另一方面作为 ARM 核心对 GIC 发来的中断信号的应答，GIC 接收到应答信号，GIC 分配器会把对应中断源的状态设置为 Active 状态。

当中断处理程序执行结束后，中断处理函数需要写入相同的中断 ID 号到 GIC 控制器 CPU 接口模块内的中断结束寄存器（ICCEOIR），作为给 GIC 控制器的中断处理结束信号。GIC 分配器会把对应中断源的状态由 Active 设置为 Inactive（如果在次中断处理

FIQ 和 IRQ 中断

过程中，又有相同中断触发，状态设置为 Inactive and Pending）。同时 GIC 控制器 CPU 接口模块就可以继续提交一个优先级最高的状态为 Pending 的中断到 ARM 核心进行中断处理。一次完整的中断处理就此完成。

8.3 Exynos4412 中断源

中断源使用中断号作为唯一标识。一个中断号对应唯一一个中断源。软件可以使用该中断号识别中断源，并调用相应的处理程序来处理中断。由系统的设计决定中断号。Exynos4412 总共支持 160 个中断源，其中 16 个 SGI 中断源、16 个 PPI 中断源、128 个 SPI 中断源。

Exynos4412 芯片为 4 核处理器，支持 4 个 CPU 接口。Exynos4412 中断源连接图，如图 8-10 所示，详细的中断源表请参考 Exynos4412 芯片手册 9.2.2 中断源表。

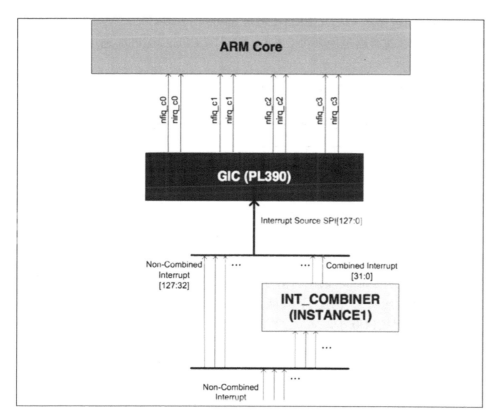

图 8-10　Exynos4412 中断源连接图

8.4 Exynos4412-GIC 寄存器详解

（1）CPU 中断通道使能寄存器（ICCICR_CPUn n=0~3）

ICCICR_CPUn 寄存器是用来对 CPU0、CPU1、CPU2、CPU3 通道使能的寄存器。

ICCICR_CPUn 寄存器，如表 8-1 所示。

表 8-1 ICCICR_CPUn 寄存器（地址=0x10480000、0x10484000、0x10488000、0x1048000）

ICCICR_CPUn	位	描 述	复位值
RSVD	[31:1]	保留	0
Enable	[0]	全局使能所有中断信号通过特定的中断接口，到达相连接的处理器。 0：禁止 1：使能	0

（2）中断使能寄存器（ICDISERm_CPUn m=0~4   n=0~3）

ICDISER_CPU 寄存器是用来对 CPU0、CPU1、CPU2、CPU3 通道相关的中断使能的寄存器。

ICDISER_CPU 寄存器，如表 8-2 所示。

表 8-2 ICDISER_CPU 寄存器

ICDISER_CPU	位	描 述	复位值
Set-enable bits	[31:0]	每一位对应一个 SPI 或 PPI 中断 读：0：对应中断状态为禁止 1：对应中断状态为使能 写：0：无效 1：使能对应中断	0

ICDISER_CPU 寄存器和 SPI、PPI 中断对应关系，如图 8-11 所示。

例如 GIC 中断号为 SPI25 的中断信号，使用 CPU0 处理，根据对应关系图，编程将 ICDISER1_CPU0 对应的 25 位置 1，使能 CPU0 对 SPI25 的中断信号。这样 SPI25 中断申请信号就可以到达 CPU0 了。

FIQ 和 IRQ 中断

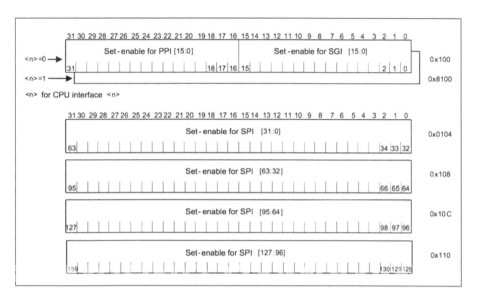

图 8-11 ICDISER_CPU 寄存器和 SPI、PPI 中断对应关系

（3）CPU 优先级过滤寄存器（ICCPMR_CPUn　n=0~3）

ICCPMR_CPUn 寄存器是用来对 CPU0、CPU1、CPU2、CPU3 的中断屏蔽级别。只有优先级别高于此寄存器设置的屏蔽级别的中断，才可以发送到 CPU。注意：优先级值越小，级别越高。

ICCPMR_CPUn 寄存器，如表 8-3 所示。

表 8-3　ICCPMR_CPUn 寄存器（地址=0x10480004、0x10484004、0x10488004、0x1048004）

ICCPMR_CPUn	位	描　述	复位值
RSVD	[31:8]	保留	0
Priority	[7:0]	cpu 中断屏蔽级别 数值范围：0~255	0

（4）GIC 中断使能寄存器（ICDDCR）

ICDDCR 寄存器是来控制 GIC 中断控制器的使能。

ICDDCR 寄存器，如表 8-4 所示。

表 8-4　ICDDCR 寄存器　（地址=0x10490000）

ICDDCR	位	描　述	复位值
RSVD	[31:1]	保留	0
Enable	[0]	GIC 中断控制器使能 0：禁止（忽略所有中断） 1：使能	0

（5）中断目标 CPU 配置寄存器（ICDIPTRm_CPUn　m=0~39　n=0~3）

ICDIPTRm_CPUn 寄存器是用配置将中断发送哪个 CPU 处理。
ICDIPTRm_CPUn 寄存器，如表 8-5 所示。

表 8-5 ICDIPTRm_CPUn 寄存器

ICDIPTRm_CPUn	位	描 述	复位值
CPU targets, byte offset 3	[31:24]	每个中断用 8 位来配置它的目标 CPU，每位对应一个 CPU。如表 8-5-1 所示。	0
CPU targets, byte offset 2	[23:16]		0
CPU targets, byte offset 1	[15:8]		0
CPU targets, byte offset 0	[7:0]		0

该寄存器的每个 CPU targets 位域的设置方法，如表 8-5-1 所示。

表 8-5-1

CPU Targets Field Value	Interrupt Targets
0bxxxxxxx1	CPU interface 0
0bxxxxxx1x	CPU interface 1
0bxxxxx1xx	CPU interface 2
0bxxxx1xxx	CPU interface 3
0bxxx1xxxx	CPU interface 4
0bxx1xxxxx	CPU interface 5
0bx1xxxxxx	CPU interface 6
0b1xxxxxxx	CPU interface 7

ICDIPTRm_CPUn 寄存器和中断号的对应关系，如图 8-12 所示，例如中断信号 SPI25 对应的是 ICDIPTR6_CPU0 [15:8]，设置为 1，表示中断送到 CPU0。

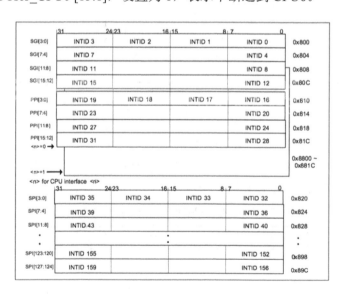

图 8-12 ICDIPTRm_CPUn 寄存器和中断号的对应关系

（6）中断响应寄存器（ICCIAR_CPUn n=0~3）

ICCIAR_CPUn 寄存器里的低 10 位用来标识需要 CPU 处理的中断 ID 号。中断处理函数中通过对中断响应寄存器 ICCIAR 读取，获得中断 ID 号，然后处理相关中断，也作为 ARM 核心对 GIC 发来的中断信号的应答。

ICCIAR_CPUn 寄存器，如表 8-6 所示。

表 8-6　ICCIAR_CPUn 寄存器　（地址=0x1048000C、0x1048400C、0x1048800C、0x104800C）

ICCIAR_CPUn	位	描　述	复位值
RSVD	[31:13]	保留	
CPUID	[12:10]	对 SGI 有效，返回相应的 CPU 号码	0
ACKINTID	[9:0]	需要处理的中断 ID 号	0

（7）GIC 中断状态清除寄存器（ICDICPRm_CPUn　m=0~5　n=0~3）

ICDICPRm_CPUn 寄存器里每位对应一个中断，当中断发生相应标志位自动置 1，标识中断发生，当中断处理完成后我们需要软件将中断对应标志位清 0。

ICDICPRm_CPUn 寄存器，如表 8-7 所示。

表 8-7　ICDICPRm_CPUn 寄存器

ICDICPRm_CPUn	位	描　述	复位值
Clear-pending bits	[31:0]	每一位对应一个 SPI 或 PPI 中断 读：0：中断发生 　　1：中断没有发生 写：0：无效 　　1：清除中断状态位	0

ICDICPRm_CPUn 寄存器和中断号的对应关系，如图 8-13 所示。

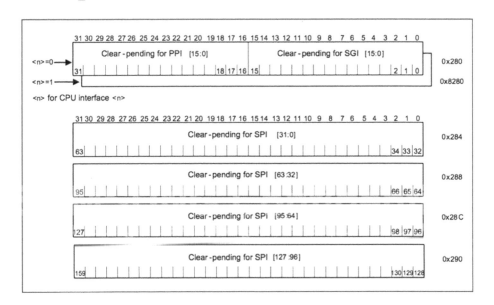

图 8-13　ICDICPRm_CPUn 寄存器和中断号的对应关系

ARM 处理器开发详解：基于 ARM Cortex-A9 处理器的开发设计

（8）中断处理结束寄存器（ICCEOIR_CPUn n=0~3）

ICCEOIR_CPUn 寄存器是中断处理结束寄存器，当中断处理程序执行结束后，需要将处理的中断 ID 号写入中断结束寄存器（ICCEOIR），作为 ARM 核心给 GIC 控制器的中断处理结束信号。

ICCEOIR_CPUn 寄存器，如表 8-8 所示。

表 8-8 ICCEOIR_CPUn 寄存器

ICCEOIR_CPUn	位	描 述	复位值
RSVD	[31:13]8	保留	
EOIINTID	[12:10]	对 SGI 有效,中断处理结束写入 ICCIAR 寄存器内相同的 CPU 值	
EOIINTID	[9:0]	中断处理结束时写入和 ICCIAR 寄存器内相同的中断 ID 号，作为中断处理结束信号	0

（9）I2C 传输配置寄存器（I2CCONn n=0~7）

I2CCONn 寄存器用来对 I2C 控制器进行使能和时钟配置，如：ACK 使能、时钟设置、中断使能、中断标志位等。

I2CCONn 寄存器，如表 8-9 所示。

表 8-9 I2CCONn 寄存器（地址=0x139x0000 x=6~e）

I2CCONn	位	描 述	复位值
Acknowledge generation	[7]	ACK 信号使能 0：禁止 1：使能	0
Tx clock source selection	[6]	I2C 总线传输时钟源预分频选择： 0:I2CCLK = fPCLK /16 1:I2CCLK = fPCLK /512	0
Tx/Rx Interrupt	[5]	I2C 总线接收发送中断使能位 0:禁止 1:使能	0
Interrupt pending flag	[4]	I2C 总线接收发送中断挂起标志。 该位不能被写 1。当该位写 1,I2CSCL 为 L 且 I2C 停止。为了恢复操作,清 0 该位。 0:(1)无中断挂起(读) (2)清除挂起条件&恢复操作(写) 1:(1)中断挂起(读) (2)N/A(写)	0
Transnit clock value	[3:0]	I2C 总线发送时钟预分频 发送时钟 = I2CCLK/(I2CCON[3:0] + 1).	0

8.5 GIC 中断应用实例

8.5.1 GIC 中断实例内容和原理

通过一个简单示例说明 Exynos4412 的 GIC 中断处理的应用。利用 Exynos4412 的 K2 按键连接的 I/O 引脚的中断模式，当识别按键被按下时进入相应的中断处理函数处理相应的事件。

8.5.2 GIC 中断实例硬件连接

电路原理如图 8-14 所示，K2 与 GPX1_1 相连，上拉一个 10k 的电子，在 K2 按键没有按下时，GPX1_1 引脚上一直处于高电平，在 K2 按键下时产生一个下降沿和低电平，当把 GPX1_1 引脚设为中断模式并为下降沿触发中断，则按键 K2 被按下时触发中断进入相应的中断处理函数，处理中断事件，从终端上打印出相应的按键信息。其中 K2 对应的是 EINT[9]中断源，中断号为 SPI25（ID57）。

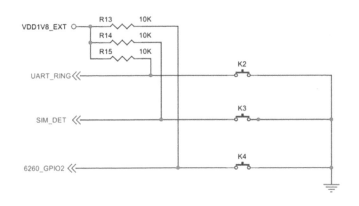

图 8-14 按键硬件连接

8.5.3 GIC 中断实例软件设计

编写程序，按键 K2 中断 SPI25 提交 CPU0 处理。整个 K2 按键中断的寄存器设置分为三个层级，第一级 GPIO 控制器、第二级 GIC 控制器、第三级 ARM 核。

编程流程如下：

第一级：GPIO 控制器

（1）设置 GPX1_1 引脚上拉和下拉

ARM 处理器开发详解：基于 ARM Cortex-A9 处理器的开发设计

（2）设置 GPX1_1 引脚功能为中断功能 WAKEUP_INT1[1]
GPX1CON[7:4] = 0b1111
WAKEUP_INT1[1]对应 EXT_INT41[1]

（3）EXT_INT41CON 中断配置寄存器
EXT_INT41CON[6:4] = 0b010

（4）EXT_INT41_FLTCON0 中断滤波寄存器
默认使能，不需要设置。

（5）EXT_INT41_MASK 中断使能寄存器
使能：EXT_INT41_MASK[1] =0b0

（6）EXT_INT41_PEND 中断状态寄存器
当引脚接收到下降沿，中断 EXT_INT41[1]发生，EXT_INT41_PEND[1]自动置 1，表示该中断发生。
注意：中断处理完成后，需要软件清理：EXT_INT41_PEND[1] =1。

第二级：GIC 控制器

GPIO 控制器一级和 GIC 控制器一级对中断名称的对应关系：
WAKEUP_INT1[1]对应 EXT_INT41[1]对应 EINT[9]对应 SPI25/ID57

（1）使能 CPU0 的 SPI25/ID57
ICDISER.ICDISER1 |= (0x1 << 25);

（2）全局使能 CPU0
CPU0.ICCICR |= 0x1;

（3）设置 CPU0 能够处理所有优先级的中断
CPU0.ICCPMR = 0xFF;

（4）GIC 使能
ICDDCR = 1;

（5）设置将 SPI25 发送给 CPU0 处理
ICDIPTR.ICDIPTR14 |= 0x01<<8;

第三级：ARM 核

（1）ARM 核中断使能
（2）四大步三小步对应硬件
（3）中断服务程序对应汇编 start、S 程序中 Sirq_handle
（4）中断处理程序对应 C 语言程序 do_irq 函数（void name（void））
　　a）读取 ICCIAR 寄存器获得需要处理哪个中断
　　　　irq_num = (CPU0.ICCIAR & 0x3FF);
　　b）根据 a 中读取的结果，分支处理，调用具体的中断处理函数
　　　　i）清除外设控制器中断状态寄存器
　　　　ii）具体中断处理

c）中断处理程序执行结束，写入相同的中断 ID 号中断结束寄存器（ICCEOIR）
CPU0.CICCEOIR = (CPU0.ICCEOIR & ~(0x3FF)) | irq_num;

8.5.4　GIC 中断实例代码

根据上一节 GIC 中断实例软件设计，这里分成若干模块来逐一实现，全部代码可到华清远见官方论坛上下载。

（1）在 start.S 汇编文件中设置异常向量表

```
_start:
        b       reset
        ldr     pc,_undefined_instruction
        ldr     pc,_software_interrupt
        ldr     pc,_prefetch_abort
        ldr     pc,_data_abort
        ldr     pc,_not_used
        ldr     pc,_irq
        ldr     pc,_fiq

_undefined_instruction: .word  _undefined_instruction
_software_interrupt:    .word  _software_interrupt
_prefetch_abort:        .word  _prefetch_abort
_data_abort:            .word  _data_abort
_not_used:              .word  _not_used
_irq:                   .word  irq_handler
_fiq:                   .word  _fiq
```

（2）编写 irq 异常服务程序

```
/*
* irq_handler: 异常服务程序
*/
irq_handler:

    sub  lr,lr,#4
    stmfd sp!,{r0-r12,lr}
    .weak do_irq
    bl   do_irq
    ldmfd sp!,{r0-r12,pc}^
```

（3）irq 中断处理函数

```
/***************************************************************
 * 函数功能：irq 中断处理函数
 ***************************************************************/
void do_irq(void )
{
    int irq_num;
    //读取需要处理的中断号，中断处理开始信号
    //Penging 状态 --> Active 状态
    irq_num = (CPU0.ICCIAR & 0x3FF);
    switch (irq_num) {
```

```
        case 57: //
            //清GPIO控制器中断挂起位
            EXT_INT41_PEND |= 0x1 << 1;
            printf("KEY2: IRQ interrupt irq no: %d \n",irq_num);

            break;
        }
        //中断处理结束，写入处理的中断号，作为中断处理结束信号
        //Active-->Inactive(Inactive and Pending)
        CPU0.ICCEOIR = (CPU0.ICCEOIR & ~(0x3FF)) | irq_num;

}
```

(4) 主函数

```
int main(void)
{
    /*按键K2，GPIO控制器中断相关设置*/

//禁止GPX1_1上拉和下拉
    GPX1.PUD = GPX1.PUD& ~(0x3 << 2);
//设置GPX1_1引脚功能为中断功能 WAKEUP_INT1[1]
    GPX1.CON = (GPX1.CON & ~(0xF << 4))| (0xF << 4);
//设置中断WAKEUP_INT1[1]触发方式为：下降沿
    EXT_INT41_CON = (EXT_INT41_CON & ~(0x7 << 4)) | 0x2 << 4;
//使能中断WAKEUP_INT1[1]
    EXT_INT41_MASK = (EXT_INT41_MASK & ~(0x1 << 1));

    /*GIC控制器相关设置
    对应名称：WAKEUP_INT1[1]--EXT_INT41[1]--EINT[9]--SPI25/ID57*/

//使能CPU0的SPI25/ID57
    ICDISER.ICDISER1 |= (0x1 << 25);
//全局使能CPU0
    CPU0.ICCICR |= 0x1;
//设置CPU0中断屏蔽级别为0xFF,最低级，所有中断都处理
    CPU0.ICCPMR = 0xFF;


//GIC使能
ICDDCR = 1;
//设置将SPI25发送给CPU0处理
    ICDIPTR.ICDIPTR14 |= 0x01<<8;


    //ARM核-IRQ、FIQ使能
    asm  volatile (
            "mrs r0, cpsr\n"
            "bic r0, r0, #0x80\n"
            "msrcpsr, r0\n"
            ::: "r0"
        );
```

```
    while (1);
    return 0;
}
```

8.5.5 GIC 中断实例现象

当按下 K2 按键的时候,通过串口中断也可以看到对应的打印信息,如图 8-15 所示。

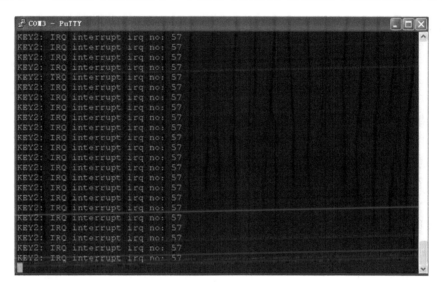

图 8-15 终端打印结果

8.6 本章小结

本章讲解了 ARM 处理器的异常原理,以及各种异常的工作模式,另外还有 Exynos4412 的向量中断机制及编程方式。读者需要结合实验来加深对异常处理和向量中断的理解。

8.7 练习题

1. ARM 中断控制器有什么作用?
2. 编程实现按键 K3 的中断检测,当按键按下时打印相应信息。

第9章 通用异步收发（UART）接口

串行通信接口广泛地应用于各种控制设备，是计算机、控制主板与其他设备传送信息的一种标准接口。本章主要介绍它的工作原理和编程方法。主要内容有：
❏ 串行通信的基本原理。
❏ Exynos4412异步串行通信。
❏ 接口电路与程序设计。

9.1 通用异步收发（UART）接口简介

9.1.1 串行通信与并行通信概念

在微型计算机中，通信（数据交换）有两种方式：串行通信和并行通信。

1．串行通信

串行通信是指计算机与 I/O 设备之间数据传输的各位按顺序依次进行传送。通常数据在一根数据线或一对差分线上传输。

2．并行通信

并行通信是指计算机与 I/O 设备之间通过多条传输线交换数据，数据的各位同时进行传送。

二者比较：串行通信通常传输速度慢，但使用的传输设备成本低，可利用现有的通信手段和通信设备，适合于计算机的远程通信；并行通信的速度快，但使用的传输设备成本高，适合于近距离的数据传送。需要注意的是，对于一些差分串行通信总线，如 RS-485、RS-422、USB 等，它们的传输距离远，且抗干扰能力强，速度也比较快。

9.1.2 异步串行方式的特点

所谓异步通信，是指数据传送以字符为单位，字符与字符间的传送是完全异步的，位与位之间的传送基本上是同步的。异步串行通信的特点可以概括为：

（1）以字符为单位传送信息。

（2）相邻两字符间的间隔是任意长。

（3）因为一个字符中的波特位长度有限，所以需要的接收时钟和发送时钟只要相近就可以。

（4）异步方式特点就是：字符间异步，字符内部各位同步。

9.1.3 异步串行方式的数据格式

异步串行通信的数据格式，如图 9-1 所示，每个字符（每帧信息）由 4 部分组成：

（1）1 位起始位，规定为低电平 0。

（2）5~8 位数据位，即要传送的有效信息。

（3）1 位奇偶校验位。

（4）1~2 位停止位，规定为高电平 1。

图 9-1 异步串行数据格式

9.1.4 同步串行方式的特点

所谓同步通信，是指数据传送是以数据块（一组字符）为单位，字符与字符之间、字符内部的位与位之间都同步。同步串行通信的特点可以概括为：

（1）以数据块为单位传送信息。

（2）在一个数据块（信息帧）内，字符与字符间无间隔。

（3）因为一次传输的数据块中包含的数据较多，所以接收时钟与发送时钟严格同步，通常要有同步时钟。

9.1.5 同步串行方式的数据格式

同步串行通信的数据格式，如图 9-2 所示，每个数据块（信息帧）由 3 部分组成：

（1）2 个同步字符作为一个数据块（信息帧）的起始标志。

（2）n 个连续传送的数据。

（3）2 字节循环冗余校验码（CRC）。

图 9-2 同步串行数据格式

9.1.6 波特率、波特率因子与位周期

波特率是指单位时间传输二进制数据的位数，其单位为比特（bit/s 或 bps）。它是一个用以衡量数据传送速率的量。一般串行异步通行的传送速度为 50～19200 bit/s，串行同步通信的传送速度可达 500 kbit/s。

波特率因子是指时钟脉冲频率与波特率的比。

位周期 Td 是指每个数据位传送所需的时间，它与波特率的关系是：Td=1/波特率。它用以反映连续二次采样数据之间的间隔时间。

9.1.7 RS-232C 串口规范

RS-232C 标准（协议）的全称是 EIA-RS-232C 标准，其中 EIA（Electronic Industry Association）代表美国电子工业协会，RS（Recommeded Standard）代表推荐标准，232 是标识号，C 代表 RS232 的最新一次修改（1969 年），在这之前，有 RS-232B、RS-232A。它规定连接电缆和机械、电气特性、信号功能及传送过程。常用物理标准还有 EIA&#0;RS-232-C、EIA&#0;RS-422-A、EIA&#0;RS-423A 和 EIA&#0;RS-485。这里只介绍 EIA&#0;RS-232-C（简称 232，RS-232）。例如，目前在 PC 上的 COM1、COM2 接口，就是 RS-232C 接口。

1. 9 针串口引脚定义

PC 串口中的典型是 RS-232C 及其兼容接口，串口引脚有 9 针和 25 针两类。而一般的 PC 中使用的都是 9 针的接口，25 针串口具有 20mA 电流环接口功能，用 9、11、18、25 针来实现。这里只介绍 9 针的 RS-232C 串口引脚定义，如表 9-1 所示。

表 9-1　9 针的 RS-232C 串口引脚定义

引　　脚	简　　写	功能说明
1	CD	载波侦测
2	RXD	接收数据
3	TXD	发送数据
4	DTR	数据终端设备
5	GND	地线
6	DSR	数据准备好
7	RTS	请求发送
8	CTS	清除发送
9	RI	振铃指示

2. RS-232C 电气特性

EIA-RS-232C 对电气特性、逻辑电平和各种信号线功能都做了明确规定。

在 TXD 和 RXD 引脚上电平定义：

逻辑 1=-3V～-15V

在 RTS、CTS、DSR、DTR 和 DCD 等控制线上电平定义：

信号有效=+3V～+15V

信号无效=-3V～-15V

以上规定说明了 RS-232C 标准对应逻辑电平的定义。注意：对于介于-3V～+3V 之间的电压处于模糊区电位，此部分电压将使得计算机无法正确判断输出信号的意义，可能得到 0，也可能得到 1，如此得到的结果是不可信的，在通信时体系会出现大量误码，造成通信失败。因此，实际工作时，应保证传输的电平在+3V～+15V 或-3V～-15V 范围内。

3．RS-232C 的通信距离和速度

RS-232C 规定最大的负载电容为 2500pF，这个电容限制了传输距离和传输速率，由于 RS-232C 的发送器和接收器之间具有公共信号地（GND），属于非平衡电压型传输电路，不使用差分信号传输，因此不具备抗共模干扰的能力，共模噪声会耦合到信号中，在不使用调制解调器（MODEM）时，RS-232C 能够可靠进行数据传输的最大通信距离为 15 米，对于 RS-232C 远程，必须通过调制解调器进行远程通信连接，或改为 RS-485 等差分传输方式。

现在个人计算机提供的串行端口终端的传输速度一般都可以达到 115200bit/s，甚至更高，标准串口能够提供的传输速度主要有以下波特率：1200bit/s、2400bit/s、4800bit/s、9600bit/s、19200bit/s、38400bit/s、57600bit/s、115200bit/s 等，在仪器仪表或工业控制场合，9600bit/s 是最常见的传输速率，在传输距离较近时，使用最高传输速度也是可以的。传输距离和传输速度的关系成反比，适当地降低传输速度，可以延长 RS-232C 的传输距离，提高通信的稳定性。

4．RS-232C 电平转换芯片及电路

RS-232C 规定的逻辑电平与一般微处理器、单片机的逻辑电平是不同的，例如，RS-232C 的逻辑"1"是以-3V～-15V 来表示的，而单片机的逻辑"1"是以 5V 表示的，Exynos4412 的逻辑"1"是以 3.3V 表示的，就必须把单片机的电平（TTL、CMOS 电平）转变为 RS-232C 电平，或者把计算机的 RS-232C 电平转换成单片机的 TTL 或 CMOS 电平，通信时必须对两种电平进行转换。实现电平转换的芯片可以是分立器件，也可以是专用的 RS-232C 电平转换芯片。下面介绍一种在嵌入式系统中应用比较广泛的 MAX3232 芯片。

如图 9-3 所示，主要特点有：
- 符合所有的 RS-232C 规范。
- 单一供电电压 5V 或 3.3V。
- 片内电荷泵，具有升压。电压极行反转能力。
- 低功耗，典型供电电流 3mA。
- 内部集成 2 个 RS-232C 驱动器。
- 内部集成 2 个 RS-232C 接收器。

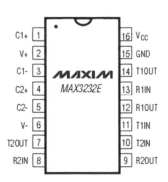

图 9-3　MAX3232 芯片

9.1.8　RS-232C 接线方式

RS-232C 串口的接线方式有全串口连接、3 线连接等方式。本书只介绍最简单、常用的 3 线连接方法。PC 和 PC 或处理器之间的通信，双方都能发送和接收，它们的连接只需要使用 3 根线即可，即 RXD、TXD 和 GND，连接方式如图 9-4 所示。

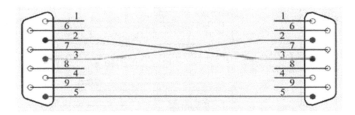

图 9-4　3 线连接法

9.2　Exynos4412-UART 控制器详解

9.2.1　UART 控制器概述

1. 简述

Exynos4412 的通用异步收发（UART）可支持 5 个独立的异步串行输入/输出口，每个口皆可支持中断模式及 DMA 模式，UART 可产生一个中断或者发出一个 DMA 请求，来传送 CPU 与 UART 之间的数据，UART 的波特率最大可达到 4Mbps。每一个 UART 通道包含两 FIFO 用于数据的收发，其中通道 0 的 FIFO 大小为 256 字节，通道 1、4 的 FIFO 大小为 64 字节，通道 2、3 的 FIFO 大小为 16 字节。

2. 特点

- 5 组收发通道，同时支持中断模式及 DMA 操作。
- 通道 0、1、2、3 支持红外模式。
- 通道 0 带 256 字节的 FIFO，通道 1、4 带 64 字节的 FIFO，通道 2、3 带 16 字节的 FIFO。
- 通道 0、1、2 支持自动流控功能。
- 通道 4 支持与 GPS 通信和自动流控。

9.2.2 UART 控制器框架图

概括图，如图 9-5 所示。

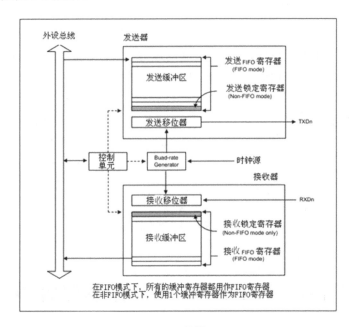

图 9-5 概括图

下面简要介绍 UART 操作，关于数据发送，数据接收，中断产生，波特率产生，轮流检测模式，红外模式和自动流控制的详细介绍，请参照相关教材和数据手册。

发送数据帧是可编程的。一个数据帧包含一个起始位，5~8 个数据位，一个可选的奇偶校验位和 1~2 位停止位，停止位通过行控制寄存器 ULCONn 配置。

与发送类似，接收数据帧也是可编程的。接收数据帧由一个起始位，5~8 个数据位，一个可选的奇偶校验位和 1~2 位行控制寄存器 ULCONn 里的停止位组成。接收器还可以检测溢出错误、奇偶校验错误、帧错误和传输中断，每一个错误均可以设置一个错误标志。

（1）溢出错误（Overrun Error）是指已接收到的数据在读取之前被新接收的数据覆盖。

（2）奇偶校验错误是指接收器检测到的校验和与设置的不符。

（3）帧错误指没有接收到有效的停止位。

（4）传输中断表示接收数据 RxDn 保持逻辑 0 超过一帧的传输时间。

在 FIFO 模式下，如果 RxFIFO 非空，而在 3 个字的传输时间内没有接收到数据，则产生超时。

9.2.3 UART 寄存器详解

为了让初学者快速掌握串口通信，下面只针对例程中用到的寄存器给予讲解。对于 Exynos4412 中提供的更为复杂的控制寄存器将不再展开，感兴趣的读者可将其作为扩展内容自行学习。

1. UART 行控制寄存器 ULCONn

ULCONn 的含义，如表 9-2 所示。

表 9-2 ULCONn 寄存器（地址 = 0x13800000）

ULCONn	位	描 述	初始状态
Reserved	[31:7]	保留	0
Infra-Red Mode	[6]	是否使用红外模式 0=正常模式 1=红外模式	0
Parity Mode	[5:3]	校验方式 0XX=无奇偶校验 100=奇校验 101=偶校验 110=校验位强制为 1 111=校验位强制为 0	000
Number of Stop Bit	[2]	停止位数量 0=1 个停止位 1=2 个停止位	0
Word Length	[1:0]	数据位个数 00=5bit　01=6bit 10=7bit　11=8bit	00

2. UART 控制寄存器 UCONn

UCONn 寄存器详细说明，如表 9-3 所示。

表 9-3 UCONn 寄存器（地址 = 0x13800004）

UCONn	位	描 述	初 始 值
Reserved	[31:21]	保留	0
Reserved	[23]	保留	0

续表

UCONn	位	描述	初始值
Tx DMA Burst Size	[22:20]	DMA 每次发送数据长度： 000 = 1 字节 001 = 4 字节 010 = 8 字节 011 = 16 字节	0
Reserved	[19]		0
Rx DMA Burst Size	[18：16]	DMA 每次接收数据长度： 000 = 1 字节 001 = 4 字节 010 = 8 字节 011 = 16 字节	0
Rx Timeout Interrupt Interval	[15:12]	接收超时中断触发间隔设置 当串口在 8*(N+1) 个帧周期内没有接收到数据，触发中断。 默认值 N = 0x3。	0x3
Rx Time-out with empty Rx FIFO	[11]	FIFO 为空时，串口接收超时使能 1 = 使能 0 = 禁止	0
Rx Time-out DMA suspend enable	[10]	串口接收超时时，DAM 暂停使能 1= 使能 0 = 禁止	0
Tx Interrupt Type	[9]	0：Tx 中断脉冲触发 1：Tx 中断电平触发	0
Rx Interrupt Type	[8]	0：Rx 中断脉冲触发 1： Rx 中断电平触发	0
Rx Time Out Enable	[7]	0：接收超时中断不允许 1：接收超时中断允许	0
Rx Error Status Interrupt Enable	[6]	0：不产生接收错误中断 1：产生接收错误中断	0
Loopback Mode	[5]	0：正常模式 1：发送直接传给接收方式（Loopback）	0
Send Break Signal	[4]	0：不产生停止信号 1：产生停止信号	0
Transmit Mode	[3:2]	发送模式选择 00：不允许发送 01：中断或查询模式 10：DMA 请求 11：保留	00
Receive Mode	[1:0]	接收模式选择 00：不允许接收 01：中断或查询模式 10：DMA 请求 11：保留	00

3. UART FIFO 控制寄存器 UFCONn

UFCONn 寄存器详细说明，如表 9-4 所示。

通用异步收发（UART）接口

表 9-4　UFCONn 寄存器（地址=0x13800008）

UFCONn	位	描　　述	初　始　值
Reserved	[31:11]	保留	0
Tx FIFO Trigger Level	[10:8]	决定发送 FIFO 的触发位置 [Channel 0] 000 = 0 字节　　　　001 = 32 字节 010 = 64 字节　　　 011 = 96 字节 100 = 128 字节　　　101 = 160 字节 110 = 192 字节　　　111 = 224 字节 [Channel 1] 000 = 0 字节　　　　001 = 8 字节 010 = 16 字节　　　 011 = 24 字节 100 = 32 字节　　　 101 = 40 字节 110 = 48 字节　　　 111 = 56 字节 [Channel 2, 3] 000 = 0 字节　　　　001 = 2 字节 010 = 4 字节　　　　011 = 6 字节 100 = 8 字节　　　　101 = 10 字节 110 = 12 字节　　　 111 = 14 字节	000
Reserved	[7]	Reserved	0
Rx FIFO Trigger Level	[6:4]	决定接收 FIFO 的触发位置 [Channel 0] 000 = 32 字节　　　 001 = 64 字节 010 = 96 字节　　　 011 = 128 字节 100 = 160 字节　　　101 = 192 字节 110 = 224 字节　　　111 = 256 字节 [Channel 1] 000 = 8 字节　　　　001 = 16 字节 010 = 24 字节　　　 011 = 32 字节 100 = 40 字节　　　 101 = 48 字节 110 = 56 字节　　　 111 = 64 字节 [Channel 2, 3] 000 = 2 字节　　　　001 = 4 字节 010 = 6 字节　　　　011 = 8 字节 100 = 10 字节　　　 101 = 12 字节 110 = 14 字节　　　 111 = 16 字节	00
Reserved	[3]	保留	0
Tx FIFO Reset	[2]	Tx FIFO 复位后是否清零 0=不清零　　1=清零	0
Rx FIFO Reset	[1]	Rx FIFO 复位后是否清零 0=不清零　　1=清零	0
FIFO Enable	[0]	FIFO 功能使能 0=不使能　　1=使能	0

4. UART MODEM 控制寄存器 UMCONn

UFCONn 寄存器详细说明，如表 9-5 所示。

表 9-5 UMCONn 寄存器（地址=0xE290000C）

UMCONn	位	描 述	初 始 值
Reserved	[31:8]	保留	0
RTS trigger Level	[7:5]	如果自动流控制位使能，则以下位将决定失效 nRTS 信号： [Channel 0] 000 = 255 字节　　001 = 224 字节 010 = 192 字节　　011 = 160 字节 100 = 128 字节　　101 = 96 字节 110 = 64 字节　　　111 = 32 字节 [Channel 1] 000 = 63 字节　　　001 = 56 字节 010 = 48 字节　　　011 = 40 字节 100 = 32 字节　　　101 = 24 字节 110 = 16 字节　　　111 = 8 字节 [Channel 2] 000 = 15 字节　　　001 = 14 字节 010 = 12 字节　　　011 = 10 字节 100 = 8 字节　　　　101 = 6 字节 110 = 4 字节　　　　111 = 2 字节	000
Auto Flow Control (AFC)	[4]	0：不允许使用 AFC 模式 1：允许使用 AFC 模式	0
Modem Interrupt Enable	[3]	0 = 禁止 1 = 使能	0
Reserved	[2:1]	保留，必须全为 0	00
Request to Send	[0]	AFC 使能位禁止时有效： 0：不激活 nRTS 1：激活 nRTS	0

5. 发送寄存器 UTXHn 和接收寄存器 URXHn

UTXHn 和 URXHn 寄存器详细说明，分别如表 9-6 和表 9-7 所示。

这两个寄存器存放着发送和接收的数据，在关闭 FIFO 的情况下只有一个字节 8 位数据。需要注意的是，在发生溢出错误时，接收的数据必须被读出来，否则会引发下次溢出错误。

表 9-6 UTXHn 寄存器

UTRSTATn	位	描 述	初 始 值
Reserved	[31:8]	Reserved	-
UTXHn	[7:0]	串口发送寄存器	-

通用异步收发（UART）接口

表 9-7 URXHn 寄存器

UTRSTATn	位	描 述	初 始 值
Reserved	[31:8]	Reserved	-
URXHn	[7:0]	串口接收寄存器	-

6. 波特率设置寄存器 UBRDIVn 和 UFRACVALn

UBRDIVn 寄存器和 UFRACVALn 寄存器用于串口波特率的设置。Exynos4412 引入了 UFRACVALn 寄存器，使得波特率的设置比早期处理器更加精确。下面假定串口时钟 SCLK_UART=40MHZ，以设置波特率为 115200 为目标，介绍设置方法。

1）计算 DIV_VAL：

DIV_VAL = (SCLK_UART/ (bps*16)) -1
　　　　 = 40000000/(115200*16) - 1
　　　　 = 21.7 – 1
　　　　 = 20.7

2）设置 UBRDIVn 寄存器数值为：20（DIV_VAL 的整数部分）。

3）计算 AC_VAL 数值：

AC_VAL = 16*0.7（DIV_VAL 的小数部分）=11.2

4）设置 UFRACVALn 寄存器数值为：11（AC_VAL 的四舍五入值）。

7. 串口状态寄存器 UTRSTATn

UTRSTATn 寄存器详细说明，如表 9-8 所示。

表 9-8 UTRSTATn 寄存器（地址= 0x1380_0010）

UTRSTATn	位	描 述	初 始 值
Reserved	[31:24]	保留	0
RX FIFO count in RX time-out status	[23:16]	接受超时发生时，RX FIFO 的数据个数（只读）	0
TX DMA FSM State	[15:12]	DMA 发送状态机状态	0
RX DMA FSM State	[11:8]	DMA 接受状态机状态	0
Reserved	[7:4]	保留	0
RX Time-out status/Clear	[3]	读：接受超时状态寄存器 0 = 没有发生接受超时　　1＝发送接受超时 写：写 1 清楚状态位	0
Transmitter empty	[2]	发送缓冲和发送移位寄存器是否都为空 0＝否　　1＝是	1
Transmit buffer empty	[1]	关闭 FIFO 的情况下，发送缓冲区是否空 0=不为空　　1=空	1
Receive buffer data ready	[0]	关闭 FIFO 的情况下，接收缓冲区是否为空 0=空　　1=不为空	0

9.3 UART 接口应用实例

9.3.1 UART 接口实例内容和原理

编写程序实现，Exynos4412 通过串口与电脑串口终端软件通信。从电脑串口终端输入的内容，通过串口传输给 Exynos4412 芯片，Exynos4412 芯片接收数据后再回传给电脑串口中断软件。

9.3.2 UART 实例硬件连接

Exynos4412 串口 2 的 RX（BUF_XuRXD2）、TX（BUF_XuTXD2）、GND 线连接到了 SP3232EEA 芯片进行电平转换，将 TTL 电平转换为 RS232 电平，最后连接到 DB9 母口接头，通过 USB 转串口线与电脑相连。

Exynos4412 串口 2 的电路连接图，如图 9-6 所示。

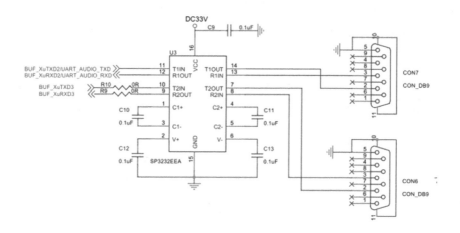

图 9-6 串口连接图

9.3.3 UATR 实例软件编写

如下程序旨在完成简单的 UART 驱动，并实现打印字符串到终端。

```
#include "exynos_4412.h"

void mydelay_ms(int time) {
    int i, j;
    while (time--) {
```

通用异步收发（UART）接口

```c
            for (i = 0; i < 5; i++)
                for (j = 0; j < 514; j++)
                    ;
    }

/*****************************************************************
 * 函数功能：串口初始化
 *****************************************************************/
void uart_init(void) {

    GPA1.GPA1CON = (GPA1.GPA1CON & ~0xFF) | (0x22); // 设置引脚功能：
GPA1_0:RX;GPA1_1:TX

    UART2.ULCON2 = 0x3; //设置UART通信格式：普通模式,无校验位,1位停止位,8位数据位
    UART2.UCON2 = 0x5;  //设置UART通信模式：中断或轮训模式

    //波特率设置   （波特率：115200 、 UART时钟源:100Mhz）
    // DIV_VAL = (100*10^6 / (115200*16) -1) = (54.3 - 1) = 53.3
    // UBRDIV2 = (Integer part of 53.3) = 53 = 0x35
    // UFRACVAL2 = 0.3*16 = 0x5
    UART2.UBRDIV2 = 53;
    UART2.UFRACVAL2 = 5;
}

/*****************************************************************
 * 函数功能：串口输出一个字符
 * 输入参数：data：字符
 *****************************************************************/
void putc(const char data) {
    while (!(UART2.UTRSTAT2 & 0X2))
        ;
    UART2.UTXH2 = data;
    if (data == '\n')
        putc('\r');
}

/*****************************************************************
 * 函数功能：串口输出一个字符串
 * 输入参数： pstr：字符串
 *****************************************************************/
void puts(const char *pstr) {
    while (*pstr != '\0')
        putc(*pstr++);
}

/*****************************************************************
 * 函数功能：串口接受一个字符
 * 返回参数： unsigned char：接受到的字符
 *****************************************************************/
unsigned char getchar() {
    unsigned char c;
    while (!(UART2.UTRSTAT2 & 0X1))
        ;
```

```
        c = UART2.URXH2;
        return c;
}

/***************************************************************
 * 函数功能：主函数
 ***************************************************************/
int main(void) {

    uart_init();              //初始化串口
    mydelay_ms(3000);         //延时

    puts("UART2 Test\n");
    puts("Please input one strings\n");
    while (1) {
        putc(getchar());    //接收字符后发送字符
    }
    return 0;
}
```

9.3.4　UART 实例调试和运行现象

调试步骤如下。

（1）串口调试助手软件设置

在电脑上运行串口调试助手软件（波特率为 115200、停止位为 1 位、校验位为 NONE），串口调试助手软件设置如图 9-7 所示，也可以使用其他串口通信软件。

图 9-7　串口调试助手软件设置

（2）运行

在设置好串口调试助手软件的串口数据接收区后，可以看到 Exynos4412 打印提示信

通用异步收发（UART）接口

息，用串口调试助手软件发送信息后，在数据接收区也会显示 Exynos4412 发送来的相同信息。结果如图 9-8 所示。

图 9-8　运行程序的结果

 本章小结

本章重点介绍了串口通信的概念、数据规范、Exynos4412 串口控制器及编程方法。串口控制器对于学习来说是一个比较典型的控制器，有 FIFO 单元，支持中断、红外和 DMA 控制。如果读者能够掌握它们的控制方法，对于其他控制器的学习会非常有益。

 练习题

1．串行通信与并行通信的概念是什么？
2．同步通信与异步通信的概念及区别是什么？
3．RS-232C 串口通信接口规范是什么？
4．在 Exynos4412 串口控制器中，哪个寄存器用来设置串口波特率？
5．编写一个串口程序采用中断的方式，实现向 PC 的串口终端打印一个字符串"hello"的功能。

第10章 PWM 定时器

定时器是处理器编程常用的功能，其基本功能为定时触发、标记事件间隔。定时器除基本功能外，还可以用来输入捕捉、输出比较、PWM 信号输出等。本章主要内容有：
- Exynos4412 定时器控制器架构。
- Exynos4412 PWM 定时器定时触发。
- Exynos4412 PWM 定时器 PWM 输出。

10.1 定时器和 PWM 简介

10.1.1 定时器概述

定时器是处理器编程常用的功能器件，其基本功能为定时触发、标记事件间隔。定时器除基本功能外，还可以用来输入捕捉、输出比较、PWM 信号输出等。

定时器的本质就是一个计数器，和计数器其实是同一种物理的电子器件，只不过计数器记录的是处理器外部发生的事情（接收的是外部脉冲），而定时器记录时钟脉冲的个数，这个稳定的周期性的时钟脉冲由处理的时钟系统提供。定时器的计数器既可以向上计数，也可以向下计数，当溢出时会触发中断。ARM 系统进行对应的中断处理。

10.1.2 脉冲宽度调制（PWM）概述

脉冲宽度调制（PWM）是利用处理器的数字输出对模拟电路进行控制的一种非常有效的技术，广泛应用在测量、通信、功率控制和变换等多个领域。

PWM 控制技术以其控制简单、灵活和动态响应好的优点而成为电力电子技术最广泛应用的控制方式，也是人们研究的热点。由于当今科学技术的发展已经没有了学科之间的界限，结合现代控制理论思想或实现无谐振波开关技术将会成为 PWM 控制技术发展的主要方向之一。

PWM 的一个优点是从处理器到被控制系统信号都是数字形式的，在进行数模转换时，可将噪声影响降到最低。噪声只有在强到足以将逻辑 1 改变为逻辑 0 或将逻辑 0 改变为逻辑 1 时，才能对数字信号产生影响。

10.2 Exynos4412-PWM 定时器详解

10.2.1 PWM 定时器概述

在 Exynos4412 中，一共有 5 个 32 位的定时器，这些定时器可产生中断信号给 ARM 子系统。另外，定时器 0、1、2、3 包含了脉冲宽度调制（PWM），并可驱动其外部的 I/O 口。PWM 对定时器 0 有可选的 Dead-Zone 功能，以支持大电流设备。要注意的是定时器 4 是内置不接外部引脚的。

定时器使用 APB-PCLK 作为时钟源。定时器 0 与定时器 1 公用一个 8 位预分频器，定时器 2、定时器 3 与定时器 4 公用另一个 8 位预分频器，每个定时器都有一个时钟分频器，时钟分频器有 5 种分频输出：1/1、1/2、1/4、1/8、1/16。

当时钟被使能后，定时器计数缓冲寄存器（TCNTBn）把计数初值下载到递减计数器 TCNT 中。定时器比较缓冲寄存器（TCMPBn）把其初始值下载到比较寄存器 TCMP 中。这种基于 TCNTBn 和 TCMPBn 的双缓冲特性使定时器在频率和占空比变化时能产生稳定的输出。

每个定时器都有一个由定时器时钟驱动的 32 位递减计数器 TCNT，每经过一个时钟周期，递减计数器 TCNT 自动减 1。当递减计数器 TCNT 的计数值达到 0 时，就会产生定时器中断请求。每个定时器都有自动重装载功能，实现循环周期，当定时器递减计数器达到 0 的时候，相应的 TCNTBn 的值会自动重载到递减计数器 TCNT 中，开始下一周期的定时工作。

TCMPBn 的值用于脉冲宽度调制。定时器 PWM 功能开启时，每个时钟周期计数器 TCNT 自动减 1 并和 TCMP 寄存器内的值进行比较。如果相等，定时器输出引脚的电平进行翻转，比较寄存器 TCMP 决定了 PWM 输出的翻转时间。

Exynos4412 的 PWM 定时器的系统框架图，如图 10-1 所示。

PWM 定时器

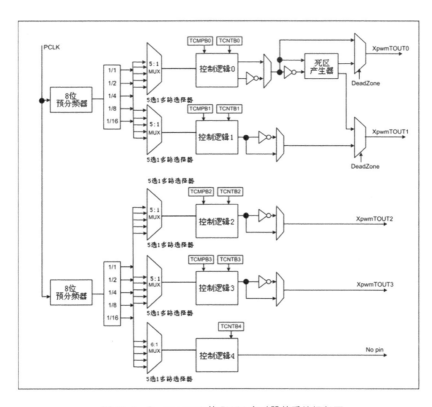

图 10-1 Exynos4412 的 PWM 定时器的系统框架图

PWM 定时器特点如下：
- 5 个 32 位定时器。
- 2 个 8 位 PCLK 分频器提供 1 级预分，5 个独立的 2 级分频器。
- 可编程时钟选择的 PWM 独立通道。
- 4 个独立的 PWM 通道，可控制极性和占空比。
- 静态配置：PWM 停止。
- 动态配置：PWM 启动。
- 支持自动重装模式及触发脉冲模式。
- 两个 PWM 输出可带 Dead-Zone 发生器。
- 中断发生器。

10.2.2 PWM 定时器寄存器详解

Exynos4412 控制器共用 18 个 PWM 寄存器。

1. 定时器配置寄存器 0（TFCG0）

定时器配置寄存器 0 主要用于配置 PWM 定时器时钟的第一级分频值 prescaler value。定时器配置寄存器 0，如表 10-1 所示。

ARM 处理器开发详解：基于 ARM Cortex-A9 处理器的开发设计

表 10-1 TCFG0 寄存器（地址=0x139D0000）

TCFG0	位	描 述	初始状态
保留	[31:24]	保留	0x00
死区长度	[23:16]	这 8 位决定了死区的长度，一个时间单位和定时器 0 设置的相同	0x00
预分频 1	[15:8]	这 8 位定义了定时器 2、3、4 的预分频值	0x01
预分频 0	[7:0]	这 8 位定义了定时器 0 和 1 的预分频值	0x01

2．定时器配置寄存器 1（TCFG1）

定时器配置寄存器 1 主要用于配置 PWM 定时器时钟的第二级分频 divider value。定时器配置寄存器 1，如表 10-2 所示。

表 10-2 寄存器 TCFG1（地址=0x139D0004）

TCFG1	位	描 述	初始状态
RSVD	[31:20]	保留	0x000
MUX 4	[19:16]	选择定时器 4 的多路选择器输入 0000 = 1/1 0001 = 1/2 0010 = 1/4 0011 = 1/8 0100=1/16	0x0
MUX 3	[15:12]	选择定时器 3 的多路选择器输入 0000 = 1/1 0001 = 1/2 0010 = 1/4 0011 = 1/8 0100=1/16	0x0
MUX 2	[11:8]	选择定时器 2 的 M 输入 0000 = 1/1 0001 = 1/2 0010 = 1/4 0011 = 1/8 0100=1/16	0x0
MUX 1	[7:4]	选择定时器 1 的 MUX 输入 0000 = 1/1 0001 = 1/2 0010 = 1/4 0011 = 1/8 0100=1/16	0x0
MUX 0	[3:0]	选择定时器 0 的 MUX 输入 0000 = 1/1 0001 = 1/2 0010 = 1/4 0011 = 1/8 0100=1/16	0x

PWM 定时器

定时器输入时钟频率=PCLK/{prescaler value+1}/{divider value}

```
{ prescaler value }=1~255;
{ divider value }=1、2、4、8、16
{Dead zone length} = 0-254
```

3．定时器控制寄存器（TCON）

定时器控制寄存器主要用于自动重载、定时器自动更新、定时器启停、输出翻转控制等。

定时器控制寄存器，如表 10-3 所示。

表 10-3 寄存器 TCON（地址=0x139D0008）

TCON	位	描　　述	初始状态
Timer 4 auto reload on/off	[22]	控制定时器 4 自动重载功能 0=单发　　1=自动重载	0
Timer 4 output inverter on/off	[21]	控制定时器 4 的手动更新 0=无操作　1=更新 TCNTB4 寄存器	0
Timer 4 manual update	[20]	控制定时器 4 的启停 0=定时器 4 停止　　1=定时器 4 启动	0
Timer 3 auto reload on/off	[19]	控制定时器 3 自动重载功能 0=单发　　　1=自动重载	0
Timer 3 output inverter on/off	[18]	控制定时器 3 输出翻转 0=关闭　　1=TOUT3 输出翻转	0
Timer 3 manual update	[17]	控制定时器 3 的手动更新 0=无操作　1=更新 TCNTB3 寄存器	0
Timer 3 start/stop	[16]	控制定时器 3 的启停 0=定时器 3 停止　　1=定时器 3 启动	0
Timer 2 auto reload on/off	[15]	控制定时器 2 自动重载功能 0=单发　　1=自动重载	0
Timer 2 output inverter on/off	[14]	控制定时器 2 输出翻转 0=关闭　　1=TOUT2 输出翻转	0
Timer 2 manual update	[13]	控制定时器 2 的手动更新 0=无操作　1=更新 TCNTB2、TCMPB2 寄存器	0
Timer 2 start/stop	[12]	控制定时器 2 的启停 0=定时器 2 停止　　1=定时器 2 启动	0
Timer 1 auto reload on/off	[11]	控制定时器 1 自动重载功能 0=单发　　1=自动重载	0
Timer 1 output inverter on/off	[10]	控制定时器 1 输出翻转 0=关闭　　1=TOUT1 输出翻转	0
Timer 1 manual update	[9]	控制定时器 1 的手动更新 0=无操作 1=更新 TCNTB1、TCMPB1 寄存器	0

续表

TCON	位	描述	初始状态
Timer 1 start/stop	[8]	控制定时器1的启停 0=定时器1停止　1=定时器1启动	0
保留	[7:5]	保留	
Dead zone enable	[4]	死区使能 0=不使能　1=使能	0
Timer 0 auto reload on/off	[3]	控制定时器0自动重载功能 0=单发　　1=自动重载	0
Timer 0 output inverter on/off	[2]	控制定时器0输出翻转 0=关闭　　1=TOUT0输出翻转	0
Timer 0 manual update	[1]	控制定时器0的手动更新 0=无操作　1=更新 TCNTB0、TCMPB0 寄存器	0
Timer 0 start/stop	[0]	控制定时器0的启停 0=定时器0停止　1=定时器0启动	0

4. 定时器n计数缓冲寄存器（TCNTBn）

该寄存器用于PWM定时器的时间计数。定时器n计数缓冲寄存器，如表10-4所示。

表 10-4　TCNTBn 寄存器（地址=）

TCNTBn	位	描述	初始状态
Timer n 计数器寄存器	[15:0]	定时器n（0~4）计数缓冲寄存器	0x00000000

5. 定时器n比较缓冲寄存器（TCMPBn）

该寄存器用于PWM波形输出占空比的设置。定时器n比较缓冲寄存器，如表10-5所示。

表 10-5　TCMPBn 寄存器（地址=）

TCMPBn	位	描述	初始状态
Timer n 比较缓冲寄存器	[15:0]	定时器n（0~4）比较缓冲寄存器	0x00000000

10.2.3　PWM 定时器双缓冲功能

Exynos4412 的 PWM 定时器具有双缓冲功能，如图 10-2 所示，能在不停止当前定时器运行的情况下，重载定时器下次运行的参数。所以尽管新的定时器的值被设置好了，但是当前操作仍能成功完成。

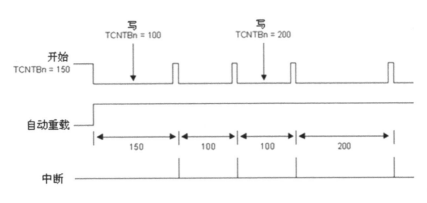

图 10-2 双缓冲功能举例

定时器值可以被写入定时器计数 n 缓冲寄存器（TCNTBn），当前的计数器的值可以从定时器计数观察寄存器（TCNTOn）读出。读出的 TCNTBn 值并不是当前的计数值，而是下次将重载的计数值。

TCNTn 的值等于 0 的时候，自动重载操作把 TCNTBn 的值装入 TCNTn，只有当自动重载功能被使能并且 TCNTn 的值等于 0 的时候才会自动重载。如果 TCNTn 的值等于 0，自动重载控制位为 0，则定时器停止运行。

使用手动更新位（manual update）和反转位（Inverter）完成定时器的初始化。当递减计数器的值达到 0 时会发生定时器自动重载操作，所以 TCNTn 的初始值必须由用户提前定义好，在这种情况下就需要通过手动更新位重载初始值。以下几个步骤给出如何启动定时器：

（1）向 TCNTBn 和 TCMPBn 写入初始值。
（2）置位相应定时器的手动更新位，不管是否使用反转功能，推荐设置反转位。
（3）置位相应定时器的启动位启动定时器，清除手动更新位。

如果定时器被强制停止，TCNTn 保持原来的值而不从 TCNTBn 重载值。如果要设置一个新的值，必须执行手动更新操作。

注意：

只要 TOUT 的反转位改变，不管定时器是否处于运行状态，TOUT 都会发生相应改变，因此通常同时配置手动更新位和反转位。

10.2.4 PWM 信号输出

操作 PWM 定时器输出如图 10-3 所示的 PWM 波形。

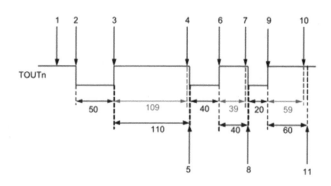

图 10-3 定时器操作实例

操作过程（过程号和图中的标号一致）如下：

（1）使能定时器自动重载功能。

（2）设置 TCNTBn 值为 159（50+109），TCMPBn 值为 109。

（3）置位手动更新位，随后清零手动更新位。置位手动更新位将使 TCNTBn 和 TCMPBn 的值加载到 TCNTn 和 TCMPn。

（4）将反转位设为 off，使能自动重载功能，置位启动位，则在定时器分辨率内的一段延迟后定时器开始递减计数。

（5）当 TCNTn 和 TCMPn 的值相等的时候，TOUT 输出电平由低变高。

（6）当 TCNTn 的值等于 0 的时候产生中断，并且把 TCNTBn 和 TCMPBn 的值分别自动装入 TCNTn 和 TCMPn。

（7）在中断服务程序中，将 TCNTBn 和 TCMPBn 分别设置为 80（20+60）和 60。

（8）当 TCNTn 和 TCMPn 的值相等的时候，TOUT 输出电平由低变高。

（9）当 TCNTn 等于 0 的时候，把 TCNTBn 和 TCMPBn 的值分别自动装入 TCNTn 和 TCMPn，并触发中断。

（10）在中断服务子程序中，禁止自动重载和中断请求来停止定时器运行。

（11）当 TCNTn 和 TCMPn 的值相等的时候，TOUT 输出电平由低变高。

（12）尽管 TCNTn 等于 0，但是定时器停止运行，也不再发生自动重载操作，因为定时器自动重载功能被禁止。

（13）不再产生新的中断。

10.3 PWM 定时器应用实例一：定时触发

10.3.1 定时触发实例内容和原理

在 GPIO 章节的应用实例中我们通过延时函数和 GPIO 引脚的操作，使 LED2 闪烁起来，但是闪烁的间隔是使用延时函数实现的并不精确，定时触发实例目标就是通过定时器精确闪烁延时为 1 秒。使用定时器以 1 秒为间隔，周期的触发中断，再中断处理程序中对 GPIO 引脚进行相应操作。

10.3.2 定时触发实例硬件连接

硬件连接如图 10-4 所示：

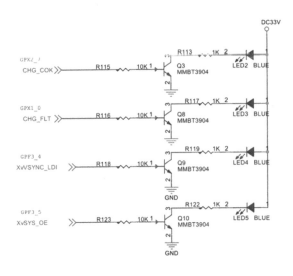

图 10-4　硬件连接

10.3.3 定时触发软件设计和代码

具体代码，如下。

```
/**************************************************************
 * 函数功能：irq 中断处理函数
 **************************************************************/
void do_irq(void )
{
```

```c
    int irq_num;
    //读取需要处理的中断号,中断处理开始信号
    //Penging 状态 --> Active 状态
    irq_num = (CPU0.ICCIAR & 0x3FF);
    switch (irq_num) {

    case 69: //
        //清 timer0 中断挂起位
        PWM.TINT_CSTAT |= 0x1 << 5;
        //引脚电平状态取反
        GPX2DAT = GPX2DAT ^(0x1<<7);

        break;
    }
    //中断处理结束,写入处理的中断号,作为中断处理结束信号
    //Active-->Inactive(Inactive and Pending)
    CPU0.ICCEOIR = (CPU0.ICCEOIR & ~(0x3FF)) | irq_num;

}


/******************************************************************
 * 函数功能:TIMER0 初始化
 ******************************************************************/
void init_timer0(void)
{
    PWM.TCFG0 =PWM.TCFG0 &(~(0xff<<0)) | 249 ;    //设置 TIMER0 时钟一级分频为250
    PWM.TCFG1 =PWM.TCFG1 &(~(0xf<<0))|4;          //设置 TIMER0 时钟二级分频为16
    //TCNT_CLK = PCLK(100M) /(249+1)/(16) =25K HZ
    PWM.TCNTB0 =25000;                            //设置 TIMER0 定时周期为: 1/25K * 25000 = 1s
    PWM.TCON = PWM.TCON |(0x1<<1);                //TIMER0 手动跟新 TCNTB0
    PWM.TCON = PWM.TCON &(~(0xf<<0))|(0x8<<0);    //启动自动重装载、禁止手动更新
    PWM.TINT_CSTAT =PWM.TINT_CSTAT | (0x1<<0);    //使能 TIMER0 定时器中断
    PWM.TCON = PWM.TCON |(0x1<<0);                //启动 TIMER0 定时器
}


/******************************************************************
 * 函数功能:主函数
 ******************************************************************/

int main(void)
{
    //LED2 初始化
    GPX2PUD = GPX2PUD &(~(0x3<<14));              //设置 GPX2_7 引脚禁止上下拉
    GPX2CON = GPX2CON &(~(0xf<<28)) |(0x1<<28);   //设置 GPX2_7 引脚功能为输出功能

    //ARM 核-IRQ、FIQ 使能
    asm volatile (
            "mrs r0, cpsr\n"
            "bic r0, r0, #0x80\n"
```

PWM 定时器

```
                "msr cpsr, r0\n"
                ::: "r0"
    );

    //GIC 控制器相关设置
    //对应名称：TIMER0 --SPI37/ID69
    ICDISER.ICDISER2 |= (0x1 << 5); //使能 CPU0 的 SPI37/ID69
    CPU0.ICCICR |= 0x1;              //全局使能 CPU0
    CPU0.ICCPMR = 0xFF;              //设置 CPU0 中断屏蔽级别为 0xFF,最低级, 所有中断都处理

    ICDDCR = 1;                      //GIC 使能
    ICDIPTR.ICDIPTR17 |= 0x01<<8;    //设置将 SPI37/ID69 发送给 CPU0 处理


    //定时器 0 初始化并开始计时
    init_timer0();

    while (1);
    return 0;
}
```

10.3.4 定时触发实例现象

使用 JTAG 仿真程序，能够观察到 FS4412 并发板的 LED2 以 1 秒为周期闪烁。

10.4 PWM 定时器应用实例二：PWM 输出

10.4.1 PWM 输出实例内容和原理

PWM 输出实例通过控制 PWM 定时器输出 PWM 信号，驱动蜂鸣器发声。

无源电磁式蜂鸣器由电磁线圈、磁铁、振动膜片及外壳等组成。通过周期性的导通和截止电源产生的音频信号电流通过电磁线圈,使电磁线圈产生磁场,振动膜片在电磁线圈和磁铁的相互作用下,周期性地振动发声。

10.4.2 PWM 输出实例硬件连接

蜂鸣器的连接图，如图 10-5 所示，蜂鸣器 BZ1 受三极管控制，三极管的控制端连接在 GPD0_0 引脚上。

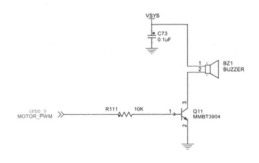

图 10-5　蜂鸣器的连接图

10.4.3　PWM 输出软件设计

具体代码，如下。

```
#include "exynos_4412.h"
/***************************************************************
 * 函数功能：PWM0 初始化函数
 ***************************************************************/
void init_pwm0(void)
{
PWM.TCFG0 =PWM.TCFG0 &(~(0xff<<0)) | 249 ;    //设置 PWM0 时钟一级分频为 250
PWM.TCFG1 =PWM.TCFG1 &(~(0xf<<0))|4;           //设置 PWM0 时钟二级分频为 16
//TCNT_CLK = PCLK(100M) /(249+1)/(16) =25K HZ
PWM.TCNTB0 =100;                               //设置 PWM0 周期为：1/25K*100=4m(频率
250HZ)
PWM.TCMPB0 =50;                                //设置 PWM0 占空比为：50%

PWM.TCON = PWM.TCON |(0x1<<1);                 //PWM0 手动跟新 TCNTB0 和 TCMPB0
PWM.TCON = PWM.TCON &(~(0xf<<0))|(0x9<<0);     //启动自动重装载、禁止手动更新、启动 PWM0

}


/***************************************************************
 * 函数功能：主函数
 ***************************************************************/
int main(void)
{
    GPD0.PUD =0x0;                             //GPD0 组禁止上拉和下拉
    GPD0.CON =GPD0.CON &(~(0xf<<0))|(0x2<<0);  //设置 GPD0_0 功能为 PWM0 输出

    init_pwm0();                               //初始化 PWM0
    while(1);
    return 0;
}
```

10.4.4 PWM 输出实例现象

使用 JTAG 仿真程序，程序全速运行，蜂鸣器发出声音。

10.5 本章小结

本章重点讲解了定时器的工作原理，以及 Exynos4412 芯片中 PWM 定时器控制器的操作方法，定时器的使用方法必须掌握。

10.6 练习题

1. PWM 输出波形的特点是什么？
2. 编程实现输出占空比为 2:1，波形周期为 9ms 的 PWM 波形。

第11章 看门狗定时器

看门狗定时器主要用来将受到外界干扰无法正常运行的芯片重新启动。在实际项目和产品中有重大意义。学会看门狗定时器，对产品稳定性的提高有很大帮助。本章主要内容有：
- 看门狗定时器的工作原理。
- Exynos4412 看门狗定时器定时操作方法。

11.1 看门狗简介

看门狗定时器用于检测程序的正常运行,启动看门狗后,必须在看门狗复位之前向特定寄存器中写入数值,不让看门狗定时器溢出,这样看门狗就会重新计时。当用户程序跑飞时在规定时间内没有向特定寄存器中依次写入数值,看门狗定时器计数溢出,引起看门狗复位,看门狗产生一个强制系统复位。这样可以使程序重新运行,减少程序跑死的危害。

11.2 Exynos4412 看门狗定时器详解

11.2.1 看门狗定时器概述

1. Exynos4412 看门狗定时器概述

看门狗定时器和 PWM 定时功能的目的不一样。它的特点是,需要不停地接收信号(一些外置看门狗芯片)或重新设置计数值(如 Exynos4412 的看门狗控制器),保持计数值不为 0。一旦一段时间接收不到信号,或计数值为 0,看门狗将发出复位信号复位系统或产生中断。

看门狗的作用是微控制器受到干扰进入错误状态后,使系统在一定时间间隔内自动复位重启。因此看门狗是保证系统长期、可靠和稳定运行的有效措施。目前大部分的嵌入式芯片内都集成了看门狗定时器来提高系统运行的可靠性。

2. Exynos4412 看门狗定时器特点

Exynos4412 处理器的看门狗是当系统被故障(如噪声或者系统错误)干扰时,用于微处理器的复位操作,也可以作为一个通用的 16 位定时器来请求中断操作。看门狗定时器产生 128 个 PCLK 周期的复位信号。主要特性如下:
- 通用的中断方式的 16 位定时器。
- 当计数器减到 0(发生溢出)时,产生 128 个 PLK 周期的复位信号。

3. Exynos4412 看门狗定时器功能框图

看门狗定时器的功能框图,如图 11-1 所示。

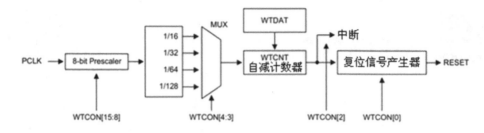

图 11-1 Exynos4412 的看门狗的功能框图

看门狗模块包括一个 8 位预分频器，一个四选一的分频器，一个 16 位倒数计数器。看门狗的时钟信号源来自 PCLK，为了得到宽范围的看门狗信号，PCLK 先被 8 位预分频，然后再经过四选一分频器分频。8 位预分频器和四选一分频器的分频值，都可以由看门狗控制寄存器（WTCON）决定，预分频比例因子的范围是 0～255，分频器的分频比可以是 16、32、64 或者 128。

看门狗定时器时钟周期的计算如下：

```
t_watchdog = 1/(PCLK/(Prescaler value + 1)/Division_factor)
```

式中 Prescaler value 为 8 位预分频的值；Division_factor 是四选一分频器的值，可以是 16、32、64 或者 128。

一旦看门狗定时器被允许，看门狗定时器数据寄存器（WTDAT）的值就不能被自动地装载到看门狗计数器（WTCNT）中。因此，看门狗启动前要将一个初始值写入看门狗计数器中。当 Exynos4412 用嵌入式 ICE 调试的时候，看门狗定时器的复位功能不被启动，即使看门狗能产生溢出信号，仍然不会产生复位信号。

11.2.2 看门狗定时器寄存器详解

1. 看门狗定时器控制寄存器（WTCON）

WTCON 寄存器的内容包括：用户是否启用看门狗定时器、4 个分频比的选择、是否允许中断产生、是否允许复位操作等。

如果用户想把看门狗定时器当做一般的定时器使用，应该使能中断，禁止看门狗定时器复位。WTCON 描述如表 11-1 所示。

表 11-1 WTCON 寄存器（地址=0x00008021）

WTCON	位	描 述	复位值
RSVD	[31:16]	保留	0
Prescaler value	[15:8]	8 位预分频值：效数值范围位<0 to 255>	0x80
RSVD	[7:6]	保留	00

看门狗定时器

续表

WTCON	位	描 述	复位值
WDT timer	[5]	看门狗时钟使能位: 0 = 禁止　1 = 使能	1
Clock select	[4:3]	四选一时钟分频值: 00 = 16　01 = 32　10 = 64　11 = 128	00
Interrupt generation	[2]	使能/屏蔽中断功能 0 = 禁止　1 = 使能	0
RSVD	[1]	保留	0
Reset enable/disable	[0]	看门狗产生复位信号使能: 0 = 禁止　1=使能看门狗产生复位信号功能	1

2. 看门狗定时器数据寄存器 (WTDAT)

WTDAT 用于指定超时时间,在初始化看门狗操作后看门狗数据寄存器的值不能被自动装载到看门狗计数寄存器(WTCNT)中。然而,如果初始值为 0x8000,则可以自动装载 WTDAT 的值到 WTCNT 中。WTDAT 描述如表 11-2 所示。

表 11-2　WTDAT 寄存器 (地址=0x1006004)

WTDAT	位	描 述	复位值
RSVD	[31:16]	保留	0
Count reload value	[15:0]	看门狗重载数值寄存器	0x8000

3. 看门狗计数寄存器 (WTCNT)

WTCNT 寄存器存放着看倒数计数器的当前计数值。看门狗定时器工作模式下,每经过一个时钟周期,WTCNT 的数值自动减 1。注意在初始化看门狗操作后,看门狗数据寄存器(WTDAT)的值不能被自动装载到看门狗计数寄存器(WTCNT)中,所以看门狗被允许之前应该初始化看门狗计数寄存器的值。WTCNT 描述如表 11-3 所示。

表 11-3　WTCNT 寄存器 (地址=0x10060008)

WTCNT	位	描 述	复位值
RSVD	[31:16]	保留	0
Count value	[15:0]	看门狗当前计数寄存器	0x8000

11.3 看门狗定时器实例

11.3.1 看门狗定时器实例内容和原理

看门狗定时器实例内容为模拟看门狗定时器超时溢出复位和定时喂狗正常运行两种情况，验证开发板的运行状态，这两种情况的主要区别是：不定时喂狗时看门狗定时器超时溢出，定时喂狗时正常运行。

11.3.2 看门狗定时器实例软件设计

由于看门狗是对系统的复位或者中断的操作，所以不需要外围的硬件电路。要实现看门狗的功能，只需要对看门狗的寄存器组进行操作，即对看门狗控制寄存器（WTCON）、看门狗数据寄存器（WTDAT）、看门狗计数寄存器（WTCNT）进行操作。

其一般流程如下：

（1）设置看门狗中断操作，包括全局中断和看门狗中断的使能及看门狗中断向量的定义。如果只是进行复位操作，这一步可以不用设置。

（2）对看门狗控制寄存器（WTCON）进行设置，包括设置预分频比例因子、分频器的分频值、中断使能和复位使能等。

（3）对看门狗数据寄存器（WTDAT）和看门狗计数寄存器（WTCNT）进行设置。

（4）启动看门狗定时器。

11.3.3 看门狗定时器实例代码

```
#include "exynos_4412.h"

/******************************************************************
 * 函数功能：看门狗初始化函数
 ******************************************************************/
void wdt_init(void)
{
    WDT.WTCON = WDT.WTCON &(~(0xff<<8))  |  (249<<8) ;  //设置WDT时钟一级分频为249+1
    WDT.WTCON = WDT.WTCON &(~(0x3<<3))   |  (3<<3);     //设置WDT时钟二级分频为128
    //100M/250/128 = 3.125K HZ
    WDT.WTDAT = 30000;
    WDT.WTCNT = 30000;                     //看门狗溢出前时长为9.425s
    WDT.WTCON = WDT.WTCON | 0x1<<0 ;       //设置看门狗复位功能有效
    WDT.WTCON = WDT.WTCON | 0x1<<5 ;       //启动看门狗定定时器
}
```

```
/*****************************************************************
 * 函数功能：主函数函数
 *****************************************************************/
int main(void) {
    //LED2 初始化，LED2 闪烁作为程序正常运行的标志
    GPX2PUD = GPX2PUD &(~(0x3<<14));                    //设置 GPX2_7 引脚禁止上下拉
    GPX2CON = GPX2CON &(~(0xf<<28)) |(0x1<<28);         //设置 GPX2_7 引脚功能为输出功能
    wdt_init();
    
    while(1)
    {
       GPX2DAT = GPX2DAT |(0x1<<7);                     //设置 GPX2_7 引脚输出高电平 -- LED2 亮
       delay_ms(1000);                                  //延时
       GPX2DAT = GPX2DAT & (~(0x1<<7));                 //设置 GPX2_7 引脚输出高电平 -- LED2 亮
       delay_ms(1000);                                  //延时
       
       WDT.WTCNT = 30000;                               //看门狗定时器喂狗操作
    }
    
    return 0;
}
```

11.3.4 看门狗定时器实例现象

使用 FS-JTAG 仿真程序，如果 while(1)语句中的喂狗指令(WDT.WTCNT = 30000)被注释，程序开始时，将 LED2 点亮并闪烁 9.425 秒后，WDT 产生复位信号使 CPU 复位，LED2 灯随之熄灭。反之，喂狗指令没有被注释的情况下，WDT 不会产生复位信号，LED2 将循环闪烁。

11.4 本章小结

本章重点讲解了看门狗控制器的操作方法，看门狗控制器作为芯片跑飞后的救命稻草，在实际项目和产品中有着非常广泛的应用。

11.5 练习题

1. 在控制系统中为何要加入看门狗功能？
2. 编程实现看门狗定时器作为普通 16 位定时器功能，定时 1s 循环打印信息。
3. 编程实现 1s 内不对看门狗实现喂狗操作，看门狗会自动复位。

第 12 章 RTC 定时器

RTC 定时器主要用来将受到外界干扰无法正常运行的芯片重新启动。在实际项目和产品中有重大意义。学会 RTC 定时器，对产品稳定性的提高有很大帮助。本章主要内容有：
- ❏ RTC 定时器的工作原理。
- ❏ Exynos4412 RTC 定时器定时操作方法。

RTC 定时器

12.1 RTC 定时器简介

在一个嵌入式系统中，通常采用 RTC 来提供可靠的系统时间，包括秒、分、时、日、月和年等，而且要求在系统处于关机状态下它也能够正常工作（通常采用后备电池供电）。它的外围也不需要太多的辅助电路，典型的就是只需要一个高精度的 32.768kHz 晶体和电阻电容等。

12.2 Exynos4412-RTC 定时器详解

12.2.1 RTC 定时器概述

Exynos4412RTC 定时器概述

实时时钟（RTC）单元可以通过备用电池供电，因此，即使系统电源关闭，它也可以继续工作。RTC 可以通过 STRB/LDRB 指令将 8 位 BCD 码数据送至 CPU。这些 BCD 数据包括秒、分、时、日期、星期、月和年。RTC 单元通过一个外部的 32.768kHz 晶体提供时钟。RTC 具有定时报警的功能，其控制器功能说明，如图 12-1 所示。

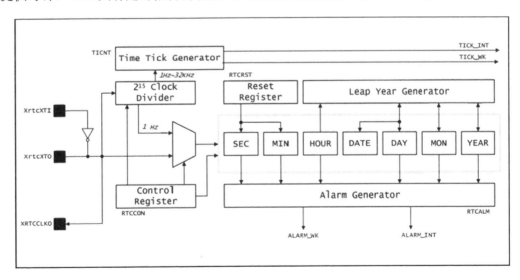

图 12-1　Exynos4412 的 RTC 的功能框图

ARM 处理器开发详解：基于 ARM Cortex-A9 处理器的开发设计

2. Exynos4412RTC 定时器特点

定时器特点，主要包括：
- 时钟数据采用 BCD 编码。
- 能够对闰年的年月日进行自动处理。
- 具有告警功能，当系统处于关机状态时，能产生告警中断。
- 具有独立的电源输入。
- 提供毫秒级时钟中断，该中断可用于作为嵌入式操作系统的内核时钟。

12.2.2 RTC 定时器寄存器详解

1. RTC 控制寄存器（RTCCON）

如表 12-1 所示为 RTC 控制寄存器描述。

表 12-1　RTCCON 寄存器（地址=0x10070040）

RTCCON	位	描述	复位值
保留	[31:10]	保留	0
CLKOUTEN	[9]	RTC 时钟从 XRTCCLKO 引脚输出使能位 0 = 禁止　　1 = 使能	0
TICEN	[8]	嘀嗒计时器使能位 0 = 禁止　　1 = 使能	0
TICCKSEL	[7:4]	嘀嗒计时器子时钟源选择位 4'b0000 = 32768 Hz　　4'b0001 = 16384 Hz 4'b0010 = 8192 Hz　　4'b0011 = 4096 Hz 4'b0100 = 2048 Hz　　4'b0101 = 1024 Hz 4'b0110 = 512 Hz　　4'b0111 = 256 Hz 4'b1000 = 128 Hz　　4'b1001 = 64 Hz 4'b1010 = 32 Hz　　4'b1011 = 16 Hz 4'b1100 = 8 Hz　　4'b1101 = 4 Hz 4'b1110 = 2 Hz　　4'b1111 = 1 Hz	4'b0000
CLKRST	[3]	RTC 时钟计数复位 0 = 不复位　　1 = 复位 注：当 CTLEN 置位时，CLKRST 才影响 RTC。	0
CNTSEL	[2]	BCD 计数选择 0 = 合并 BCD 计数　　1 = 保留	0
CLKSEL	[1]	BCD 时钟选择位 0 = 使用 XTAL 引脚时钟 2 的 15 次幂分频后的时钟，当 XTAL 为 32.768 是分频后为 1s 1 = 保留（XTAL 供频，仅测试用）	0
RTCEN	[0]	RTC 控制使能 0 = 禁止　　1 = 使能 注：只有使能后才能改变 RTC 先关寄存器值	0

RTC 定时器

2. RTC 时间值寄存器（BCDSEC、BCDMIN、BCDHOUR 等）

RTC 时间值寄存器，用来存放 RTC 时钟当前时间，年、月、日、时、分、秒、星期值每个单位都对应一个寄存器来存放。寄存器里的时间值都是使用 BCD 码来表示的。

RTC 时间值寄存器相对简单，我们以存放当前秒的数值的寄存器 BCDSEC 为例，如表 12-2 所示，其他时间寄存器类似，读者参见 Exynos4412 的 datasheet。

表 12-2　BCDSEC 寄存器（地址=0x10070000）

BCDSEC	位	描　　述	复 位 值
保留	[31:7]	保留	-
SECDATA	[6:4]	秒的十位 BCD 值 0~5	-
	[3:0]	秒的个位 BCD 值 0~9	-

12.2.3　BCD 码

计算机内毫无例外地都使用二进制数进行运算，但通常采用八进制数和十六进制数的形式进行读写。对于计算机技术专业人员，要理解这些数的含义是没有问题的，但对非专业人员却不是那么容易。由于日常生活中，人们最熟悉的数制是十进制，因此专门规定了一种二进制的十进制码，称为 BCD 码，它是一种以二进制数表示的十进制数码。

BCD 码(Binary Coded Decimal)这种方法是用 4 位二进制码的组合代表十进制数的 0，1，2，3，4，5，6，7，8，9 十个数符。4 位二进制数码有 16 种组合，原则上可任选其中的 10 种作为代码，分别代表十进制中的 0，1，2，3，4，5，6，7，8，9 这十个数符。最常用的 BCD 码称为 8421BCD 码，8、4、2、1 分别是 4 位二进制数的位取值。如图 12-2 所示为十进制数和 8421BCD 编码的对应关系表：

十进制数	8421BCD编码
0	0000
1	0001
2	0010
3	0011
4	0100
5	0101
6	0110
7	0111
8	1000
9	1001

图 12-2　BCD 码表

BCD 码与十进制数的转换

BCD 码与十进制数的转换关系很直观，相互转换也很简单，将十进制数 75.4 转换为 BCD 码：7 对应 0111，5 对应 0101，4 对应 0100，所以拼成 8421BCD 码是：0111 0101.0100 BCD；若将 BCD 码 1000 0101.0101 转换为十进制数：1000 对应 8，0101 对应 5，0101 对应 5，所以结果是：85.5(D)。

12.3 RTC 定时器实例

12.3.1 RTC 定时器实例内容和原理

实现 Exynos4412 处理器的 RTC 模块计时功能，实时时钟（RTC）单元可以在系统电源关闭后通过备用电池一直工作。这些数据包括年、月、日、星期、时、分和秒的时间信息。根据上面阐述 RTC 的工作原理和 RTC 的寄存器的介绍。对相应的寄存器读写就可以实现修改时间和显示时间。

12.3.2 RTC 定时器实例软件设计

RTC 定时器软件设计流程如下：
（1）设置 RTC 控制寄存器中的 CTLEN 为 1，使能时间值寄存器数据的读/写。
（2）设置 RTC 当前时钟时间。
（3）在掉电前，RTCEN 位应该清除为 0 来预防误写入 RTC 寄存器中。
（4）读取年、月、日等相关寄存器的数据通过串口打印到屏幕上。

12.3.3 RTC 定时器实例代码

```
#include "exynos_4412.h"
#include "uart.h"

/*****************************************************************
 * 函数功能：RTC 定时器初始化函数
 *****************************************************************/
void rtc_init(void)
{
    RTCCON = RTCCON | 0x1<<0;          //使能 RTC 时间值修改
    RTC.BCDDAY   = 0x24;
    RTC.BCDHOUR  = 0x16;
    RTC.BCDMIN   = 0x34;
    RTC.BCDMON   = 0x09;
    RTC.BCDSEC   = 0x10;
    RTC.BCDWEEK  = 0x4;
```

```
    RTC.BCDYEAR = 0x15;
    RTCCON = RTCCON &(~(0x1<<0));     //禁止 RTC 时间值修改
}
/********************************************************************
* 函数功能：主函数
********************************************************************/
int main(void) {

    unsigned int old_sec=0;
    unsigned int sec;

    GPX2.PUD = GPX2.PUD &(~(0x3<<14));              //设置 GPX2_7 引脚禁止上下拉
    GPX2.CON = GPX2.CON &(~(0xf<<28)) |(0x1<<28);   //设置 GPX2_7 引脚功能为输出功能
    GPX2.DAT = GPX2.DAT | 0x1 << 7;                 //点亮 LED2

    uart_init();                                    //初始化 UART
    rtc_init();                                     //初始化 RTC 定时器
    puts("UART and RTC Init \n");                   //打印提示信息

    while(1)
    {
        if(sec!=old_sec)                            //每隔 1s 在通过串口在终端上打印时间信息
        {
            printf("year:20%x --- month:%x----date:%x----week:%x\n",RTC.BCDYEAR,\
                                                    RTC.BCDMON,\
                                                    RTC.BCDDAY,\
                                                    RTC.BCDWEEK);

            printf("hour:%x---min:%x----sec:%x\n",RTC.BCDHOUR,\
                                                    RTC.BCDMIN,\
                                                    RTC.BCDSEC);
            old_sec = sec;
        }
        sec = RTC.BCDSEC;
    }
    return 0;
}
```

12.3.4 RTC 定时器实例现象

使用 FS-JTAG 仿真程序，终端打印信息，如图 12-3 所示。

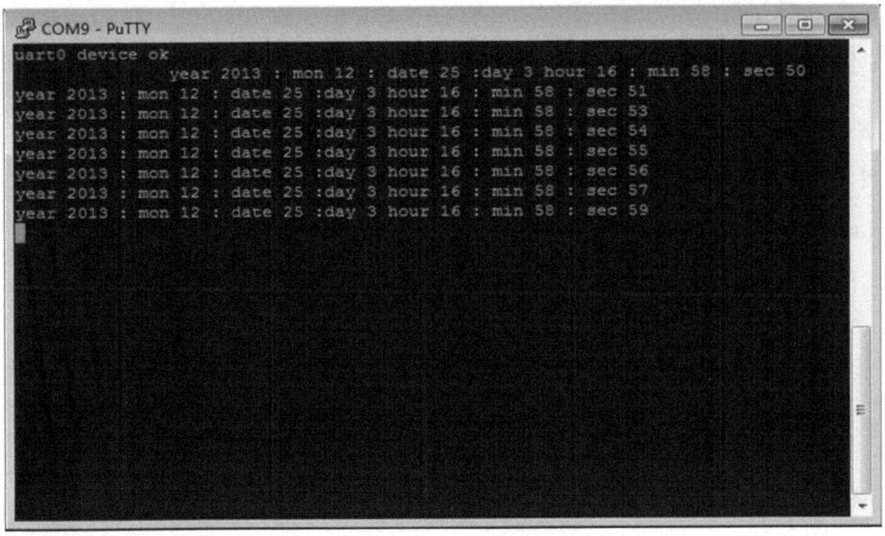

ARM 处理器开发详解：基于 ARM Cortex-A9 处理器的开发设计

图 12-3 RTC 定时器实例打印结果

12.4 本章小结

本章重点讲解了 BCD 码的相关知识和 RTC 控制器的操作方法。

12.5 练习题

1. 编程实现 RTC 的定时中断功能。
2. 编程实现 RTC 定时器系统定时器功能。

第13章 A/D转换器

A/D转换又称模/数转换，顾名思义，就是把模拟信号数字化。实现该功能的电子器件称为A/D转换器，A/D转换器可将输入的模拟电压转换为与其成比例输出的数字信号。随着数字技术，特别是计算机技术的飞速发展与普及，在现代控制、通信及检测领域中，对信号的处理广泛采用了数字计算机技术。由于系统的实际处理对象往往都是一些模拟量(如温度、压力、位移、图像等)，要使计算机或数字仪表能识别和处理这些信号,必须首先将这些模拟信号转换成数字信号,这就必须用到A/D转换器。本章主要内容：

❑ A/D转换器原理。
❑ Exynos4412 A/D转换器。
❑ Exynos4412 A/D转换器应用举例。

13.1　A/D 转换器原理

13.1.1　A/D 转换基础

在基于 ARM 的嵌入式系统设计中，A/D 转换接口电路是应用系统输入通道的一个重要环节，可完成一个或多个模拟信号到数字信号的转换。模拟信号到数字信号的转换一般来说并不是最终的目的，转换得到的数字量通常要经过微控制器的进一步处理。A/D 转换的一般步骤，如图 13-1 所示。

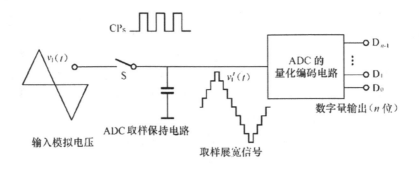

图 13-1　A/D 转换的一般步骤

13.1.2　A/D 转换的技术指标

1. 分辨率（Resolution）

分辨率表示会触发数字量变化的最小模拟信号的变化量。分辨率又称精度，通常以数字信号的位数来表示。A/D 转换器的分辨率以输出二进制（或十进制）数的位数表示。从理论上讲，n 位输出的 A/D 转换器能区分 2^n 个不同等级的输入模拟电压，能区分输入电压的最小值为满量程输入的 $1/2^n$。在最大输入电压一定时，输出位数愈多，量化单位愈小，分辨率愈高。例如 Exynos4412 的 A/D 转换器可以设置输出为 10 位二进制数，输入信号最大值为 3.3V，那么这个转换器能区分输入信号的最小电压为 3.22mV。

2. 转换速率（Conversion Rate）

转换速率是指完成一次 A/D 转换所需的时间的倒数。积分型 A/D 的转换时间是毫秒级的，属于低速 A/D；逐次比较型 A/D 是微秒级的，属于中速 A/D；全并行/串并行型 A/D 可达到纳秒级。采样时间则是另外一个概念，是指 2 次转换的间隔。为了保证转换的完成，采样速率（Sample Rate）必须小于或等于转换速率。因此有人习惯将转换速率

A/D 转换器

在数值上等同于采样速率，这也是可以接受的。采样速率的常用单位是 Ksps 和 Msps，表示每秒采样千/百万次。

3. 量化误差（Quantizing Error）

由于 A/D 的有限分辨率而引起的误差，即有限分辨率 A/D 的阶梯状转移特性曲线与无限分辨率 A/D（理想 A/D）的转移特性曲线（直线）之间的最大偏差。通常是 1 个或半个最小数字量的模拟变化量，表示为 1LSB、1/2LSB。量化和量化误差示意图，如图 13-2 所示。

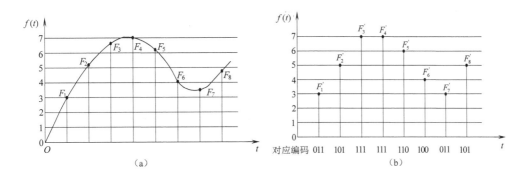

图 13-2 量化和量化误差

4. 偏移误差（Offset Error）

输入信号为零时输出信号不为零的值，可外接电位器调至最小。

5. 满度误差（Full Scale Error）

满度输出时对应的输入信号与理想输入信号值之差。

6. 线性度（Linearity）

实际转换器的转移函数与理想直线的最大偏移，不包括以上 3 种误差。

其他指标还有绝对精度（Absolute Accuracy）、相对精度（Relative Accuracy）、微分非线性、单调性和无错码、总谐波失真（Total Harmonic Distortion，THD）和积分非线性。

13.1.3 A/D 转换器类型

下面简要介绍常用的几种类型的 A/D 转换器的基本原理及特点：积分型、逐次逼近型、并行比较型/串并行型、电容阵列逐次比较型及压频变换型。

1. 积分型 A/D 转换器

积分型 A/D 转换器工作原理是将输入电压转换成时间（脉冲宽度信号）或频率（脉冲频率），然后由定时器/计数器获得数字值。积分型 A/D 实际上是 V-T 方式电压对时间的转换，先对输入量化电压以固定时间正向积分，然后再对基准电压反向积分，计数就是对应的 A/D 结果值。

双积分型 A/D 转换是一种间接 A/D 转换技术。首先将模拟电压转换成积分时间，然后用数字脉冲计时方法转换成计数脉冲数，最后将此代表模拟输入电压大小的脉冲数转换成二进制或 BCD 码输出。因此，双积分型 A/D 转换器转换时间较长，一般要大于 50ms。其优点是用简单电路就能获得高分辨率，但缺点是由于转换精度依赖于积分时间，因此转换速率极低。初期的单片 A/D 转换器大多采用积分型，现在逐次比较型已逐步成为主流。

如图 13-3 所示为双积分型 A/D 的控制逻辑图。积分器是转换器的核心部分，它的输入端所接开关 S_1 由定时信号控制。当定时信号为不同电平时，极性相反的输入电压 u_i 和参考电压 V_{REF} 将分别加到积分器的输入端，进行两次方向相反的积分，积分时间常数 $\tau = RC$。

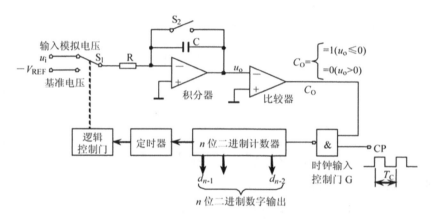

图 13-3　双积分型 A/D 控制逻辑图

过零比较器用来确定积分器的输出电压 u_o 过零的时刻。当 $u_o \geq 0$ 时，比较器输出电压为低电平；当 $u_o < 0$ 时，比较器输出电压为高电平。比较器的输出信号接至时钟控制门（G）作为关门和开门信号。

双积分型 A/D 转换器具有很强的抗干扰能力，故而采用双积分型 A/D 转换器可大大降低对滤波电路的要求。

2. 逐次逼近型 A/D

逐次逼近型 A/D 由逐次寄存器、比较器、同精度的 D/A、基准电压组成。从 MSB 开始，顺序地将输入电压与内置 D/A 转换器输出进行比较，经 n 次比较而输出数字值。其电路规模属于中等。其优点是速度较高、功耗低，在低分辨率（<12 位）时价格便宜，但高精度（>12 位）时价格很高。

4 位逐次比较型 A/D 转换器的逻辑电路图，如图 13-4 所示。

A/D 转换器

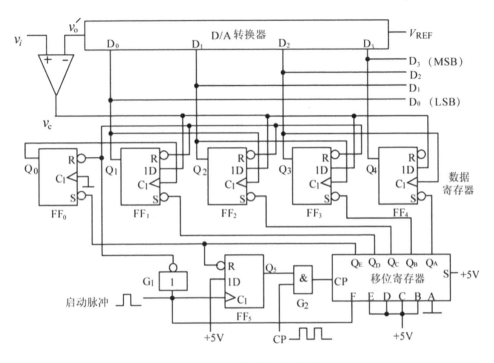

图 13-4 逐次逼近型 A/D 原理图

图 13-4 中 5 位移位寄存器可进行并入/并出或串入/串出操作，其输入端 F 为并行置数使能端，高电平有效。数据寄存器的输入端 S 为高位串行数据输入。数据寄存器由 D 边沿触发器组成，数字量从 $Q_1 \sim Q_4$ 输出。

电路工作过程为：

当启动脉冲上升沿到达后，$FF_0 \sim FF_4$ 被清零，Q_5 置 1，Q_5 的高电平开启与门 G_2，时钟脉冲 CP 进入移位寄存器。在第 1 个 CP 脉冲作用下，由于移位寄存器的置数使能端 F 已由 0 变 1，并行输入数据 ABCDE 置入，$Q_A Q_B Q_C Q_D Q_E = 01111$，$Q_A$ 的低电平使数据寄存器的最高位（Q_4）置 1，即 $Q_4 Q_3 Q_2 Q_1 = 1000$。D/A 转换器将数字量 1000 转换为模拟电压，送入比较器 C 与输入模拟电压 v_i 比较，若 $v_i > v'_0$，则比较器 C 输出 v_c 为 1，否则为 0，比较结果送 $D_4 \sim D_1$。

第 2 个 CP 脉冲到来后，移位寄存器的串行输入端 S 为高电平，Q_A 由 0 变 1，同时最高位 Q_A 的 0 移至次高位 Q_B。于是数据寄存器的 Q_3 由 0 变 1，这个正跳变作为有效触发信号加到 FF_4 的 CP 端，使 v_c 的电平得以在 Q_4 保存下来。此时，由于其他触发器无正跳变触发脉冲，v_c 的信号对它们不起作用。Q_3 变 1 后，建立了新的 D/A 转换器的数据，输入电压再与其输出电压进行比较，比较结果在第 3 个时钟脉冲作用下存于 Q_3……如此进行，直到 Q_E 由 1 变为 0 时，使触发器 FF_0 的输出端 Q_0 产生由 0 到 1 的正跳变，做触发器 FF_1 的 CP 脉冲，使上一次 A/D 转换后的 v_c 电平保存于 Q_1。同时使 Q_5 由 1 变 0 后将 G_2 封锁，一次 A/D 转换过程结束。于是电路的输出端 $D_3 D_2 D_1 D_0$ 得到与输入电压 v_i 成正比的数字量。

逐次逼近转换过程和用天平称物重非常相似。天平称重物过程是，从最重的砝码开始试放，与被称物体进行比较，若物体重于砝码，则该砝码保留，否则移去。再加上第二个次重砝码，由物体的重量是否大于砝码的重量决定第二个砝码是留下还是移去。如此一直加到最小一个砝码为止。将所有留下的砝码重量相加，就得此物体的重量。仿照这一思路，逐次比较型 A/D 转换器，就是将输入模拟信号与不同的参考电压做多次比较，使转换所得的数字量在数值上逐次逼近输入模拟量对应值。

3. 并行比较型/串行比较型 A/D

3 位并行比较型 A/D 转换原理电路图，如图 13-5 所示，它由电压比较器、寄存器和代码转换器 3 部分组成。

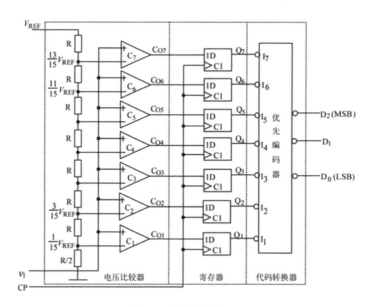

图 13-5　并行比较型 A/D

首先在电压比较器中进行量化电平的划分，用电阻链把参考电压 V_{REF} 分压，得到从 $\frac{1}{15}V_{REF} \sim \frac{13}{15}V_{REF}$ 之间 7 个比较电平。然后，把这 7 个比较电平分别接到 7 个比较器 $C_1 \sim C_7$ 的输入端作为比较基准。同时将输入的模拟电压同时加到每个比较器的另一个输入端上，与这 7 个比较基准进行比较。

并行 A/D 转换器具有如下特点。

（1）由于转换是并行的，其转换时间只受比较器、触发器和编码电路延迟时间限制，因此转换速度最快。

（2）随着分辨率的提高，元件数目要按几何级数增加。一个 n 位转换器，所用的比较器个数为 2^n-1 个，如 8 位的并行 A/D 转换器就需要 $2^8-1=255$ 个比较器。由于位数愈多，电路愈复杂，因此制成分辨率较高的集成并行 A/D 转换器是比较困难的。

A/D 转换器

（3）使用这种含有寄存器的并行 A/D 转换电路时，可以不用附加取样－保持电路，因为比较器和寄存器这两部分也兼有取样－保持功能。这也是该电路的一个优点。

图 13-5 中的 8 个电阻将参考电压 V_{REF} 分成 8 个等级，其中 7 个等级的电压分别作为 7 个比较器 $C_1 \sim C_7$ 的参考电压，其数值分别为 $\frac{1}{15}V_{REF}$、$\frac{3}{15}V_{REF}$、$\frac{13}{15}V_{REF}$。输入电压为 v_1，它的大小决定各比较器的输出状态，如当 $0 \leq v_1 < V_{REF}/15$ 时，$C_7 \sim C_1$ 的输出状态都为 0；当 $\frac{3}{15}V_{REF} \leq v_1 < \frac{5}{15}V_{REF}$ 时，比较器 C_6 和 C_7 的输出 $C_{O6}=C_{O7}=1$，其余各比较器的状态均为 0。根据各比较器的参考电压值，可以确定输入模拟电压值与各比较器输出状态的关系。比较器的输出状态由 D 触发器存储，经优先编码器编码，得到数字量输出。优先编码器优先级别最高是 I_7，最低的是 I_1。

设 v_1 变化范围是 $0 \sim V_{REF}$，输出 3 位数字量为 $D_2D_1D_0$，3 位并行比较型 A/D 转换器的输入、输出关系如表 13-1 所示。

表 13-1 3 位并行 A/D 转换器输入与输出关系对照表

模拟输入	比较器输出状态							数字输出		
	C_{O1}	C_{O2}	C_{O3}	C_{O4}	C_{O5}	C_{O6}	C_{O7}	D_2	D_1	D_0
$0 \leq v_1 < V_{REF}/15$	0	0	0	0	0	0	0	0	0	0
$V_{REF}/15 \leq v_1 < 3V_{REF}/15$	0	0	0	0	0	0	1	0	0	1
$3V_{REF}/15 \leq v_1 < 5V_{REF}/15$	0	0	0	0	0	1	1	0	1	0
$5V_{REF}/15 \leq v_1 < 7V_{REF}/15$	0	0	0	0	1	1	1	0	1	1
$7V_{REF}/15 \leq v_1 < 9V_{REF}/15$	0	0	0	1	1	1	1	1	0	0
$9V_{REF}/15 \leq v_1 < 11V_{REF}/15$	0	0	1	1	1	1	1	1	0	1
$11V_{REF}/15 \leq v_1 < 13V_{REF}/15$	0	1	1	1	1	1	1	1	1	0
$13V_{REF}/15 \leq v_1 < V_{REF}$	1	1	1	1	1	1	1	1	1	1

4．电容阵列逐次比较型

电容阵列逐次比较型 A/D 在内置 D/A 转换器中采用电容矩阵方式，也可称为电荷再分配型。一般的电阻阵列 D/A 转换器中多数电阻的值必须一致。在单芯片上生成高精度的电阻并不容易，如果用电容阵列取代电阻阵列，可以用低廉的成本制成高精度的单片 A/D 转换器。最近的逐次比较型 A/D 转换器大多为电容阵列式的。

5．压频变换型

压频变换型（Voltage-Frequency Converter）是通过间接转换方式实现模数转换的。其原理是首先将输入的模拟信号转换成频率，然后用计数器将频率转换成数字量。从理论上讲这种 A/D 的分辨率几乎可以无限增加，只要采样的时间能够满足输出频率分辨率要求的累积脉冲个数的宽度。其优点是分辨率高、功耗低、价格低，但是需要外部计数电路共同完成 A/D 转换。

13.1.4 A/D 转换的一般步骤

模拟信号进行 A/D 转换的时候，从启动转换到转换结束输出数字量，需要一定的转换时间，在这个转换时间内，模拟信号要基本保持不变，否则转换精度没有保证，特别是当输入信号频率较高时，会造成很大的转换误差。要防止这种误差的产生，必须在 A/D 转换开始时将输入信号的电平保持住，而在 A/D 转换结束后，又能跟踪输入信号的变化。因此，一般的 A/D 转换过程是通过取样、保持、量化和编码这 4 个步骤完成的。一般取样和保持主要由采样保持器来完成，而量化编码就由 A/D 转换器完成。

13.2 Exynos4412- A/D 转换器概述

13.2.1 A/D 转换器概述

Exynos4412 芯片内部集成了分辨率为 10 位/12 位 CMOS 模拟数字转换器，它具有 4 个输入通道。在最高 A/D 时钟 5MHz 下，将模拟量转换为 10 位或 12 位二进制数的转化速率最快能达到 1Msps。A/D 转换操作具有样本保持的功能，同时也支持低功耗模式。

Exynos4412 A/D 转换器的控制器接口框图如图 13-6 所示。

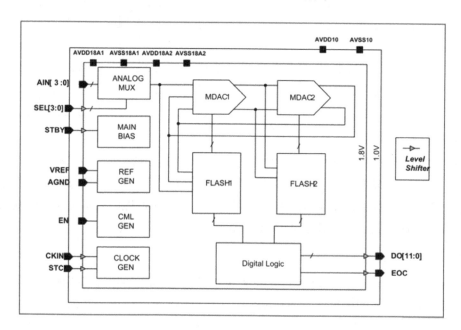

图 13-6　Exynos4412 ADC 控制器接口框图和选择框图

A/D 转换器

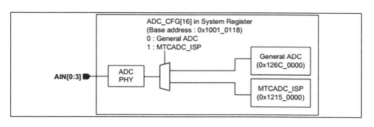

图 13-6　Exynos4412 ADC 控制器接口框图和选择框图（续）

Exynos 4412 内部有两个 ADC 转化模块 General ADC 和 MTCADC_ISP，用户可以通过 ADC_CFG 寄存器的 16 位选择哪种模块工作。通常选择 General ADC 模块。

13.2.2　A/D 转换器特点

Exynos4412-ADC 转换器包括如下特性。
- 分辨率 10bit/12bit。
- 微分误差±2.0LSB。
- 积分误差±4.0LSB。
- 顶部偏移误差：0～+55 LSB。
- 底部偏移误差：0～-55 LSB。
- 最大转换速率：1 Msps。
- 电源电压：1.8V（典型值），1.0V（典型值，数字 I/O 接口）。
- 模拟量输入范围：0～1.8V。

13.2.3　A/D 转换器寄存器解析

1．A/D 转换器控制寄存器（ADCCON）

ADCCON 寄存器主要要用配置 A/D 转换器功能，如：转换开始方式、工作模式、时钟分频、分辨率等，还有一位只读状态位表示当前转换是否完成。

如表 13-2 所示为 ADCCON 寄存器描述。

表 13-2　ADCCON 寄存器（地址=0x126C0000）

ADCCON	位	描　　述	初始值
RES	[16]	ADC 转换输出分辨率选择位： 0：10bit 输出　1：12bit 输出	0
ECFLG	[15]	A/D 转换结束标志（只读） 0：A/D 转换正在进行 1：A/D 转换结束	0
PRSCEN	[14]	A/D 转换预分频是否使用 0：不使用预分频 1：使用预分频	0

续表

ADCCON	位	描述	初始值
PRSCVL	[13:6]	预分频值 PRSCVL，取值 19~255 注：（1）当位域数值为 N 时，分频数值为 N+1 （2）ADC 最大时钟为 5MHz	0xFF
Reserved	[5:3]	保留	0
STANDBY	[2]	待机模式选择位 0：正常模式　1：待机模式	1
READ_START	[1]	A/D 转换读启动使能位 0：禁止读启动　　1：使能读启动	0
ENABLE_START	[0]	ADC 转换手动启动位 0：ADC 不工作 1：ADC 开始转换数据（当 ADC 完成了一次转换后，会自动清零） 注：READ_START 位为 1 时无效	0

2．A/D 转换器通路选择寄存器（ADCMUX）

ADCMUX 寄存器用来选择当前要转换的模拟量的通路。

如表 13-3 所示为 ADCMUX 寄存器描述。

表 13-3　ADCMUX 寄存器（地址=0x126C001c）

ADCMUX	Bit	描述	初始值
SEL_MUX	[3：0]	当前要 A/D 转换的模拟量输入通道选择： 0000：AIN0 0001：AIN1 0010：AIN2 0013：AIN3	0

3．A/D 转换器数据寄存器（ADCDAT）

ADCDAT 寄存器用来存放模拟量转换为数字量的转换结果。

如表 13-4 所示为 ADCDAT 寄存器描述。

表 13-4　ADCDAT 寄存器（地址=0x126C0000）

ADCDAT	Bit	描述	初始值
DATA	[11:0]	ADC 转换的结果数值（只读）	—

13.3　A/D 转换器应用实例

13.3.1　A/D 转换器实例内容和原理

如 ADC 电路连接所示，利用一个电位计输出电压到 Exynos4412 的 ADC_IN1 引脚。

A/D 转换器

输入的电压范围是 0~1.8V。旋转电位器 PR 使输出电压发生变化，即 XadcAIN3 引脚采集到变化的模拟电压。通过编写软件程序，实现电位器输出端电压值的实时获取、转换和显示。为了观察转换结果，可以通过串口打印结果到终端。

13.3.2 A/D 转换器实例硬件连接

A/D 转换器实例硬件连接电路图，如图 13-7 所示。

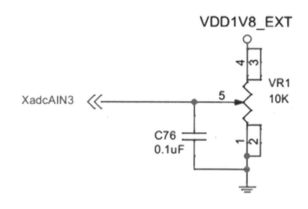

图 13-7 分压电路

13.3.3 A/D 转换器实例软件设计

A/D 转换器程序设计步骤：

1. 设置 ADCCON 寄存器，设置 A/D 转换器转换时间、分辨率和启动方式。

(1) 设置 A/D 转换器转换速率，

PCLK 给 A/D 转换器控制器提供时钟源，通过分频器，获得驱动 A/D 转换器工作的工作时钟。

A/D 转换器控制器 5 个 A/D 转换器工作时钟周期，能够完成一次 A/D 转换。A/D 转换器的最大工作时钟为 5MHz，所以最大的采样率可以达到 1Mbit/s。

例如，假设 PCLK 为 100MHz，PRESCALER = 99；所有 A/D 转换器工作时间为：
100MHz / (99+ 1) = 1MHz

A/D 转换器转换时间为 1/(1M/5 cycles) = 5μs。

(2) 设置 A/D 转换器分辨率

选择 10 位或 12 位精度，精度越高，功耗相应也越高。根据需要求合理选择。

(3) 设置 A/D 转换器启动转换方式

Exynos4412 的 A/D 转换器控制器启动转换的方式分为一次性手动启动和读启动，两种启动方式不能同时使能。

一次性手动启动：ADCCON[0]位置 1，开始 A/D 转换，转换一次，该位自动清零。

读启动：ADCCON[1]位置 1，使能读启动，对 ADCDAT 寄存器进行读操作，开始下次转换。

2. 设置 ADCMUX 寄存器，选择转换通道。

根据硬件连接，转换通道选择 ANI3 通道作为 A/D 转换器的模拟量输入端，进行 A/D 转换。

3. 等待转换完成，读取 ADCDAT 寄存器，获得转换结果。

A/D 转换器转换需要时间，我们不能启动 A/D 转换后，就立刻去读存放 A/D 转换结果的 ADCDAT 寄存器。判断 A/D 转换是否完成，有两种方法：

查询 A/D 转换状态位，ADCCON[15]=1 时，A/D 转换完成，能读取结果。
ADCCON[15]=0 时，A/D 转换进行中，不能读取结果。

通过 A/D 转换器中断，需使能 A/D 转换器中断，当 A/D 转换完成后，触发中断，在中断处理函数中读取 A/D 转换结果。

我们采用查询 A/D 转换状态位的方法，通过 A/D 转换器中断的方法，可以参考中断控制器的内容，自己书写。

13.3.4　A/D 转换器实例代码

```c
#include "exynos_4412.h"
#include "uart.h"

/****************************************************************
 * 函数功能：延时函数
 ****************************************************************/
void mydelay_ms(int time) {
    int i, j;
    while (time--) {
        for (i = 0; i < 5; i++)
            for (j = 0; j < 514; j++)
                ;
    }
}
/****************************************************************
 * 函数功能：初始化 ADC 函数
 ****************************************************************/
void init_adc(void)
{
    //设置转换模拟量输入通道 3（AIN3）
    ADCMUX = 0x3;
    //12bit 转换精度；使能 ADC 预分配；设置 ADC 预分配值为 255
    ADCCON = (0x1 << 16) | (0x1 << 14) | (0xff << 6);
    return;
}

/****************************************************************
 * 函数功能：ADC 开始转换函数
```

A/D 转换器

```
 * 返回参数：unsigned int 转换结果
 ****************************************************************/
unsigned int start_adc(void)
{
    ADCCON |= 0x1;                        //手动方式启动 A/D 转换
    mydelay_ms(100);                      //延时
    while (!(ADCCON & (0x1 << 15)))       //通过查询状态位方式等待转换完成
        ;
    return (ADCDAT & 0xfff);
}

/*****************************************************************
 * 函数功能：主函数
 ****************************************************************/
int main(void) {

    unsigned int temp_adc = 0;
    unsigned int temp_mv = 0;
    init_adc();                           //ADC 初始化
    uart_init();                          //串口初始化
    printf("\n*********** ADC test ***********\n");

    while (1) {
        temp_adc = start_adc();                    //启动 ADC，返回转换结果
        temp_mv  = 1800 * temp_adc / 4095;         //A/D 结果变换为 mv 单位

        printf("adc value: %d mv\n", temp_mv);     //打印转换结果
        mydelay_ms(500);
    }

    return 0;
}
```

13.3.5 A/D 转换器实例现象

1. 串口接收设置

在 PC 上运行串口调试工具（波特率为 115200Bd、1 位停止位、无校验位、无硬件流控制）；或者使用其他串口通信程序。

2. 测试程序与观察实验结果

仿真程序调试，PMIC_InitIp( )中将上电使能 ADC 控制器。依据原理图，将 ADC 控制器 0 的模拟信号输入端 1 选通采集模拟信号。通过配置 A/D 控制寄存器 0（TSADCCON0），选择 12 位精度，时钟预分频为 255 个，选择读启动转换。在中断处理函数中，通过读取 A/D 转换数据寄存器 0（TSDATX0），启动下次 ADC 转换。终端打印结果，如图 13-8 所示。

ARM 处理器开发详解:基于 ARM Cortex-A9 处理器的开发设计

图 13-8　终端打印结果

13.4　本章小结

本章主要讲解了 A/D 转换器的工作原理,以及 Exynos4412 下 A/D 控制器的操作方法。

13.5　练习题

1．A/D 转换器选型时需要考虑哪些指标?
2．根据 A/D 的基本原理,可以将 A/D 控制器分为哪些种类?
3．在 PCLK 为 50MHz 的情况下,如何设置 Exynos4412 的 A/D 控制器来实现采集速度为 100Ksps?
4．编程实现采集一个范围在 0V~3.3V 的电压的测试程序。

第 14 章 I2C 总线

为了使读者掌握常见的 I2C 总线,这一章将从理论到实际应用从头梳理一遍,目的在于给读者一个完整的概念,不仅在理论上掌握了解 I2C 总线,更要在实际运用中灵活使用。

本章主要内容:

- I2C 总线协议。
- Exynos4412 的 I2C 控制器工作原理。
- Exynos4412 的 I2C 控制器使用。

14.1 I2C 总线协议

14.1.1 I2C 总线协议简介

I2C（Inter－Integrated Circuit）总线（也称 IIC 或 I²C）是由 PHILIPS 公司开发的两线式串行总线，用于连接微控制器及其外围设备，是微电子通信控制领域广泛采用的一种总线标准。它是同步通信的一种特殊形式，具有接口线少，控制方式简单，器件封装形式小，通信速率较高等优点。Exynos4412 芯片包含 8 个通用 I2C 接口控制器。

I2C 接口的主要特点如下：
- 全双工。
- 只要求两条总线线路：一条串行数据线 SDA、一条串行时钟线 SCL。
- 每个连接到总线的器件都可以通过唯一的地址。
- 真正的多主机总线，支持冲突检测和仲裁，防止数据被破坏。
- 串行的 8 位双向数据传输位。
- 速率在标准模式下可达 100kbit/s，快速模式下可达 400kbit/s，高速模式下可达 3.4Mbit/s。
- 片上的滤波器可以滤去总线数据线上的毛刺波，保证数据完整。
- 连接到相同总线的 IC 数量只受到总线的最大电容 400pF 限制。

14.1.2 I2C 总线协议内容

（1）I2C 总线引脚定义

每个 I2C 设备有 2 个引脚供通信连接使用。I2C 的两个引脚是：
- SDA （I2C 数据引脚）。
- CLK（I2C 时钟引脚）。

（2）I2C 总线物理连接

I2C 总线物理连接如图 14-1 所示，SDA 和 SCL 连接线上连有两个上拉电阻，所有的 I2C 设备并联在总线上。

I2C 总线

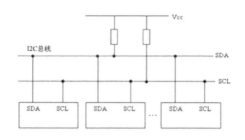

图 14-1 I2C 总线物理连接

（3）I2C 总线术语

I2C 总线的描述中有许多专业术语，正确的理解术语含义，有助于我们理解 I2C 总线协议。如表 14-1 所示，列出了 I2C 常见的专业术语。

表 14-1 I2C 专业术语

术 语	描 述
发送器	发送数据到总线的器件
接收器	从总线接收数据的器件
主机	初始化发送 产生时钟信号和终止发送的器件
从机	被主机寻址的器件
多主机	同时有多于一个主机尝试控制总线但不破坏报文
仲裁	是一个在有多个主机同时尝试控制总线 但只允许其中一个控制总线并使报文不被破坏的过程
同步	两个或多个器件同步时钟信号的过程

（4）I2C 总线信号类型

I2C 总线在数据传输过程中有三种信号，它们分别为：开始信号（S）、结束信号（P）和答信号（ACK）。如图 14-2 所示。

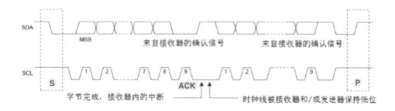

图 14-2 I2C 总线信号

开始信号：SCL 为高电平时，SDA 由高电平向低电平跳变，开始传送数据。
结束信号：SCL 为高电平时，SDA 由低电平向高电平跳变，结束传送数据。
应答信号：接收设备在接收到 8bit 数据后，在第 9 个时钟周期，向发送设备发送低电平，表示成功收到数据。

（5）I2C 总线时序

如图 14-2 所示，当 I2C 总线空闲时 SDA 和 SCL 线都是高电平。I2C 数据通信由主机发送开始信号（S）起始，到主机发送结束信号（P）结束。在开始信号和结束信号之间以字节为单位传输数据，每个字节后必须跟一个响应位，每次传输可以发送的字节数量不受限制。数据是一位一位的进行传输，先传输高位（MSB），再传输低位（LSB）。

发送器作为数据的发送方，接收器作为数据的接收方。根据 SCL 上的时钟信号进行数据传输同步，保证数据有效传输。SCL 时钟为低电平周期时发送器发送数据，SDA 线上数据可以发生变化，SCL 时钟为高电平周期时接收器接收数据，SDA 线上数据必须保持稳定，如图 14-3 所示。

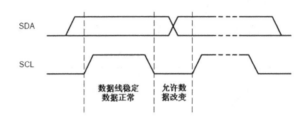

图 14-3　I2C 信号时序

（6）I2C 总线 ACK 信号

如图 14-4 所示为 I2C 总线 ACK 信号。

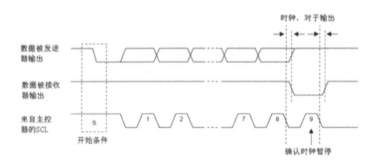

图 14-4　I2C 总线 ACK 信号

为了完成一个字节的发送操作，接收器必须将一个 ACK 信号发送到发送器。ACK 信号在 SCL 线的第 9 个时钟周期产生。发送完一个字节后，第 9 个时钟周期发送器释放对 SDA 线的控制，SDA 线由于上拉电阻的作用恢复到高电平，接收器如果接收数据成功，将 SDA 线置低电平作为 ACK 信号。发送器收到 ACK 信号，继续发送数据，接收器如果接收数据失败，则在第 9 个时钟周期不动作，SDA 线一直为高电平。发送器没有接收到 ACK 信号，就会发出停止信号停止本次通信或发送开始信号，重新发送。

（7）I2C 设备地址

I2C 设备用一个 7 位或 10 位的数字，唯一标识自己。方便主机寻找自己，建立 I2C

通信。I2C 设备地址由固定部分和可编程部分构成。这样 I2C 总线就可以支持一个 I2C 总线上挂载了多个同样的器件，而地址不同。I2C 地址的可编程部分最大数量就是可以连接到 I2C 总线上相同器件的数量。一般可编程的部分的值，由特定引脚的电器连接决定。例如，I2C 器件用 7 为地址来标识自己，有 4 个固定的和 3 个可编程的地址位，那么相同的总线上共可以连接 8 个相同的器件。

（8）I2C 总线寻址

I2C 总线的寻址过程通常是在起始信号后的第一个字节决定了主机选择哪一个从机。例外的情况是可以寻址所有器件的广播地址，使用这个地址时理论上所有器件都会发出一个响应，但是也可以使器件忽略这个地址。

第一个字节的前 7 位组成了从机地址，第 8 位决定了数据传输的方向，第一个字节的最低位是 0 表示主机会写信息到被选中的从机；1 表示主机会向从机读信息。如图 14-5 所示。

图 14-5　I2C 总线地址

10 位寻址和 7 位寻址兼容，而且可以结合使用。10 位寻址过程是起始信号后的头两个字节，通常决定了主机要寻址哪个从机。10 位从机地址由在起始条件信号或重复起始信号后的头两个字节组成。第一个字节的头 7 位是 11110XX 的组合，其中最后两位 XX 是 10 位地址的两个最高位（MSB）。第一个字节的第 8 位是 R/W 位，决定了数据传输的方向，第一个字节的最低位是 0，表示主机会写信息到被选中的从机；1 表示主机会向从机读信息。如图 14-6 所示。

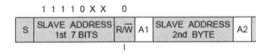

图 14-6　I2C 总线 10 位地址

14.2 Exynos4412-I2C 控制器详解

14.2.1 I2C 控制器概述

Exynos4412 可以通过 I2C 串行总线接口和各种外设进行数据传输。Exynos4412 有 9 个 I2C 总线控制器，其中 8 个是通用的 I2C 控制器，另 1 个 I2C 控制器是专门为 HDMI 提供。

下面是 I2C 控制器的特性：
- 支持全双工通信。
- 支持 8/16/32 位移位寄存器。
- 支持 8/16/32 位总线接口
- 支持摩托罗拉 SPI 协议和国家半导体导 SPI 协议。
- 两个独立的 32 位宽的传输和接收 FIFO。
- 支持主设备模式和从设备模式。
- 支持 Receive-without-transmit 操作。
- TX/RX 最大频率高达 50 MHz。

14.2.2 I2C 控制器框架图

如图 14-7 所示，Exynos4412 控制器通过读写寄存器来实现 I2C 通信。I2CCON 寄存器和 I2CSTAT 寄存器用来配置、控制 I2C 控制器，并显示 I2C 控制器的状态。

I2CDS 寄存器是 I2C 数据移位寄存器，如果要发送数据，就向 I2CDS 寄存器内写入数值，如果接收数据，就读取 I2CDS 寄存器。I2CADD 寄存器用于 Exynos4412 作为从机时的地址。

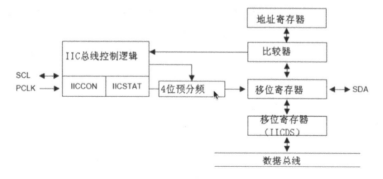

图 14-7 I2C 控制器框图

14.2.3 I2C 控制器寄存器详解

1. I2C 传输配置寄存器（I2CCONn n=0~7）

I2CCONn 寄存器用来对 I2C 控制器进行使能和时钟配置，如：ACK 使能、时钟设置、中断使能、中断标志位等。

I2CCONn 寄存器，如表 14-2 所示。

表 14-2 I2CCONn 寄存器（地址=0x139x0000 x=6~e）

I2CCONn	位	描述	复位值
Acknowledge generation	[7]	ACK 信号使能 0：禁止 1：使能	0
Tx clock source selection	[6]	I2C 总线传输时钟源预分频选择： 0: I2CCLK = fPCLK /16 1: I2CCLK = fPCLK /512	0
Tx/Rx Interrupt	[5]	I2C 总线接收发送中断使能位 0：禁止 1：使能	0
Interrupt pending flag	[4]	I2C 总线接收发送中断挂起标志。 该位不能被写 1。当该位写 1,I2CSCL 为 L 且 I2C 停止。为了恢复操作,清 0 该位。 0: (1)无中断挂起(读) 　　(2)清除挂起条件&恢复操作(写) 1: (1)中断挂起(读) 　　(2)N/A(写)	0
Transmit clock value	[3:0]	I2C 总线发送时钟预分频 发送时钟 = I2CCLK/(I2CCON[3:0] + 1).	0

注：
（1）IIC 接口,在读取最后数据之前应答生成设置为无效。目的是在接收模式下生成停止位。
（2）I2C 总线中断出现
　　1）当一个字节发送或接收操作完成时。
　　2）当一个 general call 或从设备地址匹配出现时。
　　3）当总线仲裁失败时。
（3）为了在 SCL 上升边缘调整 SDA 的设置时间，在清除 I2C 中断等待之前，不得不写入 I2CDS。
（4）I2CCLK 由 I2CCON[6]决定。
　　通过 SCL 改变时间，能改变发送时钟。
　　当 I2CCON[6]=0，I2CCON[3:0]=0x0 或 0x1 是无效的。

2. I2C 控制状态寄存器（I2CSTATn n=0~7）

I2CSTATn 寄存器用来对 I2C 控制器控制，如工作模式、输出使能、开始和停止信号的产生等。同时显示 I2C 控制器相关状态。

I2CSTATn 寄存器，如表 14-3 所示。

表 14-3　I2CSTATn 寄存器（地址=0x139x0004 x=6~e）

I2CSTATn	位	描　述	复位值
Mode selection	[7:6]	I2C 控制器工作模式选择位。 00:从属器接收模式 01:从属器发送模式 10:主控器接收模式 11:主控器发送模式	0
Busy signal status/START STOP condition	[5]	I2C 总线忙信号状态位。 0:（读）不忙 （写）停止信号产生 1:（读）忙 （写）开始信号产生。 在开始信号后 I2CDS 中数据自动发送。	0
Serial output	[4]	I2C 数据输出使能。 0:禁止　1:使能	0
Arbitration status flag	[3]	I2C 总线仲裁过程状态标志位 0:总线仲裁成功 1:总线仲裁失败	0
Address-as-slave status flag	[2]	I2C 总线地址作从机状态标志位。 0:当检测到开始或停止条件，该位被清除 1:接收的从机地址和 I2CADD 中的地址值匹配	0
Address zero status flag	[1]	I2C 总线地址 0 状态标志位。 0:当开始/停止条件被检测到时清除 1:接收的从属器地址是 00000000b	0
Last-received bit status flag	[0]	I2C 总线最后接收位状态标志位。 0:最后接收位为 0(收到 ACK) 1:最后接收位为 1(未收到 ACK)	0

3．I2C 地址寄存器（I2CADDn　n=0~7）

I2CADDn 寄存器，如表 14-4 所示。

表 14-4　I2CADDn 寄存器（地址=0x139x0008 x=6~e）

II2CADDn	位	描　述	复位值
Slave address	[7:0]	7 位从属器地址。 当 I2CSTAT 中串行输出使能=0 时，I2CADD 写有效。不管当前串行输出使能位(I2CSTAT)的设置,I2CADD 值都能被读取。 从机地址:[7:1] 无映射:[0]	0

4．I2C 接收发送数据寄存器（I2CDSn　n=0~7）

I2CDSn 寄存器，如表 14-5 所示。

I2C 总线

表 14-5　I2CDSn 寄存器（地址=0x139x000c x=6~e）

I2CDSn	位	描 述	复位值
Data shift	[7:0]	用于 I2C 总线发送/接收操作的 8 位数据移位寄存器。当 I2CSTAT 中串行输出有效=1,I2CDS 写入有效。无论当前串行输出有效位(I2CSTAT)设置怎样，I2CDS 值都能被读。	0

5．I2C 总线传输配置寄存器（I2CLCn　n = 0~7）

I2CLCn 寄存器，如表 14-6 所示。

表 14-6　I2CLCn 寄存器（地址=0x139x0010 x=6~e）

I2CLCn	位	描 述	复位值
Filter enable	[2]	I2C 总线滤波器使能位。 当 SDA 接口作为输入操作，该位应该是高电平。过滤器可以避免在连个 PCLK 期间干扰出现错误 　0：滤波器禁止　　1：滤波器使能	0
DA output delay	[1:0]	I2C 总线 SDA 线路延时长度选择位 SDA 线按以下时钟时间(PCLK)的延时 00：0 clocks 01：5 clocks 10：10 clocks 11：15 clock	0

14.2.4　I2C 控制器操作流程

Exynos4412 I2C 控制器的操作很简单，对于 4 种不同的工作模式（主机发送器、主机接收器、从机发送器、从机接收器），Exynos4412 已经给出了详细的操作流程。结合 I2C 控制器寄存器详解，逐步操作即可。如图 14-8 所示，为 Exynos4412I2C 控制器的主机发送器工作模式，我们以其为例详细说明操作流程。其他工作模式操作方式类似。

（1）配置主机发送模式
- 设置对应的 I2C 引脚的功能为 SDA 和 SCL
- 设置 I2CCON[6]，配置 I2C 发送时钟和中断使能
- 设置 I2C 发送使能，I2CSTAT[4]=0b1

（2）将要通信的 I2C 从机的地址和读写位写入 I2CDS 寄存器。

（3）将 0xF0 写入 I2CSTAT 寄存器
　　I2CSTAT[7:6] =0b11　设置 4412 模式，主机发送模式
　　I2CSTAT[5]　 =0b1　　写 1，发送开始信号
　　I2CSTAT[4]　 =0b1　　使能 IIC 串口发送

（4）I2C 控制器发出开始信号后，在（2）中写入的 I2CDS 寄存器地址自动发送到 SDA 总线上，用来寻找从机。

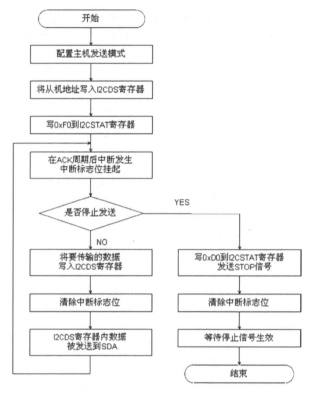

图 14-8　I2C 控制器主机发送模式

（5）在 ACK 周期后，I2C 控制器发生中断，I2CCON[4]被自动置 1，I2C 传输暂停。

（6）I2C 数据通信是否结束，若结束跳转到（10），否则跳转到（7）。

（7）将要传输的数据写入 I2CDS 寄存器准备发送。

（8）清除中断标志位，通过向 I2CCON[4]中写 0 实现。

（9）清除中断标志位后，I2CDS 寄存器内的数据就开始发送到 SDA 总线上。
    发送完成后，跳转到（5）。

（10）将 0xD0 写入 I2CSTAT 寄存器
    I2CSTAT[7:6] =0b11　设置 4412 模式，主机发送模式
    I2CSTAT[5] 　=0b0　 写 0，发送停止信号
    I2CSTAT[4] 　=0b1　 使能 IIC 发送和接收

（11）清除中断标志位，通过向 I2CCON[4]中写 0 实现。

（12）延时等待一段时间，使得停止信号生效，I2C 通信结束。

14.3 I2C 接口应用实例

14.3.1 I2C 实例内容和原理

编写程序实现，Exynos4412 通过 I2C 总线协议与 MPU6050 通信，读取 MPU6050 的 Z 轴角速度结果寄存器并打印。

MPU6050 是一款 9 轴运动处理传感器。它集成了 3 轴 MEMS 陀螺仪、3 轴 MEMS 加速度计，以及一个可扩展的数字运动处理器 DMP（Digital Motion Processor），可用 I2C 接口连接一个第三方的数字传感器，比如磁力计。扩展之后就可以通过其 I2C 接口输出一个 9 轴的信号。MPU6050 也可以通过其 I2C 接口，连接非惯性的数字传感器，比如压力传感器。

MPU6050 对陀螺仪和加速度计分别用了三个 16 位的 ADC，将其测量的模拟量转化为可输出的数字量。为了精确跟踪快速和慢速的运动，传感器的测量范围都是可控的，陀螺仪可测范围为±250°/S，±500°/S，±1000°/S，±2000°/S，加速度计可测范围为±2g，±4g，±8g，±16g。

14.3.2 I2C 实例硬件连接

如图 14-8 所示为 MPU6050 的 SDA 和 SCL 引脚与 Exynos4412-I2C 控制器 5 的 SDA 和 SCL 引脚连接。MPU6050 的 AD0 引脚的电平值为 0（GND）。

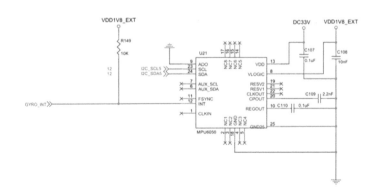

图 14-8 MPU6050 硬件连接

14.3.3 I2C 实例软件设计

实现对 MPU6050 芯片的 Z 轴坐标读操作，首先要配置 Exynos4412 的 I2C5 控制器、配置 GPIO 为 I2C 功能模式，再根据 MPU6050 芯片手册提供的芯片地址、寄存器说明和时序对 MPU6050 进行操作。

MPU6050 的 I2C 设备地址如图 14-9 所示为 7 位地址，高 6 位是固定的 110100，最后一位由引脚 AD0 的电平决定。由 I2C 实例硬件连接图得知 AD0 电平为 0，所以 MPU6050 的 I2C 地址为：0x68。

I²C ADDRESS	AD0 = 0	1101000
	AD0 = 1	1101001

图 14-9　MPU6050 地址

下面介绍 MPU6050 的几种操作时序，分别是字节写时序、页写时序、当前地址读、随机地址读和顺序读时序。

（1）字节写时序（Byte Write），如图 14-10 所示。

Master	S	AD+W		RA		DATA		P
Slave			ACK		ACK		ACK	

图 14-10　MPU6050 字节写时序

如上图所示，字节写时序依次要发送器件地址和读写位（AD+W）、数据写入地址（RA）和写入的 8 位数据（DATA）。

（2）字节读时序（Byte Read），如图 14-11 所示。

Master	S	AD+W		RA		S	AD+R			NACK	P
Slave			ACK		ACK			ACK	DATA		

图 14-11　MPU6050 字节读时序

如上图 14-11 所示，字节读时序首先要发送器件地址和读写位（AD+W）、要读取的地址（RA）由于要转换数据流向，重新发送开始信号（S），接着发送器件地址和读写位（AD+R）、读取数据（DATA）。

14.3.4　I2C 实例代码

根据以上信息，这里分成若干模块来逐一实现，全部代码可到华清远见官方论坛上下载。

（1）MPU6050 寄存器说明（只列出使用到的寄存器）

```
/*******************************
*PU6050 内部地址
********************************/
#define  SMPLRT_DIV        0x19      //陀螺仪采样率，典型值：0x07(125Hz)
```

I2C 总线

```
#define CONFIG              0x1A        //低通滤波频率，典型值：0x06(5Hz)
#define GYRO_CONFIG         0x1B
                                        //陀螺仪自检及测量范围，典型值：0x18(不自检，2000deg/s)
#define ACCEL_CONFIG        0x1C
                                        //加速计自检、测量范围及高通滤波，典型值：0x18(不自检，2G，5Hz)
#define GYRO_ZOUT_H         0x47        //陀螺仪 z 轴角速度数据寄存器（高位）
#define GYRO_ZOUT_L         0x48        //陀螺仪 z 轴角速度数据寄存器（低位）
#define PWR_MGMT_1          0x6B        //电源管理，典型值：0x00(正常启用)
#define WHO_AM_I            0x75        //IIC 地址寄存器（默认数值 0x68，只读)
#define SlaveAddress 0x68               //MPU6050-I2C 地址
```

（2）MPU6050 字节写时序实现

```
/******************************************************************
* 函数功能：I2C 向特定地址写一个字节
* 输入参数：
*       slave_addr: I2C 从机地址
*             addr: 芯片内部特定地址
*             data: 写入的数据
******************************************************************/

void iic_write (unsigned char slave_addr, unsigned char addr,
                unsigned char data)
{
    I2C5.I2CCON = I2C5.I2CCON | (1<<6) | (1<<5);     //设置 I2C 时钟预分配 512、使能
I2C 中断
    I2C5.I2CSTAT |= 0x1<<4;                          //使能 I2C 串口输出

    I2C5.I2CDS = slave_addr<<1 ;                     //MPU6050-I2C 地址+写位 0
    I2C5.I2CSTAT = 0xf0;                //主机发送模式、使能 I2C 的发送和接收、发出开始信号
    while(!(I2C5.I2CCON & (1<<4)));                  //等待 ACK 周期后，中断挂起

    I2C5.I2CDS = addr;                               //数据写入地址（MPU6050 芯片内
部地址）
    I2C5.I2CCON = I2C5.I2CCON & (~(1<<4));           //清除中断标志位
    while(!(I2C5.I2CCON & (1<<4)));                  //等待 ACK 周期后，中断挂起

    I2C5.I2CDS = data;                               //要写入的数据
    I2C5.I2CCON = I2C5.I2CCON & (~(1<<4));           //清除中断标志位
    while(!(I2C5.I2CCON & (1<<4)));                  //等待 ACK 周期后，中断挂起

    I2C5.I2CSTAT = 0xD0;                             //发出停止信号
    I2C5.I2CCON = I2C5.I2CCON & (~(1<<4));           //清除中断标志位
    mydelay_ms(10);                                  //延时等待 I2C 停止信号生效
}
```

（3）MPU6050 字节读时序实现

```
/******************************************************************
* 函数功能：I2C 从特定地址读取 1 个字节的数据
* 输入参数：  slave_addr: I2C 从机地址
                   addr: 芯片内部特定地址
* 返回参数：unsigned char: 读取的数值
```

```
*****************************************************************/
unsigned char iic_read(unsigned char slave_addr, unsigned char addr)
{

    unsigned char data = 0;

    I2C5.I2CCON = I2C5.I2CCON | (1<<6) | (1<<5);    //设置I2C时钟预分配512、使能I2C中断
    I2C5.I2CSTAT |= 0x1<<4;                         //使能I2C串口输出

    I2C5.I2CDS = slave_addr<<1;                     //MPU6050-I2C地址+写位0
    I2C5.I2CSTAT = 0xf0;            //主机发送模式、使能I2C的发送和接收、发出开始信号
    while(!(I2C5.I2CCON & (1<<4)));                 //等待ACK周期后,中断挂起

    I2C5.I2CDS = addr;              //读取数据的地址(MPU6050芯片内部地址)
    I2C5.I2CCON = I2C5.I2CCON & (~(1<<4));          //清除中断标志位
    while(!(I2C5.I2CCON & (1<<4)));                 //等待ACK周期后,中断挂起


    I2C5.I2CCON = I2C5.I2CCON & (~(1<<4));          //清除中断标志位

    I2C5.I2CDS = slave_addr << 1 | 0x01;            //MPU6050-I2C地址+读位1
    I2C5.I2CSTAT = 0xb0;            //主机接收模式、使能I2C的发送和接收、发出开始信号
    while(!(I2C5.I2CCON & (1<<4)));                 //等待ACK周期后,中断挂起

    I2C5.I2CCON = I2C5.I2CCON & (~(1<<7))&(~(1<<4));//禁止ACK信号、清除中断标志位
    while(!(I2C5.I2CCON & (1<<4)));                 //等待ACK周期后,中断挂起
    data = I2C5.I2CDS;                              //读取数据

    I2C5.I2CSTAT = 0x90;                            //发出停止信号
    I2C5.I2CCON = I2C5.I2CCON & (~(1<<4));          //清除中断标志位
    mydelay_ms(10);                                 //延时等待I2C停止信号生效

    return data;                                    //返回读取的数值

}
```

(4) MPU6050初始化函数

```
/****************************************************************
* 函数功能: MPU6050初始化
*****************************************************************/

void MPU6050_Init ()
{
    iic_write(SlaveAddress, PWR_MGMT_1, 0x00);      //设置使用内部时钟8M
    iic_write(SlaveAddress, SMPLRT_DIV, 0x07);      //设置陀螺仪采样率
    iic_write(SlaveAddress, CONFIG, 0x06);          //设置数字低通滤波器
    iic_write(SlaveAddress, GYRO_CONFIG, 0x18);     //设置陀螺仪量程+-2000度/s
    iic_write(SlaveAddress, ACCEL_CONFIG, 0x0);     //设置加速度量程+-2g
}
```

I2C 总线

(5) 主函数

```
/******************************************************************
 * 函数功能：主函数
 ******************************************************************/
int main(void)
{
    unsigned char zvalue_h,zvalue_l;            //存储读取结果
    short int zvalue;

    /*设置GPB_2引脚和GPB_3引脚功能为I2C传输引脚*/
    GPB.CON = (GPB.CON & ~(0xF<<12)) | 0x3<<12;
                                                //设置GPB_3引脚功能为I2C_5_SCL
    GPB.CON = (GPB.CON & ~(0xF<<8))  | 0x3<<8;
                                                //设置GPB_2引脚功能为I2C_5_SDA

    uart_init();                                //初始化串口
    MPU6050_Init();                             //初始化MPU6050

    printf("\n********** I2C test!! **********\n");
    while(1)
    {
        zvalue_h = iic_read(SlaveAddress, GYRO_ZOUT_H);
                                                //获取MPU6050-Z轴角速度高字节
        zvalue_l = iic_read(SlaveAddress, GYRO_ZOUT_L);
                                                //获取MPU6050-Z轴角速度低字节
        zvalue   = (zvalue_h<<8)|zvalue_l;      //获取MPU6050-Z轴角速度

        printf(" GYRO--Z  :Hex: %d \n", zvalue);//打印MPU6050-Z轴角速度
        mydelay_ms(100);
    }
    return 0;
}
```

14.3.5　I2C 实例现象

本代码通过对 Exynos4412 上的片内 I2C5 控制器的操作，实现了在 I2C 总线协议下，Exynos4412 对 MPU6050 传感器的读写操作。读取 MPU6050 陀螺仪 Z 轴的角速度，并实时打印出来。由于打印的是原始数据，有一定的噪声是正常现象，而在工程应用中原始数据还需要进行滤波算法的处理，才能使用。

终端打印信息，如图 14-12 所示。

ARM 处理器开发详解：基于 ARM Cortex-A9 处理器的开发设计

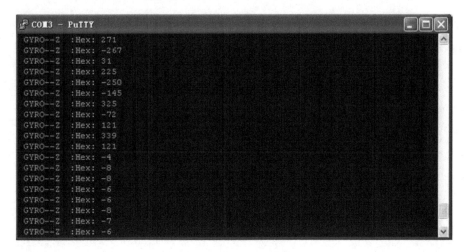

图 14-12　终端打印结果

14.4　本章小结

本章从 I2C 总线协议的基本理论，到 Exynos4412 控制器介绍及相关寄存器详解，最后再以 I2C 操作 MPU6050 的应用来结尾，希望读者能深刻掌握 I2C 总线协议。

14.5　练习题

1. 请解释一下 I2C 总线的时序图。
2. 根据 MPU6050 芯片手册，编写实现连续读时序和连续写时序。
3. 请讲讲 I2C 总线的优点和缺点。

第15章 SPI接口

　　SPI 作为应用最为广泛的通信总线协议之一，开发人员应当掌握，本章将介绍 SPI 总线协议的基本理论及 Exynos4412 的 SPI 总线控制器的操作方法。本章主要内容：
- SPI 总线协议。
- Exynos4412 下 SPI 总线控制器详解。
- Exynos4412 下 SPI 总线控制器操作。

15.1 SPI 总线协议

15.1.1 SPI 总线协议简介

SPI 接口（Serial Peripheral Interface）是由摩托罗拉公司设计的一种标准四线同步双向串行总线，它可以使 MCU 与各种外围设备以串行方式进行通信以交换信息。在当前的嵌入式产品中有着广泛的应用。Exynos4412 芯片包含三个 SPI 接口控制器。

SPI 接口的主要特点如下：

- 全双工。
- 可以当做主设备或从设备工作。
- 提供可编程时钟。
- 发送结束中断标志。
- 写冲突保护。
- 总线竞争保护。

15.1.2 SPI 总线协议内容

（1）SPI 总线引脚定义

SPI 总线协议很简单，它以主从方式工作，这种模式通常有一个主设备和一个或多个从设备。主设备是产生时钟信号，并发出片选信号的设备。从设备是接收时钟信号，并接收到片选信号的设备。

SPI 总线主设备和从设备通信需要 4 条线连接（当单向传输时 3 条线也可以），每个 SPI 设备都有 4 个引脚供通信连接使用。SPI 的四个引脚是：

- CLK（串行时钟引脚）
- MISO（主设备输入/从设备输出数据引脚）
- MOSI（主设备输出/从设备输入数据引脚）
- CS（从设备选择引脚，低电平有效）

（2）SPI 总线物理连接

SPI 总线主设备和从设备的连接的四条线分别为：CS 对应 CS、CLK 对应 CLK、MOSI（主）对应 MISO（从）、MISO（主）对应 MOSI（从）。SPI 总线可以同时并联多个外围设备，但一个时刻只能有一对主从设备通信。主设备通过 CS 片选引脚发出信号去选择从设备。

SPI 总线物理连接，如图 15-1 所示。

SPI 接口

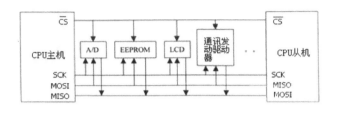

图 15-1 SPI 总线物理连接图

（3）SPI 总线信号类型，如表 15-1 所示。

表 15-1 SPI 总线类型

信号名称	信号描述
CLK 时钟信号	主设备发出，用于控制数据发送和接收的时序
MISO 数据信号	作为主设备时，从从设备接收输入数据 作为从设备时，向主设备发送输出数据
MOSI 数据信号	作为主设备时，向从设备发送输出数据 作为从设备时，从主设备接收输入数据
CS 片选信号	从设备选择信号 当 CS 为低电平时，所有数据发送/接收依次被执行

（4）SPI 总线时序

SPI 数据通信起始由主设备发送 CS 片选信号并保持到通信的结束，同时主设备发出 CLK 时钟信号用于数据发送和接收的时序控制，SPI 是串行通信协议，也就是说数据是一位一位地传输。数据在时钟上升沿或下降沿时发送，在紧接着的下降沿或上升沿被接收，完成一位数据传输。这样，在 8 次时钟信号的改变（上升沿和下降沿为一次）后，就可以完成 8 位数据的传输。此时序图 15-2 中，发送设备在 CLK 的时钟信号的上升沿时发送一位数据，接收设备在 CLK 时钟信号的下降沿时接收一位数据。

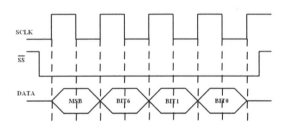

图 15-2 SPI 总线时序图

需要注意的是，基于 SPI 总线的通信中，至少有一个主设备。SPI 总线的信号 CLK 只能由主设备控制，从设备不能控制时钟信号。同样在一个基于 SPI 总线的通信中，至少有一个主控设备。与普通的串行通信不同，普通的串行通信一次连续传送至少 8 位数据。而 SPI 的传输方式有一个优点，即 SPI 也是一位一位地传送数据，但传输过程中允许暂停,因为 CLK 时钟线由主设备控制,当没有时钟跳变时,从设备不采集或传送数据。也就是说,主设备通过对 CLK 时钟线的控制可以完成对通信的控制。SPI 还是一个数据交换协议:因为 SPI 的数据输入和输出线独立,所以允许同时完成数据的输入和输出。不同的 SPI 设备的实现方式不尽相同,主要是数据改变和采集的时间不同,在时钟信号上升沿或下降沿采集有不同定义。

在点对点的通信中,SPI 接口不需要进行寻址操作,且为全双工通信,显得简单高效。在多个从设备的系统中,每个从设备需要独立地使能信号,在硬件上要比 I2C 总线控制稍微复杂一些。

注意:
SPI 的一个缺点是没有指定的流控制,没有应答机制确认是否接收到数据。

(5) SPI 总线数据传输格式

SPI 设备支持不同的数据传输格式,主要是数据发送和采集的时间不同,在时钟信号上升沿或下降沿采集有不同定义。SPI 主设备和与之通信的从设备时钟相位和极性应该一致,可以通过配置 SOC 芯片 SPI 控制器的相关寄存器实现。

SPI 总线协议设定了 4 种不同的数据传输格式,如图 15-3 所示。

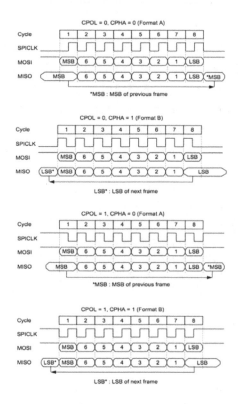

图 15-3　SPI 总线 4 种传输格式

SPI 接口

通过设置 SPI 总线的 GPOL（极性）和 GPHA（相位）的值，我们选定当前要使用的 SPI 数据传输格式。如表 15-2 所示。

表 15-2

	GPOL	GPHA
功能	控制时钟极性	控制时钟相位
值为 0	SPI 总线空闲时，SCK 为低电平	SCK 第一个跳变沿采样
值为 1	SPI 总线空闲时，SCK 为高电平	SCK 第二个跳变沿采样

当设置 CPOL=0，CPHA=0 时，SPI 总线数据传输格式如图 15-4 所示。
通过设置我们可以得知：
CPOL =0，SPI 总线空闲时，SCK 为低电平。
CPHA =0，SCL 第一个跳变沿采集，第二个跳变沿发送数据。

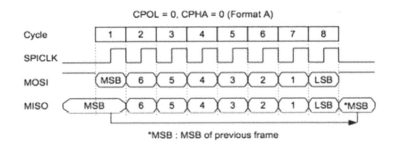

图 15-4　CPOL=0, APHA=0 SPI 总线数据传输格式

对照图形，我们按照时间轴从左到右进行分析，在第一个时钟周期前，SPI 总线上没有数据传输，SPI 总线处在空闲状态，SCK 为低电平。第一个时钟周期开始，数据开始传输，第一位数据在 SCK 第一个沿跳变之前已经传输到了 MOSI 引脚上，当 SCL 的时钟信号发出第一个跳变沿（上升沿）时，SPI 总线的从机捕获到该信号，对第一位数据采样。在第一个时钟周期的最后，发出第二个跳变沿（下降沿）时，主机将第二位数据传输到 MOSI 信号线上。后面的时钟周期依次重复第一个周期的过程，直到一个字节的 8 位数据信号传输完毕。

15.2　Exynos4412–SPI 控制器详解

15.2.1　SPI 控制器概述

Exynos4412 可以通过 SPI 串行总线接口和各种外设进行数据传输。Exynos4412 有 3

个 SPI 总线控制器。每个 SPI 总线控制器都包括两个 8 位、16 位和 32 位移位寄存器，分别用于传输和接收数据。SPI 总线传输期间，数据可以同时发送（串行移出）和被接收（串行移入）。SPI 同时支持国家协议和摩托罗拉半导体的 SPI 总线协议。

下面是该控制器的特性：
- 支持全双工通信。
- 支持 8 位/16 位/32 位移位寄存器。
- 支持 8 位/16 位/32 位总线接口。
- 支持摩托罗拉 SPI 协议和国家半导体导 SPI 协议。
- 两个独立的 32 位宽的传输和接收 FIFO。
- 支持主设备模式和从设备模式。
- 支持 Receive-without-transmit 操作。
- TX/RX 最大频率高达 50 MHz。

15.2.2　SPI 控制器时钟源控制

Exynos4412 的时钟系统为 SPI 控制器提供了多种输入时钟源，如图 15-5 所示。

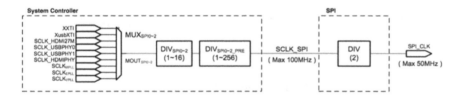

图 15-5　时钟控制器

SPI_CLK 的时钟最大为 50Mhz，通过以下设置流程获得：

（1）设置 SPI 时钟源：通过 MUXspi0~2 来选择时钟源，输出 MOUTspi0~2
（2）设置 SPI 时钟一级分频：设置 DIVsip0~2（1~16）
（3）设置 SPI 时钟二级分频：设置 DIVsip0~2（1~256）
（4）通过一个 DIV(2)，对 SCLK_SPI 进行二级分频，获得 SPI_CLK。

SPI 控制器时钟源控制相关寄存器如下：

1．SPI 时钟使能寄存器（CLK_GATE_IP_PERIL）

CLK_GATE_IP_PERIL 寄存器可以控制 SPI 控制器的时钟使能和禁止，在 SPI 控制器不使用时，可禁止 SPI 控制器时钟，以达到减少功耗的目的。

CLK_GATE_IP_PERIL 寄存器，如表 15-3 所示。

表 15-3　CLK_GATE_IP_PERIL 寄存器（地址=00x1003C950）

CLK_GATE_IP_PERIL	位	描　述	复位值
CLK_SPI2	[18]	SPI2 控制器时钟使能 0：禁止　1：使能	1
CLK_SPI1	[17]	SPI1 控制器时钟使能 0：禁止　1：使能	1
CLK_SPI0	[16]	SPI0 控制器时钟使能 0：禁止　1：使能	1

2. SPI 多路选择时钟输出屏蔽寄存器（CLK_SRC_MASK_PERIL1）

CLK_SRC_MASK_PERIL1 寄存器可以控制 SPI 多路选择时钟的输出或屏蔽。CLK_SRC_MASK_PERIL1 寄存器，如表 15-4 所示。

表 15-4　CLK_SRC_MASK_PERIL1 寄存器（地址=00x1003c354）

CLK_SRC_MASK_PERIL1	位	描　述	复位值
SPI2_MASK	[24]	MUXSPI2 时钟输出屏蔽位 0：输出　1：屏蔽	1
SPI1_MASK	[20]	MUXSPI0 时钟输出屏蔽位 0：输出　1：屏蔽	1
SPI0_MASK	[16]	MUXSPI0 时钟输出屏蔽位 0：输出　1：屏蔽	1

3. SPI 时钟源配置寄存器（CLK_SRC_PERIL1）

CLK_SRC_PERIL1 寄存器用来配置 SPI 控制器的时钟源。CLK_SRC_PERIL1 寄存器，如表 15-5 所示。

表 15-5　CLK_SRC_PERIL1 寄存器（地址=00x1003C254）

CLK_SRC_PERIL1	位	描　述	复位值
SPI2_SEL	[27:24]	SPI2 控制器时钟源配置位 0000 = XXTI 0001 = XusbXTI 0010 = SCLK_HDMI24M 0011 = SCLK_USBPHY0 0101 = SCLK_HDMIPHY 0110 = SCLKMPLL_USER_T 0111 = SCLKEPLL 1000 = SCLKVPLL Others = Reserved	0x1
SPI1_SEL	[23:20]	SPI1 控制器时钟源配置位 0000 = XXTI 0001 = XusbXTI 0010 = SCLK_HDMI24M	0x1

续表

CLK_SRC_PERIL1	位	描 述	复位值
		0011 = SCLK_USBPHY0 0101 = SCLK_HDMIPHY 0110 = SCLKMPLL_USER_T 0111 = SCLKEPLL 1000 = SCLKVPLL Others = Reserved	
SPI0_SEL	[16:19]	SPI0 控制器时钟源配置位 0000 = XXTI 0001 = XusbXTI 0010 = SCLK_HDMI24M 0011 = SCLK_USBPHY0 0101 = SCLK_HDMIPHY 0110 = SCLKMPLL_USER_T 0111 = SCLKEPLL 1000 = SCLKVPLL Others = Reserved	0x1

4．SPI 时钟分频寄存器（CLK_DIV_PERILn n=1、2）

CLK_DIV_PERILn 寄存器配置 SPI0、SPI1、SPI2 控制器的输入时钟的分频值，以配置合适的传输速度。

CLK_DIV_PERILn 寄存器，如表 15-6 和表 15-7 所示。

表 15-6　CLK_DIV_PERIL1 寄存器（地址=00x1003C554）

CLK_DIV_PERIL1	位	描 述	复位值
SPI1_PRE_RATIO	[31:24]	SPI1 控制器时钟预分频因子 SCLK_SPI1= DOUTSPI1/(SPI1_PRE_RATIO + 1)	0
RSVD	[23:20]	保留	0
SPI1_RATIO	[19:16]	SPI1 控制器时钟分频因子 DOUTSPI1 =MOUTSPI1/(SPI0_RATIO + 1)	0
SPI0_PRE_RATIO	[15:8]	SPI0 控制器时钟预分频因子 SCLK_SPI0= DOUTSPI0/(SPI0_PRE_RATIO + 1)	0
RSVD	[7:4]	保留	0
SPI0_RATIO	[3:0]	SPI0 控制器时钟分频因子 DOUTSPI0 =MOUTSPI0/(SPI0_RATIO + 1)	0

表 15-7　CLK_DIV_PERIL2 寄存器（地址=00x1003C558）

CLK_DIV_PERIL2	位	描 述	复位值
SPI2_PRE_RATIO	[15:8]	SPI2 控制器时钟预分频因子 SCLK_SPI2= DOUTSPI2/(SPI2_PRE_RATIO + 1)	0
RSVD	[7:4]	保留	0
SPI2_RATIO	[3:0]	SPI2 控制器时钟分频因子 DOUTSPI2 =MOUTSPI2/(SPI0_RATIO + 1)	0

SPI 接口

5．SPI 时钟分频状态寄存器（CLK_DIV_STAT_PERIL1）

CLK_DIV_STAT_PERIL1 是只读寄存器，SPI 时钟分频参数设置后不会立刻稳定，该寄存器显示分频时钟是否稳定，只有分频失踪稳定后，才能进行 SPI 其他操作。

CLK_DIV_STAT_PERIL1 寄存器，如表 15-8 所示。

表 15-8 CLK_DIV_STAT_PERIL1 寄存器（地址=00x1003C654）

CLK_DIV_STAT_PERIL1	位	描述	复位值
DIV_SPI1_PRE	[24]	SPI1 时钟预分频状态：（只读） 0：稳定 1：不稳定	0
DIV_SPI1	[16]	SPI1 时钟分频状态：（只读） 0：稳定 1：不稳定	0
DIV_SPI0_PRE	[8]	SPI0 时钟预分频状态：（只读） 0：稳定 1：不稳定	0
DIV_SPI0	[0]	SPI0 时钟分频状态：（只读） 0：稳定 1：不稳定	0

15.2.3 SPI 控制器寄存器详解

1．SPI 传输配置寄存器（CH_CFGn n=0~2）

CH_CFGn 寄存器用来对 SPI 控制器进行使能和传输配置，如：接收使能、发送使能、主从模式配置、传输方式相位配置、传输方式极性配、软件复位等。

CH_CFGn 寄存器，如表 15-9 所示。

表 15-9 CH_CFG 寄存器（地址=0x13920000、0x13930000、0x13940000）

CH_CFGn	位	描述	复位值
HIGH_SPEED_EN	[6]	从机模式下 TX 输出时间控制位 只有在相位为 0 时有效 0：禁止 1：使能（输出时间为 SPICLK/2）	0
SW_RST	[5]	软件复位	0
SLAVE	[4]	主从模式选择位 0:主机模式 1:从机模式	0
CPOL	[3]	SPI 传输方式极性选择位 0：高 1：低	0
CPHA	[2]	SPI 传输方式相位选择位 0:方式 A 1:方式 B	0
PX_CH_ON	[1]	SPI 接收通道(RX)使能位 0:禁止 1:使能	0
TX_CH_ON	[0]	SPI 发送通道(TX)使能位 0:禁止 1:使能	0

2. SPI 模式配置寄存器（MODE_CFGn n=0~2）

MODE_CFGn 寄存器用来对 SPI 控制器模式配置，如 FIFO、DMA 等。MODE_CFGn 寄存器，如表 15-10 所示。

表 15-10 MODE_CFGn 寄存器（地址=0x13920008、0x13930008、0x13940008）

MODE_CFGn	位	描述	复位值
CH_WIDTH	[30:29]	通道宽度选择位 00 = 字节 01 = 半字 10 = 字 11 = 保留	0
TRAILING_CNT	[28:19]	设置接收 FIFO 中最后写入字节的个数 用来刷新 FIFO 中的尾数据	0
BUS_WIDTH	[18:17]	SPI FIFO 宽度选择位 00 = 字节 01 = 半字 10 = 字 11 = 保留	0
RX_RDY_LVL	[16:11]	中断接收模式下，FIFO 的触发水平 SPI0 = 4 *N SPI1、SPI2 = N	0
TX_RDY_LVL	[10:5]	中断发送模式下，FIFO 的触发水平 SPI0 = 4 *N SPI1、SPI2 = N	0
RSVD	[4:3]	保留	0
RX_DMA_SW	[2]	DMA 接收使能位 0=禁止 1=使能	0
TX_DMA_SW	[1]	DMA 发送使能位 0=禁止 1=使能	0
DMA_TYPE	[0]	DMA 的传输方式 0=single 1=4burst	0

3. SPI 从机选择信号配置寄存器（CS_REGn n=0~2）

CS_CFGn 寄存器用来对 SPI 控制器上的 CS 引脚的从机选择信号进行配置和设置。CS_CFGn 寄存器，如表 15-11 所示。

表 15-11 CS_CFG 寄存器（地址=0x1392000C、0x1393000C、0x1394000C）

CS_CFGn	位	描述	复位值
RSVD	[31:10]	保留	0
NCS_TIME_COUNT	[9:4]	设置片选信号无效时间 NSSOUT inactive time = $((nCS\_time\_count + 3)/2) \times SPICLKout$	0
RSVD	[3:2]	保留	0

SPI 接口

续表

CS_CFGn	位	描述	复位值
AUTO_N_MANUAL	[1]	设置片选为手动模式或自动该模式 0=手动模式　1=自动模式	0
NSSOUT	[0]	从机选择信号（片选）设置 （仅手动更有效） 0=有效　1=无效	1

4. SPI 状态寄存器（SPI_STATUSn　n = 0~2）

SPI_STATUSn 寄存器用来表示 SPI 控制器的当前状态，如表 15-12 所示。

表 15-12　SPI_STATUSn 寄存器（地址=0x13920014、0x13930014、0x13940014）

SPI_STATUSn	位	描述	复位值
TX_DONE	[25]	SPI 控制器主模式下，发送状态 0 = 其他情况 1 = 发送 FIFO 和移位寄存器准备	0
RX_FIFO_LVL	[23:15]	当前接收 FIFO 中的数据个数 数值范围：SPI0：0～256 字节 　　　　　SPI1、SPI2：0～64 字节	0
TX_FIFO_LVL	[14:6]	当前发送 FIFO 中的数据个数 数值范围：SPI0：0～256 字节 　　　　　SPI1、SPI2：0～64 字节	0
RX_OVERRUN	[5]	接收 FIFO 溢出错误 0 = 没发生　1 = 发生溢出错	0
RX_UNDERRUN	[4]	接收 FIFO underrun（数据缺失）错误 0 = 没发生　1 = 发生数据缺失 注：在从机模式下如果 Rx FIFO 是空的就是发生 FIFO underrun（数据缺失）错误。	0
TX_OVERRUN	[3]	发送 FIFO 溢出错误 0 =没发生　1 = 发生溢出错	0
TX_UNDERRUN	[2]	发送 FIFO underrun（数据缺失）错误 0= 没发生　1 = 发生数据缺失错误 注：在从机模式下如果 Tx FIFO 是空的就是发生 FIFO underrun（数据缺失）错误。	0
RX_FIFO_RDY	[1]	0=接收 FIFO 缓冲区数据个数大于触发水平 1=接收 FIFO 缓冲区数据个数小于触发水平	0
TX_FIFO_RDY	[0]	0=发送 FIFO 缓冲区数据个数大于触发水平 1=发送 FIFO 缓冲区数据个数小于触发水平	0

5. SPI 数据发送寄存器（SPI_TX_DATAn　n = 0~2）

程序将要通过 SPI 发送数据时，将数据填充到 SPI_TX_DATAn 寄存器中。

SPI_TX_DATAn 寄存器，如表 15-13 所示。

表 15-13　SPI 数据发送寄存器（地址=0x13920018、0x13930018、0x13940018）

SPI_TX_DATAn	位	描　　述	复位值
TX_DATA	[31:0]	该寄存器存放要发送的数据	0

6．SPI 数据接收寄存器（SPI_RX_DATAn　n = 0~2）

SPI 接收到的数据，会存放在 SPI_RX_DATAn 寄存器中。

SPI_RX_DATAn 寄存器，如表 15-14 所示。

表 15-14　SPI 数据接收寄存器（地址=0x1392001C、0x1393001C、0x1394001C）

SPI_RX_DATAn	位	描　　述	复位值
RX_DATA	[31:0]	该寄存器存放接收到的数据	0

15.3　SPI 接口应用实例

15.3.1　SPI 实例内容和原理

编写 SPI 程序，实现对 CAN 控制器 MCP2515 其中某寄存器的读和写操作。

Microchip 的 MCP2515 是一款独立控制器局域网络（Controller Area Network，CAN）协议控制器，完全支持 CAN V2.0B 技术规范。该器件能发送和接收标准和扩展数据帧以及远程帧。MCP2515 自带的两个验收屏蔽寄存器和六个验收滤波寄存器可以过滤掉不想要的报文，因此减少了主单片机（MCU）的开销。MCP2515 与 MCU 的连接是通过业界标准串行外设接口（Searial Peripheral Interface，SPI）来实现的。本章实验为通过 SPI 控制操作 CAN 总线控制器，来实现简单的 CAN 回环模式。关于 CAN 总线的相关内容请参考相关文档，这里主要介绍 SPI 的相关原理和操作。

这一款芯片内部集成了 9 条指令，包括了通用的读、写、配置等命令，还有一个内置的状态寄存器，可以通过该寄存器获取芯片当前状态。

如表 15-15 所示为 MCP2515 芯片指令集。

SPI 接口

表 15-15 MCP2515 芯片指令集

指令名称	指令格式	说明
复位	1100 0000	将内部寄存器复位为缺省状态,并将器件设定为配置模式。
读	0000 0011	从指定地址起始的寄存器读取数据。
读 RX 缓冲器	1001 0nm0	读取接收缓冲器时,在 "n,m" 所指示的四个地址中的一个放置地址指针可以减轻一般读命令的开销。注:在拉升 $\overline{CS}$ 引脚为高电平后,相关的 RX 标志位(CANINTF.RXnIF)将被清零。
写	0000 0010	将数据写入指定地址起始的寄存器。
装载 TX 缓冲器	0100 0abc	装载发送缓冲器时,在 "a,b,c" 所指示的六个地址中的一个放置地址指针可以减轻一般写命令的开销。
RTS (请求发送报文)	1000 0nnn	指示控制器开始发送任一发送缓冲器中的报文发送序列。 　　　　1000 0nnn TXB2 请求发送 ←—↑↑→ TXB0 请求发送 　　　　　　TXB1 请求发送
读状态	1010 0000	快速查询命令,可读取有关发送和接收功能的一些状态位。
RX 状态	1011 0000	快速查询命令,确定匹配的滤波器和接收报文的类型(标准帧、扩展帧和/或远程帧)。
位修改	0000 0101	允许用户将特殊寄存器中的单独位置 1 或清零。注:该命令并非适用于所有的寄存器。对不允许位修改操作的寄存器执行该命令会将屏蔽字节强行设为 FFh。请参见**第 11.0 节 "寄存器映射表"** 中的寄存器映射表,以了解适用的寄存器。

15.3.2 SPI 实例硬件连接

MCP2515 的硬件连接,如图 15-6 所示。

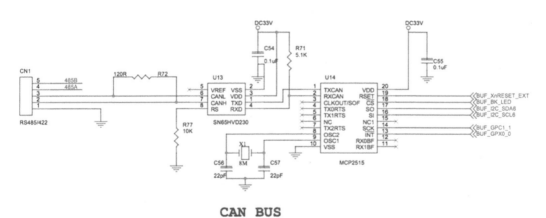

图 15-6 SPI 硬件连接

15.3.3 SPI 实例软件设计

SPI 功能寄存器设置流程如下:
(1) 设置 SPI 控制器时钟源　　　　　　(CLK_SRC_PERIL1、CLK_DIV_PERIL1)
(2) 设置 SPI 数据传输格式和通道使能　 (CH_CFGn)

ARM 处理器开发详解：基于 ARM Cortex-A9 处理器的开发设计

（3）设置 SIP 工作模式　　　　　　　　（MODE_CFG）
（4）设置 SPI 中断　　　　　　　　　　　（SPI_INT_ENn 可选）
（5）设置 SPI 包数量寄存器　　　　　　　（PACKET_CNT_REG 可选）
（6）发出从设备选择信号
（7）开始发送和接收数据

15.3.4　SPI 实例代码

根据以上信息，这里分成若干模块来逐一实现，全部代码可到华清远见官方论坛上下载。

（1）从设备片选使能和从设备片选取消函数

```c
/*从设备片选使能函数*/
void slave_enable(void)
{
    SPI2.CS_REG &= ~0x1; //enable salve
    ms_delay(3);
}

/*从设备片选禁止函数*/
void slave_disable(void)
{
    SPI2.CS_REG |= 0x1; //disable salve
    ms_delay(1);
}
```

（2）SPI 控制器软件复位函数

```c
/*函数功能：SPI 控制器软件复位*/
void soft_reset(void)
{
    SPI2.CH_CFG |= 0x1 << 5;
    ms_delay(1);
    SPI2.CH_CFG &= ~(0x1 << 5);
}
```

（3）SPI 控制器初始化函数

```c
/*函数功能：SPI2 初始化*/
void spi2_init(void)
{
    /*设置 SPI2 引脚*/
    GPC1.CON = (GPC1.CON&(~(0xffff<<4)))|(0x5555<<4);     //设置 GPC1_1~GPC1_4 引脚功能为 SPI

    /*SPI2 时钟设置*/
    // SPI2 时钟源选择: 6:SCLKMPLL_USER_T 800MHZ
    CLK_SRC_PERIL1 = CLK_SRC_PERIL1 & (~(0xF<<24))|(6<<24);
```

SPI 接口

```
        CLK_DIV_PERIL2 = (19<<8)|(3<<0);           //SPI_CLK = 800/(19+1)/(3+1)=10MHZ
    /*配置SPI2控制器*/
    soft_reset();                          // 软复位SPI控制器
    SPI2.CH_CFG = 0b1100000;    // 接收禁止、发送禁止、 主设备,数据传输格式： CPOL=0,
CPHA=0
    SPI2.MODE_CFG = 0;         // SPI_FIFO 宽度 = 字节, 通道宽度 =字节, 不使用 DMA 和 FIFO
    SPI2.CS_REG &= ~(0x1 << 1);     // 设置从设备选择为手动模式
    mydelay_ms(10);                    // 延时，等待硬件操作完成
}
```

（4）SPI 发送一个字节数据函数

```
/*函数功能：向SPI总线发送一个字节*/
void send_byte(unsigned char data)
{
    SPI2.CH_CFG |= 0x1;                         // 使能发送
    ms_delay(1);
    SPI2.SPI_TX_DATA = data;                    // 填充要发送的数据
    while( !(SPI2.SPI_STATUS & (0x1 << 25)) );  // 等待发送完成
    SPI2.CH_CFG &= ~0x1;                        // 禁止发送
}
```

（5）SPI 接收一个字节数据函数

```
/*函数功能：从SPI总线接收一个字节*/
unsigned char recv_byte()
{
    unsigned char data;
    SPI2.CH_CFG |= 0x1 << 1;                //接收使能
    ms_delay(1);
    data = SPI2.SPI_RX_DATA;                //接收数据
    ms_delay(1);
    SPI2.CH_CFG &= ~(0x1 << 1);             //接收禁止
    return data;
}
```

（6）MCP2515 写时序实现

如图 15-6 所示为 MCP2515 的写时序，首先将 CS 引脚置为低电平来启动读指令。随后向 MCP2515 依次发送读指令（0x03）和 8 位地址码（A7 至 A0）。在接收到读指令（0x03）和地址码之后，MCP2515 会将指定地址寄存器中的数据通过 SO 引脚移出。每一数据字节移出后，器件内部的地址指针将自动加一以指向下一个地址。

因此，通过持续提供时钟脉冲，可以对下一个连续地址寄存器进行读操作。通过该方法可以顺序读取任意一个连续地址寄存器中的数据。通过拉高 CS 引脚电平可以结束读操作。

有关详细的字节读操作时序，请参见图 15-7 所示。

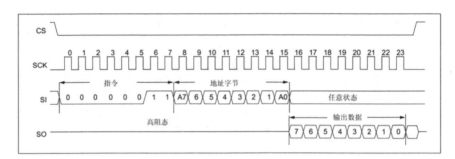

图 15-7 读时序

（7）主函数从指定地址起始的寄存器读取数据

```
/*
 * 函数功能：从指定地址起始的寄存器读取数据。
 * 输入值：unsigned char Addr 要读取地址寄存器的地址
 * 返回值：unsigned char 从地址当中读取的数值
 */
unsigned char read_byte_2515(unsigned char Addr)
{
    unsigned char ret;

    slave_enable();        //片选使能
    send_byte(0x03);       //发送读指令(0x03)
    send_byte(Addr);       //发送要读取的地址
    ret = recv_byte();     //读取数据
    slave_disable();       //片选禁止
    return(ret);           //返回数据
}
```

（8）MCP2515 读时序实现

如图 15-7 所示是 MCP2515 的读时序，首先将 CS 引脚置为低电平来启动写操作。随后向 MCP2515 依次发送写指令（0x02）、地址码和至少一个字节的数据。只要 CS 保持低电平，通过持续移入数据字节就可以对连续地址寄存器进行顺序写操作。在 SCK 引脚的上升沿，数据字节从 0 位开始依次写入寄存器。如果 CS 引脚在字节的 8 位数据尚未装载完毕之前就拉升到高电平，该字节的写操作将被中止，而命令中之前的字节已经写入。有关详细的字节写操作时序，请参见图 15-8 所示。

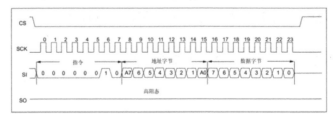

图 15-8 写时序

（9）主函数

Exynos4412 对 CAN 控制器 MCP2515 寄存器的 SPI 读写操作。

```
/*函数功能：主函数*/
int main(void)
{
    unsigned char data = 0;
    uart_init();  //串口初始化
    spi2_init();  //SPI2 初始化
 reset_2515();  //复位 MCP2515

 printf("\n***************** SPI test!! *****************\n");

delay_ms(10);
    printf("spi send '0x80' to 2515......\n");
    write_byte_2515(0x0f, 0x80);           //把 0x80 写入地址为 0x0f 寄存器

 delay_ms(10);
    data = read_byte_2515(0x0f);           //读取地址为 0x0f 寄存器
    printf("spi receive a byte : 0x%0x\n", data);

 while(1);
    return 0;
}
```

15.3.5　SPI 实例现象

本代码通过对 Exynos4412 上的片内 SPI2 控制器的操作，实现了在 SPI 总线协议下，Exynos4412 对 CAN 控制器 MCP2515 芯片寄存器的读写操作。

调试程序，初始化串口，使能 SPI2 控制器，通过配置 SPI2 相关寄存器，选择主设备模式，总线宽度和通道宽度均设置为 8bit，片选 MCP2515 芯片。复位 CAN 控制器，通过 SPI 写数据 0x80 到 MCP2515 芯片 0x0f 寄存器，再通过 SPI 从 MCP2515 芯片 0x0f 寄存器读取数据。将读取的数据用串口打印出来。打印信息，如图 15-9 所示。

图 15-9　终端打印结果

15.4 本章小结

本章重点介绍了 SPI 总线协议及 SPI 总线控制器的基本编程方法,希望读者能取得完整代码并进行试验,完全掌握 SPI 总线是很有必要的。

15.5 练习题

1. SPI 总线和 I2C 总线的区别是什么?
2. 编写 MCP2515 配置为回环模式,实现数据的自发自收程序。